MÜNCHENER GEOGRAPHISCHE ABHANDLUNGEN

in

MÜNCHENER UNIVERSITÄTSSCHRIFTEN
FAKULTÄT FÜR GEOWISSENSCHAFTEN

Münchener Universitätsschriften

Fakultät für Geowissenschaften

MÜNCHENER GEOGRAPHISCHE ABHANDLUNGEN

Geographisches Institut der Universität München

Herausgegeben

von

Professor Dr. H. G. Gierloff-Emden   Professor Dr. F. Wilhelm

Schriftleitung: Dr. St. v. Gnielinski

Band 16

MICHAEL GUMTAU

Das Ringbecken Korolev in der Bildanalyse

Untersuchungen zur Morphologie der Mondrückseite unter Benutzung fotografischer Äquidensitometrie und optischer Ortsfrequenzfilterung

Mit 82 Abbildungen und 8 Tabellen

1974

Geographisches Institut der Universität München

Kommissionsverlag: Geographische Buchhandlung, München

Gedruckt mit Unterstützung aus den Mitteln der Münchener Universitäts-Schriften

Rechte vorbehalten

Ohne ausdrückliche Genehmigung der Herausgeber ist es nicht gestattet, das Werk oder Teile daraus nachzudrucken oder auf photomechanischem Wege zu vervielfältigen.

Ilmgaudruckerei 8068 Pfaffenhofen/Ilm, Postfach 86

Anfragen bezüglich Drucklegung von wissenschaftlichen Arbeiten, Tauschverkehr sind zu richten an die Herausgeber im Geographischen Institut der Universität München, 8 München 2, Luisenstraße 37.

Kommissionsverlag: Geographische Buchhandlung, München

ISBN 3920 397 754

INHALT

	Seite
Verzeichnis der Abbildungen und Anhänge	7
Danksagungen	10
Einführende Bemerkungen	11

Kap.   I Die geologische Entwicklung des Mondes 13

Kap. II Morphologie und Morphometrie der Mondoberfläche 19
        A Kraterbildung und Kraterumbildung (Tabelle 1 und 2) 20
        B Morphogenetische Theorie und Morphometrische Parameter 21
            1. Morphographische Gliederung (Tabelle 4) 25
            2. Morphometrische Gesetzmäßigkeiten 28
        C Einschlagmorphologische Serie 30

Kap. III Die Ringbecken der Mondrückseite 32
        A Lage und Verteilung der Ringbecken 34
        B Zur Charakterisierung und Deutung der Ringbecken 39
        C Höhenverhältnisse der Mondrückseite und der Becken 42

Kap. IV Bildmaterial und Bildauswertung 45
        A Bildgrundlagen und Bildbedeckung für die Region Korolev 45
            1. Orbiter-Aufnahmen 45
            2. Apollo-Aufnahmen 48
        B Bildverarbeitung und Bildverbesserung 50
            1. Definition und Abgrenzung 50
            2. Dimensionen der Bildanalyse 51
        C Bildauswertung und Texturanalyse 53
            1. Einsatz der Bildaufbereitungstechniken 53
            2. Diskriminatoren für die Texturanalyse 53

Kap. V Das Ringbecken Korolev 56
        A Stratigraphische Gliederung 59
        B Vulkanische Überformung im Becken 60
        C Der Westrand von Korolev 62
        D Die jüngsten Einschlagkrater im 10 km ϕ Bereich 67
        E Der Ostrand von Korolev 68

Kap. VI Fotometrische Analyse 70
        A Vergleich der unterschiedlichen Methoden 70
        B Der Einsatz fotografischer Äquidensiten 71
            1. Genauigkeit bei quantitativer Messung 75
            2. Messung am Apollo 8 Graukeil 76
        C Erhöhung der Detailerkennbarkeit 77

Kap. VII Ortsfrequenzstruktur und kohärent-optische Filterung 82
        A Grundlagen der Methode und Begriffserklärung 83
        B Fehlerquellen im optisch-kohärenten Verfahren 88
        C Pseudo-Stereoskopischer Effekt 91
        D Kontrollfilterungen einfacher terrestrischer Objekte 91
        E Ergebnisse der Untersuchungen von Mondbildern 93
            1. Lineationen in der Region Korolev 94
            2. Lokale Lineamentsysteme 100
            3. Großkrater in ihrer Umlandbeziehung 101

			Seite
Kap. VIII	Terrestrische Einschlagstrukturen		104
	A	Lage und Größenverteilung	105
	B	Kriterien für die Bestimmung von Einschlagkratern	105
	C	Die Einschlagkrater in Kanada	107
	D	Anregungen zu weiterführenden Arbeiten	111

Hinweise zu den bibliographischen Grundlagen und zur Bildbeschaffung 112

Bibliographie 114
  Übersicht zu grundlegenden und einführenden Arbeiten, gegliedert nach den jeweiligen Arbeitsgebieten   124

Zusammenfassung 126

Anhang 127

Erläuterungen zu einigen wichtigen Begriffen 141

Verzeichnis der Abbildungen

Abb. 1	Mondvorderseite vor der Auffüllung der Becken (Wilhelms, Davis, 1971)	18
Abb. 2	Krater-Parameter	22
Abb. 3	Einschlagmorphographische Serie	31
Abb. 4	Morphologische Charakteristika für Krater in drei Größenklassen (Pohn, Offield, 1969, erweitert)	31
Abb. 5	Einteilung und Lage der Becken der Mondrückseite	34
Abb. 6	Altersgliederung einiger Becken der Mondrückseite (Stuart-Alexander, 1970, Hartmann, Wood, 1971)	35
Abb. 7	Prinzipskizze zur Entwicklung von Kraterhäufigkeitskurven (Hartmann, Wood, 1971)	38
Abb. 8	Kraterhäufigkeit im Becken Korolev	38
Abb. 9	Prinzipskizze zur Morphologie von Verwerfungsstaffeln (Schmidt-Thomé, 1972)	40
Abb. 10	Prinzipskizze: Beckenrand und Umgebung (Short, 1973; Schmidt-Thomé, 1972)	41
Abb. 11	Hypothetischer Querschnitt durch ein Ringbecken, ergänzt nach (Hartmann, Wood, 1971)	41
Abb. 12	Albedo und relative Kraterdichte (Hartmann, Wood, 1971)	42
Abb. 13	Laser-Höhenmessungen von Apollo 15 und 17, (NASA-SP 289, AW&ST, Jan. 73)	43
Abb. 14	Verteilung der Ringbecken in flächengleichen Breitenkreisabschnitten	44
Abb. 15	Geometrie der Orbiter-Aufnahmebedingungen (NSSDC-69-05, 1969)	46
Abb. 16	„Support Data" zu Orbiter I 38 MR/HR	47
Abb. 17	Bildbedeckung der Orbiter HR und Apollo-Aufnahmen aus Korolev	49
Abb. 18	Vier Dimensionen der Bildanalyse	51
Abb. 19	Stellung der Bildaufbereitungsverfahren im Analyseprozeß	52
Abb. 20	Kartenausschnitt Korolev (ACIC-3-70)	56
Abb. 21	Benennung einiger markanter Krater innerhalb des Ringbeckens Korolev	57
Abb. 22	Korolev in Bezug auf die benachbarten Ringbecken und Orbiter I MR Bildbedeckung	58
Abb. 23	Beckenstratigraphie westlich von Orientale	58
Abb. 24	Beckenstratigraphie östlich von Orientale (Mutch, 1970)	58
Abb. 25	„Pillow Krater" im Nordkomplex (I 38 MR)	59
Abb. 26	„Pillow Krater" bei niedrigem Sonnenstand (AS-11-6244)	61
Abb. 27	Interpretationsskizze zu Abb. 26	61
Abb. 28	„Mount Peter" im Westring (ungefilterte Rekonstruktion des Originals) (AS-8-2065)	63
Abb. 29	Abb. 28 gefiltert zur Betonung der Lineamentsysteme um „Mount Peter"	63
Abb. 30	Sekundärkrater von Orientale im Becken Korolev (I 38 MR)	64
Abb. 31	Der Westrand von Korolev und Krater Crookes	65
Abb. 32	Interpretationsskizze zu Abb. 31	65
Abb. 33	Der Nordwestrand von Korolev (V 32 MR)	64
Abb. 34	Der Westrand von Korolev (AS-8-2058)	66
Abb. 35	Interpretationsskizze zu Abb. 34	66
Abb. 36	Angenäherte Höhenliniendarstellung von Korolevs Westrand und der „schiefen Ebene" (NASA-SP-201)	67
Abb. 37	Auswurfmaterial und Aufhellung um die zwei jüngsten Einschlagkrater im 10 km ϕ Bereich im Becken Korolev	67
Abb. 38	Der Ostrand von Korolev und Interpretationsskizze (V 30 HR)	69
Abb. 39	Materialwoge im Terra-Material (AS-8-2077)	69
Abb. 40	Vergleich von Sabattier Äquidensiten 2. Ordnung mit Agfacontour Äquidensiten 1. Ordnung	73
Abb. 41	Vergleich von Filmkeil und Glaskeil für fotografische Äquidensitometrie	75
Abb. 42	Charakteristische Kurven des Apollo 8 Filmmaterials (NASA-SP-201 und Messung)	76
Abb. 43	a und b Farbkodierung des Kalibrations- und Referenzkeils	Faltblatt
Abb. 44	Agfacontour Farbkodierung der Bilder AS-8-2059 und 2060 vom Westrand von Korolev	Faltblatt
Abb. 45	Detailvergrößerungen aus den Abb. 46 a und b aus dem Westkomplex von Korolev (markiert als „2" in Abb. 35)	Faltblatt
Abb. 46	a, b, c, Agfacontour Farbkodierung und elektronische Farbkodierung im Vergleich (AS-8-2057-2058)	Faltblatt
Abb. 47	Detailvergrößerungen aus Abb. 45 a und b zum Vergleich mit Abb. 55	Faltblatt
Abb. 48	Vergleich von Isodensitracer-Äquidensiten mit Agfacontour-Äquidensiten (Wildey, 1971; Gumtau)	78
Abb. 48 a,	Ausschnittvergrößerung der Agfacontour-Farbkodierung vom Bild AS-14-9525	Faltblatt
Abb. 49	Landeplatz von Apollo 16 und helles Mare-Material (AS-16-PAN-4563)	78
Abb. 50	Apollo 16 Landegebiet bei höherem Sonnenstand (AS-14-9525)	78
Abb. 51	Detailvergrößerung aus farbkodierten Äquidensiten der Abb. 50 zur Begrenzung des Auswurfmaterials vom South Ray Krater	Faltblatt
Abb. 52	Farbkodierung von Abb. 50 (AS-14-9525)	Faltblatt
Abb. 53	Erkennung linearer Strukturen und Albedodifferenzierung mittels Farbkodierung (AS-8-2135)	Faltblatt
Abb. 54	Frequenz- und Kontrastempfindlichkeit des Auges (Rosenbruch, 1969)	77
Abb. 55	Frequenzempfindlichkeit des Auges (Schreiber, 1967, Anderson, 1971)	79
Abb. 56	Feinstrukturen und Sekundärkraterketten an den Hügeln im Westkomplex; Optisches Einkopieren von Äquidensiten in Bild 2057	81

Abb. 57	Versuchsaufbau am Institut Français du Pétrole (IFP, 1966)	84
Abb. 58	Schema zur Spektrumserzeugung und Rekonstruktion des Bildes (Platzer, 1972)	85
Abb. 59	Beispiel für Richtungsfilterung einfacher Muster	85
Abb. 60	Schematische Darstellung von Textur und Spektrum (McCullagh, 1972)	86
Abb. 61	Filterung zur Beseitigung eines Punktrasters	87
Abb. 62	Meßparameter zur quantitativen Texturdifferenzierung (Flower, 1971)	88
Abb. 63	Unterschiedliche Filter zur optischen Filterung (Shulman, 1966)	88
Abb. 64	Beispiele für Überschwinger bei der Filterung eines Bildes	89
Abb. 65	Auswirkungen kohärent-optischer Filterung im Dichtebereich am Beispiel eines Graukeils	90
Abb. 66	Ortsfrequenzspektrum eines einscharigen Kluftsystems	92
Abb. 67	Ortsfrequenzspektrum eines zweischarigen Kluftsystems	93
Abb. 68	Ortsfrequenzspektrum der Region Korolev (Orbiter I 38 MR)	94
Abb. 69	Natürliches Defizit im Spektrum eines terrestrischen Luftbildes	95
Abb. 70	Parallelstrukturen und Richtungsdefizit bei einer terrestrischen Oberfläche (Radarkarte von Venezuela NA-20-1-, 1971)	96
Abb. 71	Das System großräumiger Lineationen in der Region Korolev nach Äquidensiten und mit dem Auge	96
Abb. 72	a–c Spektren der hochgezeichneten Lineamente aus Abb. 71	97
Abb. 73	Lineamentrichtungen in der ungefilterten Rekonstruktion eines Bildausschnitts aus der Region Korolev	98
Abb. 74	a–c Unterschiedliche Richtungsfilterungen zur Betonung verschiedener Lineamentrichtungen	98/99
Abb. 75	Mit Hilfe von gefilterten Bildern erkannte tangentiale Lineamentstrukturen und den Krater Aristarchus	102
Abb. 76	Druck-Temperatur Diagramm verschiedener Kieselsäure Modifikationen (Mutch, 1970)	106
Abb. 77	Entfernung, Druck und Temperatur der progressiven Stoßwellenmetamorphose bei einem Meteoriteneinschlag	106
Abb. 78	Lage der 17 anerkannten kanadischen Meteoritenkrater	107
Abb. 79	Gosses Bluff Meteoritenkrater in Australien als Beispiel für einen terrestrischen Krater mit zentralem Bergring	108
Abb. 80	Größenvergleich und morphographische Charakteristika der 17 kanadischen Meteoritenkrater	109
Abb. 81	Ostrand der Hudson Bay als möglicher terrestrischer Einschlagkrater von der Größe Korolevs	110
Abb. 82	Ausschnitt aus dem ERTS-Satellitenbild 1017-09170, Kanal 5, 1:1 Mill., Golf von Neapel	111

Verzeichnis der Tabellen und Listen

Tabelle 1	Kraterbildungsprozesse im Vergleich Erde–Mond	20
Tabelle 2	Kraterumbildungsprozesse im Vergleich Erde–Mond	20
Tabelle 3	Vergleich einiger Bezeichnungen von Krater-Parametern	24
Tabelle 4	Elemente der morphographischen Gliederung der Lithosphäre des Mondes	26
Tabelle 5	Liste der Ringbecken der Mondrückseite	36/37
Tabelle 6	Diskriminatoren für die Texturanalyse – Übersicht –	53
Tabelle 7	Hilfsmittel für die fotometrische Analyse – Übersicht –	70/71
Tabelle 8	Übersicht zur Größenverteilung terrestrischer Einschlagkrater	137

Statt eines Vorwortes

K.v. Bülow, **Die Mondlandschaften**,
Mannheim, 1969, S. 55

„Der Selenologe ist in der Lage des Archäologen, der bemüht ist, vom Flugzeug aus einen ersten Überblick über die Geologie eines unerforschten Teils der Erde zu gewinnen. Das ist natürlich am leichtesten möglich, wo keine dichte Pflanzendecke, kein mächtiger Verwitterungsboden das Felsgerüst der Landschaft verhüllt, also in der Wüste oder im eisfreien Polarbereich. Doch auch hier muß er seine Eindrücke am Erdboden nachprüfen und sichern. In derselben Lage ist der Mondgeologe; doch ist die Situation insofern günstiger, als das Felsgerüst überall unmittelbar zu Tage liegt, ungünstiger, als eine Nachprüfung am Mondboden auch in naher Zukunft nur in Einzelfällen möglich ist. So ist er auf die Beobachtung und Deutung der lunaren Landschaftsformen beschränkt und muß versuchen, aus diesen auf die Entstehung und Gesteinsbeschaffenheit zu schließen. Glücklicherweise ist dies in überraschend weitem Ausmaß möglich. Doch sollte man sich in jedem Fall bewußt bleiben, daß selenologische Schlußfolgerungen solange mit Unsicherheit behaftet sein müssen, bis eine Nachprüfung an Ort und Stelle erfolgt ist. Mit dieser grundsätzlichen Einschränkung möge das Folgende verstanden sein."

Danksagungen

In einer Übung zur Luftbildauswertung am Geographischen Institut der Universität München erhielt ich die ersten Anregungen zu dem hier behandelten Themenbereich. Herr Prof. Dr. H. G. Gierloff-Emden gilt mein besonderer Dank für die Betreuung und Unterstützung bei der Durchführung dieser Arbeit, sowie für die Bereitwilligkeit mir für ein Jahr den Doktorandenraum im Geographischen Institut zur Verfügung zu stellen.

Die Arbeit wurde ermöglicht durch ein Stipendium im Rahmen des Graduiertenförderungsgesetzes. Für die Auswertungsarbeiten dienten ein Interpretoskop der Firma Carl Zeiss, Jena, und ein Teilchengrößenanalysator Zeiss TGZ 3. Beide Geräte sind Leihgaben der DFG auf Antrag von Prof. Gierloff-Emden. Der DFG sei hiermit herzlicher Dank ausgesprochen. Weiter wurden verwendet zwei Densitometer „Macbeth Quanta Log Densitometer Modell" und zwar RD 100 R und TD 100 A, die auf Sonderantrag des Lehrstuhls Gierloff-Emden angeschafft worden sind. Den zuständigen Stellen, die die Anschaffung dieser beiden Geräte ermöglichten, sei hiermit herzlicher Dank ausgesprochen.

Zu danken habe ich besonders:

— Geographisches Institut der Universität München;
— World Data Center A, Greenbelt, USA, das die Bildunterlagen zur Verfügung stellte;
— Zentralstelle für Luftfahrtdokumentation und Information, München, die intensiv bei der Literaturrecherche behilflich war;
— In der Firma Agfa-Gevaert den Herren Dr. Ranz und H. Schöttle, die Fotomaterialien und Geräte bereitstellten und die Teilnahme an zwei Kursen zur Äquidensitometrie ermöglichten;
— Universitätssternwarte München, Prof. Dr. P. Wellmann, der die Teilnahme an Tagungen zur Mondforschung ermöglichte;
— Observatoire de Paris, Meudon, Prof. Dr. A. Dollfus, der für einen Monat Gastfreundschaft gewährte und die Vergleiche zwischen Mikrofotometer und fotografischer Äquidensitometrie ermöglichte;
— Institut Français du Pétrol, Paris, Dr. Fontanel, der für einen Monat sein Labor zur Einarbeitung in die optische Ortsfrequenzfilterung zur Verfügung stellte und Anleitung gab;
— Institut für Nachrichtentechnik, TU München, Dr. Platzer und G. Wagner;
— Zentralstelle für Geophotogrammetrie und Fernerkundung, München, Prof. Dr. J. Bodechtel;
— Für die kritische Durchsicht eines Teils des Manuskripts danke ich Herrn Dr. J. Pohl.
— Herrn Dr. Schroeder-Lanz danke ich für seine Anregungen in den Übungen zur Luftbildauswertung.

Den Herausgebern der Münchener Geographischen Abhandlungen, Herrn Prof. Dr. H. G. Gierloff-Emden und Herrn Prof. Dr. F. Wilhelm, danke ich für die Aufnahme der Arbeit in die Schriftenreihe und der Universität München für die großzügige finanzielle Unterstützung. Herrn Dr. Stefan von Gnielinski danke ich für die mühevolle Arbeit als Schriftleiter.

Einführende Bemerkungen

Diese Arbeit versucht im Rahmen der Erdwissenschaften Anregungen zu weiteren interdisziplinären Forschungen im Bereich zwischen morphologisch orientierter Geographie, Geologie und Astronomie zu geben, indem sie inhaltlich die Beschreibung und Interpretation einer Region der Mondrückseite gibt und methodisch dazu neue Hilfsmittel der Bildanalyse erprobt.

Die Anwendung geowissenschaftlicher Methoden und Fragestellungen auf alle festen Körper unseres Sonnensystems hat zur Entwicklung einer eigenen Fachrichtung, der **Planetary Geoscience** geführt. Von den Ergebnissen dieser Forschung gehen andererseits wieder Anregungen auf die anderen erdwissenschaftlichen Fächer aus, die inzwischen den Mond und Mars als eine Art Experimentierfeld, insbesondere für alle Verfahren der Fernerkundung, betrachten können. So hat die Erforschung des Mondes in den letzten zehn Jahren zu einer verstärkten Untersuchung von terrestrischen Meteoriteneinschlagkratern und Kryptovulkanen geführt, und immer wieder wird versucht, durch Analogiebildung zu bekannten Phänomenen auf der Erde, die bisher unbekannten Strukturen anderer Himmelskörper zu erklären. Die Herausbildung der Oberflächengestaltung durch Einschlagprozesse wird inzwischen als allgemeiner morphologischer Prozeß verstanden.

Für die Morphologie des Mondes ist dabei entscheidend, daß das völlige Fehlen aller atmosphärischen Agentien einerseits die Analogiebildung erschwert, andererseits jedoch eine Reduzierung der einwirkenden physikalischen Faktoren bewirkt, wodurch die einzelnen Prozesse, die zur Bildung der Oberflächenformen führen m. E. besser unterschieden werden können. Hinzu kommt, daß die langdauernde Persistenz einmal geschaffener Formen die Rückführung einzelner Prozesse in Zeiträume erlaubt, für die auf der Erde keine Zeugnisse mehr vorhanden sind.

Die Untersuchung des Ringbeckens Korolev wurde gewählt, weil für diese Region gutes Bildmaterial beschafft werden konnte und Korolev in der Klasse der morphologischen Großformen, die sowohl auf der Vorderseite wie auch auf der Rückseite des Mondes die dominante Struktur bilden, als ein typisches Beispiel angesehen werden kann.
Methodisch versucht diese Arbeit die „Dimensionen" der Bildanalyse (vgl. Abb. 18) im Hinblick auf eine Objektivierung der Interpretation zu erfassen, wobei das Schwergewicht auf die Untersuchung der Schwärzungsstruktur von Bildern und der Ortsfrequenzstruktur linearer Elemente gelegt wird. Die dabei benutzten Hilfsmittel sind fotografische Äquidensitometrie mit Agfacontour-Film und kohärent-optische Bildverarbeitung im Laserlicht. Die Technik der Anwendung von Agfacontour wurde von Wieczorek (1972) näher untersucht.
Diese Arbeit gibt in Ergänzung dazu einen Vergleich dieser Methode mit anderen äquivalenten Verfahren, wobei die jeweiligen Vor- und Nachteile hervorgehoben werden. Die Technik der kohärent-optischen Datenverarbeitung ist in den Geowissenschaften noch nicht sehr weit verbreitet, da sie erst in den letzten 5 Jahren anwendungsorientiert einsatzfähig ist. In einem Exkurs wird daher eine kurze Literaturübersicht zu den bisher publizierten geowissenschaftlich interessanten Arbeiten unter Benutzung dieser Methode gegeben (Anhang).

Die Arbeit geht vom Allgemeinen zum Besonderen vor, indem sie ausgehend von den Kenntnissen über die Entwicklungsgeschichte des Mondes und die Ringbecken der Rückseite das Becken Korolev beschreibt und dann erst die benutzten Methoden an Hand von Beispielen aus der Region Korolev näher erläutert.

Das letzte Kapitel zu den terrestrischen Kratern durch Meteoriteneinschläge will zeigen, daß hier neben den methodischen Aspekten auch inhaltlich eine enge Verbindung zwischen Mond- und Erdforschung besteht.

Die Erklärung einiger wichtiger Termini im Anhang soll helfen, die in der Literatur existierenden Meinungsverschiedenheiten über die Verwendung der Bezeichnungen etwas zu vereinheitlichen.

Das Literaturverzeichnis wurde breit angelegt, so daß dem Leser die Einarbeitung in weitergehende Fragen und hier nur angedeutete Probleme erleichtert wird, wozu auch die Hinweise zu den bibliographischen Grundlagen dienen mögen.

KAPITEL 1

Zusammenfassung

Die geologische Entwicklung des Mondes

Nach Abschluß der Mondforschungsprogramme der USA, bei denen die Mondoberfläche mit allen zur Verfügung stehenden Sensoren der Fernerkundungsverfahren untersucht wurde, und nachdem erste zusammenfassende Ergebnisse der geophysikalischen und mineralogisch-petrographischen Untersuchungen vorliegen, lassen sich die Hypothesen zur Entwicklungsgeschichte des Mondes näher eingrenzen.

Die Entwicklungsgeschichte wird in 4 Epochen eingeteilt, basierend auf der Zusammenstellung von Lowman (1972), wobei insbesondere auf die Auswirkungen auf die jeweilige Ausgestaltung der Oberfläche hingewiesen wird.

Die geologische Entwicklung des Mondes

Nachdem inzwischen zahlreiches Material über die von den Apollo Flügen mitgebrachten Gesteine vorliegt, (*Third Lunar Science Conference, Geochimia et Cosmochimia Acta, Supplement* 3, 1972) lassen sich in mancher Hinsicht genauere Angaben über die Entwicklung des Mondes machen — was mit eines der wesentlichsten Ziele dieser Flüge war. Eine kurze Zusammenstellung dieser Ergebnisse ist hier notwendig, um als Einführung zu dienen, da alle Beobachtungen und Interpretationen in der Region Korolev in diesem Zusammenhang zu sehen sind.

Unter den Versuchen, die Forschungsergebnisse der letzten Jahre zusammenzufassen, ist besonders die Arbeit von Lowman, Jr. (1970, 1972) hervorzuheben, der das Material für einen Universitätskurs über „*Planetary Geosience*" übersichtlich zusammengestellt hat. Ein weiterer hervorragender Versuch ist das bisher unveröffentlichte Lehrbuch von Short (1973), das hauptsächlich unter didaktischen Gesichtspunkten eine Sammlung des vorhandenen Materials für das Selbststudium bietet. Die für den Erdwissenschaftler bisher beste zugängliche Einführung ist die von Mutch (1970), *Geology of the Moon — A Stratigraphic View.* (Die Dissertation von Schultz (1972) wurde erst nach Beendigung dieser Arbeit bekannt).

Die Hypothesenbildung und Sammlung des Materials zur Entwicklungsgeschichte des Mondes basiert hauptsächlich auf vier Forschungsrichtungen:

— 1. Relative Altersgruppierungen und morphologische Untersuchungen aufgrund teleskopischer und photogeologischer Auswertung, sowie *remote sensing*.
— 2. Absolute Altersdatierungen an mitgebrachten Steinen
— 3. Petrographische und mineralogische Untersuchungen zur Bestimmung des jeweiligen Bildungs- und Entwicklungszustandes
— 4. Geophysikalische Untersuchungen am Boden und aus Umlaufbahnen
  Messungen zu Seismik, Magnetfeld, Gravitation u. a.

Zu Punkt 1: Die teleskopische Untersuchung der Mondoberfläche vor Beginn des Apollo-Programmes hatte in Anlehnung an die Vorschläge von Shoemaker (1962) zur konsequenten Anwendung der stratigraphischen Methode auf die Mondoberfläche geführt (Wilhelms, 1970), und damit die Erstellung des geologischen

Kartenwerks 1 : 1 Mill. der Mondvorderseite ermöglicht. Ihren vorläufigen Abschluß fand dieses Programm des *United States Geological Survey* mit der geologischen Übersichtskarte 1 : 5 Mill. von Wilhelms und Mc Cauley (1971). Diese Karte, das sei hier schon vorweggenommen, weist als morphotektonische Großformen der Vorderseite insgesamt neun Ringbecken aus, die aufgrund von bis zu 4 konzentrischen Ringen (Humorum und Crisium) bestimmt sind.

Die relative Altersgliederung durch Überlagerungsverhältnisse und Hohlformen und Auswurfmaterial wurde ergänzt durch Kraterzählungen kleiner Gebiete sowie →*Albedomessungen*, (vgl. Abb. 12), die mit als ein Indikator relativen Alters herangezogen werden können. Während vor Beginn des Apollo-Programmes Fernerkundungsverfahren mit astronomischen Methoden durchgeführt wurden, kam der Mond mit der Heranführung der Sensoren in seine Nähe mehr und mehr in den Forschungsbereich der Erdwissenschaftler und inzwischen sind an ihm alle verfügbaren Sensoren über den gesamten Bereich des elektromagnetischen Spektrums erprobt und für den Einsatz auf der Erde verbessert worden (Simmons, 1972).

Photographische Bilder der Mondoberfläche, die zum Studium der Morphologie und relativen Altersgliederung herangezogen werden, sind in diesem Zusammenhang als kleiner, wenn auch zur Zeit noch entscheidender, Ausschnitt aus dem Bereich der Fernerkundungsverfahren (*remote sensing*) anzusehen. Die im Literaturverzeichnis aufgeführten Sammelbände (*Preliminary Science Reports, Apollo* 8, 11–17) geben Einblick in den gesamten Bereich dieser Verfahren. Die aus diesen Untersuchungen gewonnenen Ergebnisse legen die Hypothesen zur Entwicklungsgeschichte des Mondes schon jetzt in enge Grenzen. (vgl. auch: Wetherhill, 1971).

Zu Punkt 2: Die nur auf der Erde durchzuführenden Untersuchungen zur absoluten Altersdatierung der Gesteine an den jeweiligen Landeplätzen geben das Skelett für den Zusammenhalt der relativen Gliederung, die als flächenmäßige Erfassung mit Fernerkundungsverfahren möglich ist. Die Altersangaben werden in Äonen (10^9 Jahren) angegeben und sind bei

      Apollo 11: ≈ 3,6 Ä.
      Apollo 12: ≈ 3,3 Ä.
      Apollo 14: ≈ 3,9 Ä.
      Apollo 15: ≈ 4,1 Ä.
      Apollo 16: ≈ 4,02 Ä. und vereinzelt bis 4,5
      Apollo 17:   zur Zeit noch nicht veröffentlicht

(Siegel, 1973; Papanastassiou, e. a., 1970, Berichte der drei *Lunar Science Conferences, Houston*). Die Angaben beziehen sich auf das lokale Erstarrungsgestein. Bekzien sind zum Teil jünger und in den Feinbestandteilen des →*Regolith* finden sich jeweils Hinweise auf Gesteine mit Altersdaten im Bereich von 4,5 bis 4,7 Ä. Diese älteren Minerale, deren Herkunft noch nicht genau bestimmt ist, aber im Terra-Material vermutet wird, werden mit dem Akronym KREEP bezeichnet. Ein bei Apollo 15 gefundener Anorthosit hat ein Alter von 4,15 Ä. woraus geschlossen wird, daß für die chemische Differenzierung des Terra-Materials wenigstens ein Zeitraum von 0,5 anzunehmen ist, (*NASA-SP*-289, *Apollo* 15).

Zu Punkt 3: Die dritte Gruppe konkreter Daten zur Stützung der entwicklungsgeschichtlichen Hypothesen bilden die mineralogischen und petrographischen Untersuchungen, von denen einige auch in der BRD durchgeführt werden (München, Tübingen, Heidelberg, Köln). Dabei konnten an einzelnen Mineralien chemische Differenzierungen und sekundäre Aufschmelzungen sowie alle Indizien, die auf →*Meteoriteneinschlag* hinweisen (vgl. Kap. 8, S. 104), nachgewiesen werden. Ein Teil der mineralogischen Bestimmungen läßt sich auch flächenmäßig durch Fernerkundungstechniken mit Gammastrahlen Spektometern feststellen und mit den morphographischen Verhältnissen in Übereinstimmung bringen. Dies gilt insbesondere für das Al/Si Verhältnis, das von Apollo 15 und 16 aus der Umlaufbahn gemessen wurde, vergl.: (NASA-SP-289; Siegel, 1973). Die umfassende Literatur zu den chemischen, petrographischen und mineralogischen Untersuchungen kann hier nicht zusammenfassend wiedergegeben werden; es sei nur verwiesen auf die grundlegenden Werke von Mason und Melson (1970), *The Lunar Rocks* sowie Levison und Taylor (1971), *Moon Rocks and Minerals*. Eine einführende Übersicht bietet Klein (1972).

Zu Punkt 4: Der Bereich der geophysikalischen Erkundung des Mondes wird auch ausführlich in den *Preliminary Science Reports* behandelt. Hier ist es insbesondere die ganz schwache Seismik natürlicher Mondbeben in ca. 800 km Tiefe (R. Meissner, Vortrag im Geologischen Kolloquium München, 1972) sowie die Seismik natürlicher und künstlicher Einschläge, die auf einen schalenförmigen Aufbau des Mondinnern, (genau wie bei Erde, Mars und Venus) hinweisen, wobei mit einer äußeren Kruste von wenigstens 60 km Dicke, einem Mantel von 400–800 km Dicke und wahrscheinlich auch mit einem flüssigen oder teilflüssigen kleinen inneren Kern zu rechnen ist. Runcorn (1969, *Summer School on Lunar Studies, Newcastle*) hatte schon lange auf diese Möglichkeit hingewiesen, die jedoch erst am 27. 7. 1972 durch einen Meteoriteneinschlag auf der Mondrückseite, bei dem keine S-Wellen die Vorderseite erreichten, bestätigt wurde (El Baz, 1973).

Aus dem Bereich der geographisch-morphologischen Fragestellungen ist natürlich der Teil der Entwicklungsgeschichte des Mondes am interessantesten, der für die Entstehung der jetzt beobachteten Oberflächenformen einen Hinweis gibt. Im weitesten Sinne läßt sich die Oberflächengestaltung des Mondes und jedes anderen Körpers im Sonnensystem in erster Annäherung als Randbedingung der jeweiligen planetarischen Entwicklung ansehen. In diesem Zusammenhang wird hier das morphographische Klassifikationsschema von Enzmann (1965, 1968) zugrunde gelegt, das Fairbridge (1968) in der *Encyclopedia of Geomorphology* als „erweiterte geomorphologische Theorie" aufgenommen hat. Richtungsweisend ist dabei, daß die geomorphologischen Beschreibungskriterien für alle Körper des Sonnensystems angewandt werden sollen. Damit läßt sich der äußere Rahmen der Forschungsrichtung, die sich inzwischen als → *Planetary Geoscience* etablierte, bestimmen (vergl. S. 26).

Für die morphologische Beschreibung der Mondoberfläche ist bekanntermaßen die charakteristische Erscheinungsform das große, kontinuierliche Spektrum kreisförmiger Hohlformen mit allen Durchmessern von 1/1000 mm bis 1000 km (10^{-6}–10^6 m). Ohne daß hier im einzelnen auf die zum Teil widersprüchlichen Theorien endogener und exogener Entstehung dieser Formen eingegangen werden kann, seien jedoch einige der gewichtigsten Argumente jeweils angeführt.

Die aus dem Literaturstudium für die Zulassungsarbeit zum Staatsexamen (Gumtau, 1971) gewonnene Einsicht in die Probleme der Erfassung der Oberflächengestaltung des Mondes führte den Verfasser zu der Überzeugung, daß das Schwergewicht der Oberflächengestaltung auf exogenen Vorgängen beruht.

Auf der Grundlage des Aktualismus spricht dafür die Tatsache, daß Hohlformen schaffende Einschlagprozesse planetarischer Körper (Meteoriten, Planetoiden, Kometen) bekannt sind und gegenwärtig immer noch mit meßbarer statistischer Verteilung vorkommen (Wiesel, 1971). Die inzwischen auf dem Mond gemessenen Meteoriteneinschläge beweisen dies; und die Theorie der exponentiellen Abnahme der Einfallsrate dieser Körper scheint gesichert (Hartmann, 1962; Shoemaker, 1972; Öpik, 1969). Zudem wurde die auf dieser Grundlage aufbauende photogeologische Auswertung von Bildern der Landgebiete durch die mineralogische Untersuchung der mitgebrachten Gesteine bestätigt. (*Surveyor 3 Krater, NASA-SP*-283).

Gestützt auf den Grundsatz, daß für jede Theorie die möglichst geringste Anzahl von Hypothesen benutzt werden soll, und daß man erst wenn Erscheinungsformen im Rahmen dieser Theorie nicht mehr zureichend erklärt werden können, andere Hypothesen heranzieht, hatte Shoemaker (1962) seine so erfolgreich angewandte Stratigraphie der Auswurfüberlangerungen am Beispiel des Kraters Kopernikus entwickelt. Hinzu kommt die Tatsache, daß bei einer Zählung der teleskopisch beobachtbaren Krater im Diagramm „log Kraterdurchmesser gegen log der kumulativen Häufigkeit pro Flächeneinheit" angenähert eine Gerade entsteht, (Baldwin, 1963), deren theoretisch postulierte Fortsetzung bis in den Mikrobereich sich durch die Ladungen empirisch bestätigen ließ. Da für die kleineren Krater bis in den 100 m Bereich bei den Landungen die Einschlaghypothese bestätigt wurde, liegt es nahe, für die restliche Verteilung die gleiche Entstehungsursache anzunehmen.

Daß andererseits endogene Vorgänge die Oberflächengestaltung mit beeinflußt haben, ist unbestritten. Zahlreiche Hohlformen, aber auch insbesondere Vollformen lassen sich mit der Einschlaghypothese auf keinen Fall in Übereinstimmung bringen. Die Hinweise für die Bildung von Ergußgesteinen und vulkanischen Formen sind eindeutig und zahlreich, und sowohl durch die Mineralogie des Mare Materials als auch durch die Orbiter und Apollo Bilder gut belegt. Die Formen, die darauf hinweisen sind einmal → *Lavafronten*, Einbrüche ohne die für Einschlagkrater typische Randaufwölbung und deren Ketten entlang von Brüchen (S e e g e r, 1970; vergl. Kap. 5, S. 59). Auch beim Studium der Region Korolev für diese Arbeit fanden sich zahlreiche Hinweise auf solche Formen. Allgemein läßt sich jedoch keine Analogiebildung von Elementen des terrestrischen vulkanischen Formenschatzes mit lunaren Formen herleiten, auch wenn es von vulkanologisch orientierten Geologen immer wieder versucht wurde (G r e e n, 1965; M c C a l l, 1966; B ü l o w, 1969).

Einzelne Beispiele solcher vulkanischer Formen können sehr überzeugend sein, wie z. B. in der neuen Literatur in der ausführlichen Bildsammlung *Volcanic Landforms and Surface Features*, (G r e e n, S h o r t, 1970), dürfen jedoch nicht zu einer Verallgemeinerung benutzt werden.

Da alle diese Formen, (von G r e e n (1970) in tabellarischer Form zusammengestellt, wobei deren Interpretation im Einzelnen hier jedoch nicht zugestimmt wird), im Lichte der gesamten Entwicklungsgeschichte des Mondes zu sehen sind, und die aufgrund der Literaturstudien gewonnene eigene Überzeugung weitgehend mit der von L o w m a n (1970, 1972) aufgestellten Gliederung übereinstimmt, beziehe ich mich im Folgenden u. a. direkt auf L o w m a n.

Generell läßt sich eine zeitliche Einteilung der Mondentwicklung in vier große Abschnitte vornehmen. Dabei ist jedoch zu beachten, daß zeitlich gesehen, die Oberflächengestaltung des Mondes mit Ende des terrestrischen Kambriums weitgehend beendet war, und Hohlformen schaffende Einschläge der darauffolgenden Zeit max. ca. 10 % der Oberfläche betroffen haben dürfen (S h o e m a k e r, 1972). Dabei handelt es sich um kleine Einschläge, die einen Kraterdurchmesser von 40 km nicht überschritten.
Auch endogene Vorgänge dürften danach in geringem Umfang wahrscheinlich stattgefunden haben, jedoch gibt es noch keine eindeutigen Hinweise darauf in der Oberflächenstruktur. Anzeichen dafür sind die vielfach berichteten, aber bisher erst einmal durch Messungen der Mondstationen nachgewiesenen sogenannten → *transient events* (M i d d l e h u r s t, 1967), die als kurzfristige, schwache Entgasungserscheinungen gedeutet werden. Die Hoffnungen mit Apollo 17 in einem Gebiet der relativ jüngsten vulkanischen Überformung zu landen (S i m m o n s, 1972), scheinen sich nicht zu bestätigen. (Presseberichte; das Material liegt noch nicht vor).

Die vier Epochen der Mondentwicklung umfassen:

1. Die Zeit der Entstehung: durch Zusammenballung kalter Materie oder zusammen mit der Erde aus einer heißen Gaswolke.
2. Die Zeit der chemischen Differenzierung und Bildung einer leichten, relativ dünnen Kruste. Im Laufe dieser Entwicklung kam es zur Bildung der großen Ringbecken, die inzwischen soweit abgetragen sind, daß sie nur noch bei bestimmter Beleuchtung auf der Mondrückseite zu erkennen sind. Mit exponentiell abnehmender Einfallsrate kam es in Verbindung damit je nach Krustendicke und Zeitpunkt der großen Einschläge zu weit verbreitetem Vulkanismus im Terra Material (B e a l s, 1971).
3. Die Zeit der radioaktiven Aufheizung der Kruste und des oberen Mantels bis zu einer Tiefe von max. 500 km und dadurch Entwicklung einer zweiten chemischen Differenzierung, die mit dem Ausfluß von Lava und der Auffüllung vieler Ringbecken, hauptsächlich auf der Vorderseite, endet. Die Lavaauffüllung der Ringbecken kann dabei in Zusammenhang stehen mit der unterschiedlichen Krustendicke auf Vorder- und Rückseite und der inzwischen eingetretenen synchronen Umlaufbahn um die Erde.
4. Die Zeit der Herausbildung der Post-Mare Formen, der jungen Krater wie Tycho, Kopernikus, Crookes, Aristarchus, sowie der Krater, bei denen jetzt noch ein Strahlensystem zu beobachten ist (W i l h e l m s, 1970).

Übersicht zur Herausbildung der Morphologie des Mondes im Rahmen der zeitlichen Einteilung seiner Geschichte

Epoche 1:   Zeitraum 4,7 (?)–4,5 Äonen
Entstehung des Mondes:
Noch keine genauen Aussagen möglich.
Intensive Entgasung, im Zusammenhang damit und anschließend schnelle Aufheizung auf über 1200° C in Kruste und Mantel; Gegen Ende Entstehung der ältesten Ringbecken und dichte Kraterbesetzung. Von diesen Oberflächenformen wahrscheinlich keine Struktur mehr erhalten. (Shoemaker, 1972, Öpik, 1969).
Das Alter der ältesten Bestandteile im Regolith setzt die untere Grenze auf 4,5 Äonen. (Neue Bestimmung des höchsten Erdalters: 4,5 Äonen) (Siegel, 1973).

Epoche 2:   Zeitraum 4,5–3,7 Äonen
(Kein terrestrischer Formenschatz aus dieser Zeit mehr erhalten.)
A) Chemische Differenzierung infolge der Aufheizung während Epoche 1, endgültige Bildung der Terra-Material Kruste
→ (*Hochländer*)
B) Bruchbildung und planetarische Scherklüftung in NW-SE und NE-SW Richtung durch Druckeinfluß bei Entfernung von der Erde und Verlangsamung der Umdrehungszeit (Strom, 1964; Fielder; 1965; Swann, 1972).
C) Gleichzeitig weiter starker Planetoiden- und Meteoriteneinfall mit exponentieller Abnahmetendenz und damit Bildung der großen Ringbecken.

Reihenfolge auf der Vorderseite:
Nectaris, Humorum, Crisium, Imbrium, Orientale;
(andere Gliederung u. a. bei (Ronca, 1971; Stuart-Alexander, 1970)

auf der Rückseite (beispielhaft):
Baldwin 1–5, Apollo, Korolev, Hertzsprung, Hertzsprung, Schrödinger, Orientale; (Gliederungsversuche bei: (Hartmann-Wood, 1972; Baldwin, 1971)
D) Bildung der Krater vom Typ Archimedes, d. h. nach der Beckenbildung aber vor der Auffüllung mit Lava
E) Gleichzeitig damit intensiver Vulkanismus im Terra Material (helles Mare), insbesondere auf der Rückseite, aber auch auf der Vorderseite (Cayley Formation am Landeplatz von Apollo 16, vergl.: Mutch, 1970, S. 137; diese Arbeit S. 78)

Beweise für diese Annahmen sind u. a. die relative Überlagerung vom Auswurfmaterial der Becken (vergl. S. 58); Sekundärkrater des Ringbeckens Orientale finden sich in den älteren Becken Korolev und Hertzsprung, nicht jedoch im Mare Material des Oceanus Procellarum und Imbrium.
Hartmann (1966) hat alle Argumente für die hohe Meteoriten-Einfallsrate in der Frühzeit des Mondes zusammengetragen und die verschiedenen Theorien verglichen. Die Ebenen mit hellem Mare Material in den Ringbecken der Mondrückseite und die Auffüllung der Hohlformen zwischen dem zweiten und dritten Ring der Becken sprechen für ausgedehnten Terra Vulkanismus. Hinweise dafür aus der Region Korolev werden auf S. 69 angeführt. Die Entwicklung der Albedo im Mare Material und im Terra Material ist ein weiterer Indikator für die relative Altersgliederung. (vergl. S. 42).

Epoche 3:   Zeitraum 3,7–3,4 Äonen
Erhitzung und teilweise Aufschmelzung in der Kruste, zweite chemische Differenzierung, Auffüllung der Becken insbesondere der Vorderseite mit basischer Lava in einem Zeitraum von 100–200 Millionen Jahren.
Für einen kurzen Zeitraum der Beckenauffüllung sprechen einmal die relativ ähnliche Kraterdichte im Marematerial und ferner die geringe Streubreite der absoluten Altersdatierungen von den Landeplätzen. Die Auffüllung erfolgte in verschiedenen Stadien, wie die Bilder der Hadley Rille und Mount Hadley (Apollo 15) gezeigt haben.
Zum Einfluß der Bankung auf die Morphologie des Kraterrandes vergl. Quaide, Oberbeck (1968)* und S. 20 dieser Arbeit. Die Auswertung des Apollo 17 Radar Experimentes „*lunar sounder*" wird Bilder der Tiefenstruktur bis 1 km bringen.

Epoche 4:   3,4 Äonen bis Heute.
Fortgesetzte kontinuierliche langsame Abtragung durch Meteoriten und Mikrometeoriteneinschläge und Sekundärkrater; mehrmalige Umwälzung des Regolith. Örtlich noch geringer Vulkanismus im Terra- und Mare-Material**, der mit der Förderung siliziumreicherer Differentiationsprodukte höherer Viskosität zur Bildung der Mare Höhenrücken und Kuppen sowie von Lavafronten führte. Freilegung früher geschaffener Brüche und Klüfte durch die Abtragungsprodukte und Bildung neuer Brüche durch isostatische Ausgleichsbewegungen.

---
*) Seeger, (1970)
**) (Head, Goetz, (1972))

Abb. 1:

Die Oberflächengestaltung gegen Ende der 2. Epoche, das heißt, vor der Auffüllung der Becken, haben Wilhelms und Davis (1971) versucht, in einer Zeichnung zu erfassen.

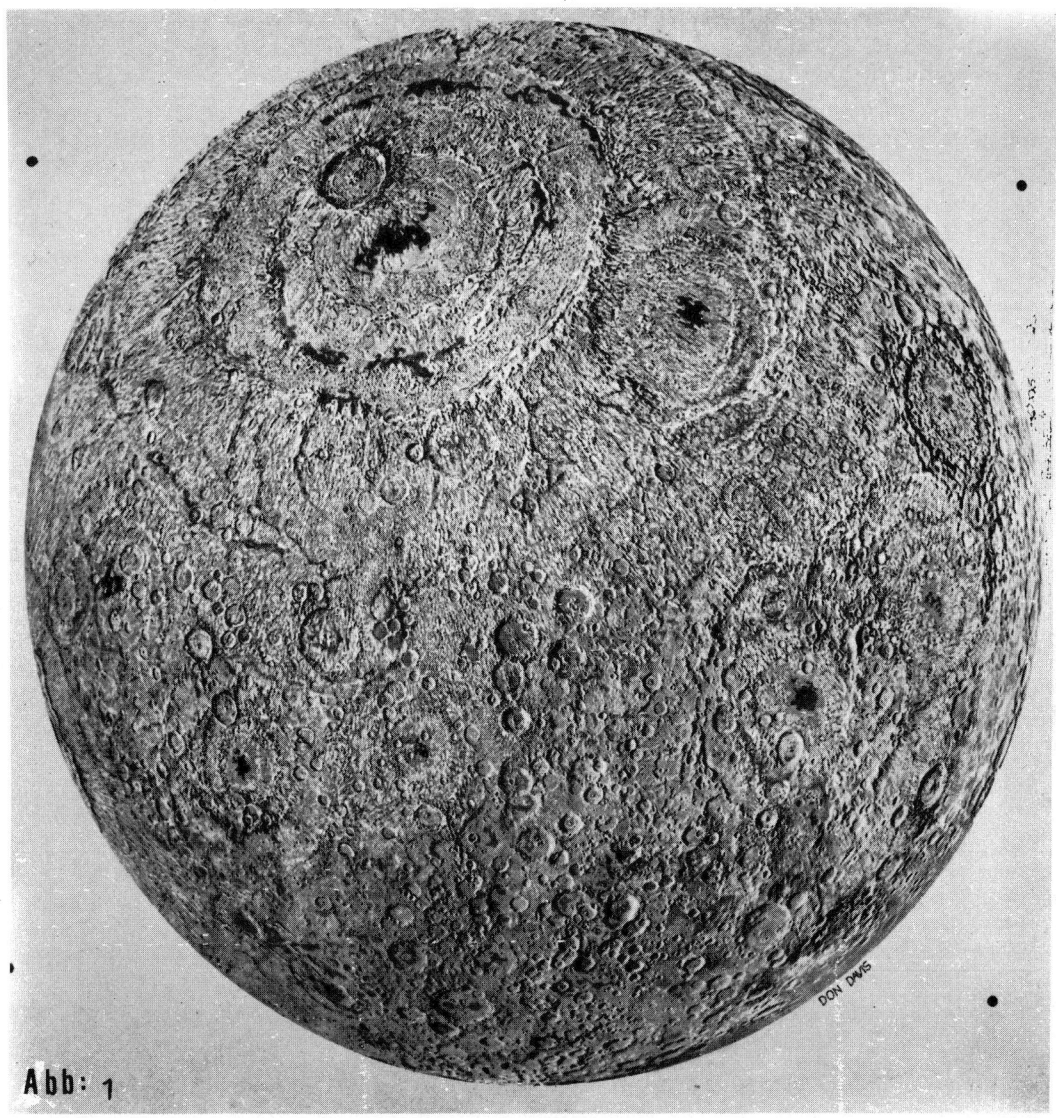

Vorderseite des Mondes vor ca. 4 Milliarden Jahren in der Mitte der Imbrischen Periode noch vor der Auffüllung der Ringbecken mit Mare Material aber nach Bildung des letzten großen Ringbeckens. Dieses Bild zeigt große Ähnlichkeit mit dem heutigen Bild der Mondrückseite. Der Mangel an großen Becken auf der Rückseite wird durch die größere Anzahl mittelgroßer Becken mit ca. 400 km ϕ ausgeglichen.
Bild: D. E. Wilhelms, D. E. Davis, **Icarus**, 15 (1971), 371.
(Courtesy Academic Press.)

KAPITEL 2

Zusammenfassung

Morphologie und Morphometrie der Mondoberfläche

Die Bedeutung von Meteoriteneinschlägen für die Gestaltung der Oberfläche wird betont, wobei auf die Kraterbildungsprozesse und Kraterveränderungsprozesse im Vergleich von Erde und Mond eingegangen wird.
Die mit Hilfe von Fernerkundungsverfahren meßbaren und indirekt ableitbaren Kraterparameter (morphometrische Variable), werden angegeben und die Bezeichnungen dieser Parameter bei verschiedenen Autoren werden verglichen. Die Schwierigkeiten morphometrischer Untersuchung der Mondoberfläche werden angegeben, wobei auch auf die Schwierigkeiten zur Entwicklung einer allgemeinen morphogenetrischen Theorie eingegangen wird. Die bisher gefundenen morphometrischen Gesetzmäßigkeiten werden angeführt. Im Zusammenhang damit wird die morphographische Gliederung der Geosphären nach Enzmann (1968) für die Lithosphäre des Mondes weiterentwickelt. Die charakteristische Oberflächengestaltung durch einen Einschlagkrater wird als einschlagmorphologische Serie beispielhaft erläutert und die Änderung der jeweiligen Charakteristika für verschiedene Größenklassen werden in erweiterter Form nach dem Schema von Pohn und Offield (1969) angeführt.

Die Gegebenheiten der Krater in der Region Korolev, die an einzelnen Beispielen untersucht wurden, zeigen keine Unterschiede zu den bisher auf der Vorderseite untersuchten Verhältnissen, woraus auf vergleichbare Genese und Entwicklung geschlossen werden kann. Weitergehende morphometrische Untersuchungen wurden nicht durchgeführt.

Morphologie und Morphometrie der Mondoberfläche

Mit der Intensivierung der Mondforschung, deren Ergebnisse für die Gesamtentwicklung des Mondes im vorherigen Kapitel ansatzweise zusammengefaßt sind, begannen auch Kraterbildungsprozesse allgemein verstärkt in den Blickpunkt geomorphologischer Untersuchung zu rücken. Wahrscheinlich alle terrestrischen Planeten, aber mit Sicherheit Mond und Mars, sind durch Krater intensiv geprägt worden und rechtfertigen eine Untersuchung, um gegebenenfalls auch die ehemaligen Auswirkungen auf die Erde abschätzen zu können.

Während Kraterbildungsprozesse infolge Meteoriteneinschlags gegenwärtig auf der Erde quantitativ zu vernachlässigen sind, deuten doch alle Ergebnisse der Mondforschung darauf hin, daß sie für die Frühzeit der Erde einen relativ wichtigen Einfluß gehabt haben. Orwan (1972) spekuliert so zum Beispiel, daß der Zerfall Gondwanalands durch einen Meteoriten, der mit solchen wie sie die Ringbecken des Mondes erzeugt haben vergleichbar wäre, initiiert worden sein könnte. Allerdings sind solche Spekulationen sehr skeptisch zu beurteilen, zumal sie zum Teil noch immer auf falschen Informationen über die Gegebenheiten auf der Mondoberfläche basieren.

Meteoriten-Einschlagphänomene können inzwischen jedoch mit zu den allgemeinen geologisch wirksamen Prozessen gezählt werden, auch wenn sie zur Zeit auf der Erde relativ selten sind. Die Meteoriteneinfälle lassen sich nach Massen und Geschwindigkeiten abschätzen: für den Mond $3-4 \times 10^{-9}$ Gramm pro Quadratzentimeter und Jahr (Morgan (1973)) und die Auswirkungen sind durch Experimente mit Hypergeschwindigkeitseinschüssen studiert worden (Fechtig, e. a. (1972).
Da jeder Meteoriteneinschlag wegen des großen Energieumsatzes in sehr kurzem Zeitintervall ein „katastrophaler Vorgang" ist, bietet sich hier eine der seltenen Möglichkeiten, geologische Prozesse im Experiment direkt mit den in der Natur beobachteten Verhältnissen zu vergleichen und die morphometrischen Variablen zu bestimmen. Die Unterschiede zwischen den Kraterbildungs- und Kraterveränderungsprozessen bei Erde und Mond sind etwas verkürzt und schematisiert in *Tab.: 1* und *2* dargestellt. *In Kap.: 7* wird auf die Bestimmung terrestrischer Meteoritenkrater näher eingegangen.

Tabelle 1

Einflußfaktoren auf Kraterbildungsprozesse — Vergleich Erde–Mond

	Erde	Mond
Atmosphäre:	Abbremsung kleiner Meteoriten und Ablation durch Erhitzung, dadurch Angleichung unterschiedlicher Eintrittsgeschwindigkeiten (Heide, 1957, S. 68), Geringer Einfluß bei großen Meteoriten.	Da keine Atm. vorh. ungehinderter Aufprall aller Meteoriten, einschl. Mikro-Meteoriten.
Energieumsatz und Impuls:	Abhängig von der Einfallsgeschwindigkeit, bei kleineren Met. bis 100 m ϕ bei freiem Fall nach Abbremsung stärkerer Einfl. der Masse.	Für alle Größen haupts. abhängig von der Einfallsgeschw., die je nach Einfallsrichtung unterschiedlich sein kann.
Einfallswinkel:	Kein Einfluß auf die Kreisform nachgewiesen. Für kleine Krater nur experimentelle Daten (Gault), die auf Streckung bei kleinen Winkeln hinweisen.	Alle Einfallswinkel in statist. Verteilung; zwischen 90° und 15° kein Einfluß auf die Morphologie, kleiner 15° Änderung im Strahlensystem.
Art des Anstehenden Gesteins; „Festigkeit":	Unterschiede werden bei kleinen Meteoriten und geringen Einfallsgeschwindigkeiten wirksam.	Keine Unterschiede zwischen Terra-Material und Mare-Material beobachtet.
Mächtigkeit der planetar. Trümmerschicht (Regolith):	Einfluß wegen Abtragung und geringer Zahl der Fälle nicht zu bestimmen.	Einfluß auf Morphologie des Randes und Tiefe/Durchmesser Verhältnis bei Kratern bis zu 2 km ϕ (Quaide, Oberbeck, 1968).
Schichtung im Regolith und Anstehenden:	Einfluß unbekannt.	Einfluß auf Streuung und Verteilung des Auswurfmaterials vermutet (Strahlensysteme).
Regionales und lokales Kluftsystem:	Lokales System kann Tendenz zur Polygonalität bewirken (z. B. Meteor Krater, Arizona).	Starker Einfluß in Abhängigkeit vom Durchmesser: bis 10 km lokal, bis 100 km regional, bei Ringbecken überregional, (diese Arbeit).
Thermischer Gradient:	Dünne Kruste, Magmakammern	Bis auf die Zeit der sekundären Aufschmelzung kein Einfluß.
Gravitation:	Einfluß auf die Auswurfcharakteristik.	Geringe Gravitation, weiterer Auswurf.

Tabelle 2

Einflußfaktoren auf Kraterumbildungsprozesse — Vergleich Erde–Mond

	Erde	Mond
Gravitation:	Wirksam bei Abtragung, insbes. in Verbindung mit Wasser (Solifluktion, Rutschung).	Wirksam bei Abtragung, insbes. Lockermaterial an Hängen (rollende Steine, Ansammlung in Hohlformen, → *„fillets"*.
Temperatur:	Bei Abtragung wirksam insbes. in Verbindung mit Wasser (Lösung, Frostsprengung), je nach Klimabereich verschieden.	Unwirksam, Einfl. als geringe „Zermürbung" postuliert aber nicht nachgewiesen. Schwankungen von 280 °C zwischen Tag und Nacht, jedoch wegen fehlendem Kristallwasser minimaler Einfluß.
Bodenbildung:	Wirksam; dadurch leichterer Ansatz der atmosphärischen Agentien bei der Abtragung.	Unwirksam, da „Bodenbildung" nur als Ablagerung von Ionen aus dem Sonnenwinkel
Überdeckung mit Sedimenten:	Wirksam infolge des Wasserkreislaufs und Hebung/Senkung	Erfolgt durch *ballistische → Sedimentation* des Auswurfmaterials, insbes. von Primärkratern
Wasserkreislauf:	**Dominanter Abtragungsprozeß** (fließendes Wasser)	Nicht vorhanden.
Meteoriten und Mikrometeoriteneinschläge:	Bewirken keine merkliche Abtragung, Einfluß in der Frühzeit der Erde unbekannt.	**Dominanter Abtragungsprozeß**
Überdeckung mit vulkanischen Förderprodukten:	Wirksam, insbes. bei → *Astroblemen*.	Weit verbreitet, insbes. bei Auffüllung der Ringbecken. Durch sog. *„ghost rings"* nachgewiesen.
Isostatischer Ausgleich:	Wirkt ausgleichend auf große, durch Einschläge hervorgerufene Massenverlagerungen (Baldwin, 1969, 70).	Ist wirksam, jedoch wegen geringerer Schwerkraft und größerer Festigkeit der Kruste nicht so schnell wie auf der Erde.

Die Behandlung von Meteoritenkratern auch im Rahmen der Geomorphologie beansprucht eine eigenständige Darstellung besonders unter den Gesichtspunkten der Entwicklung einer allgemeinen morphogenetischen Theorie, die die Erde als Modellfall der terrestrischen Planeten betrachtet.

Von der Entwicklung eines Planeten und von den Wirkungen des Energieumsatzes aus dem Innern her gesehen, beschreibt die Theorie der morphogenetischen Entwicklung der Oberfläche die Randbedingungen der allgemeinen energetischen, geophysikalischen und chemischen Prozesse des Planeten. Unter den exogenen Faktoren der Abtragung des Oberflächenreliefs – neben den atmosphärischen Agentien die von der Masse des Planeten abhängig sind und bekanntlich auf dem Mond ganz fehlen – nimmt damit der Meteoriteneinfall die dominante Rolle ein.

B: Grenzen einer morphogenetischen Theorie

Die Aufstellung einer allgemeinen morphogenetischen Theorie hat sich bisher als sehr schwierig erwiesen und die wesentlichen Ansätze, so die von Penck (1929) und Davies (1924), haben immer wieder Kritiker gefunden, die die Unzulänglichkeiten aufzeigen konnten. Nun basieren diese Theorien in Bezug auf die Erde wesentlich entweder auf tektonisch bedingten Einflüssen, zu deren Erklärung zahlreiche Hypothesen herangezogen werden müssen, oder auf dem Einfluß fluvialer Prozesse. Wollte man nun noch Kraterentstehungsprozesse in eine solche Theorie mit einbeziehen, so müßte für eine allgemeine Erfassung ein solcher Abstraktionsgrad erreicht werden, der über die dem Geographen bisher vertraute Vorstellungswelt weit hinausgeht und, bisher wenigstens, noch nicht angestrebt wird. Jedoch soll hier das Problem aufgewiesen werden, auf dessen Hintergrund die Ansätze, die die Mondforschung liefern kann, dargestellt werden.

Pike (1968, S. 19) gibt sich optimistisch für die Erreichung des Ziels:
"*However it may prove possible to interprete such widely different phenomena as terrestrial fluvial networks and extraterrestrial systems of crater development in terms of common, if somewhat abstract variables.*"

Er weist dabei auf die Ansätze hin, die Leopold und Langbein (1962) sowie Chorley (1962) lieferten.

Der Aufstellung einer allgemeinen Theorie stehen jedoch noch sehr viele Hindernisse im Wege:
1. Geomorphologische Erscheinungen und Prozesse sind so komplex und verschieden, daß es schwierig ist, einzelne gemeinsame Faktoren als Grundlage für eine allgemeine Theorie zu isolieren.

Die Ansätze zur Erfassung der dominanten Parameter mittels Faktorenanalyse (Gustafson, 1973) sind Schritte in diese Richtung. Beim Mond wird der Kraterdurchmesser als geeignetste morphometrische Variable angesehen, jedoch wurde eine Faktorenanalyse, die den Grad der Abhängigkeit der anderen Parameter vom Durchmesser aufweist, noch nicht durchgeführt. Dabei ist zu unterscheiden zwischen den mit Fernerkundungsverfahren meßbaren und den nur indirekt ableitbaren Größen (vergl. Abb. 2: Kraterparameter).

2. Geomorphologische Prozesse laufen sehr langsam ab und sind daher sowohl schwierig zu erfassen als auch schwierig experimentell nachzuvollziehen.

Die Kraterbildungs- und Veränderungsprozesse auf dem Mond stehen dabei an zwei Extrempositionen. Zum einen verläuft die Bildung sehr schnell und läßt sich zum Beispiel für Mikrokrater experimentell gut nachvollziehen, andererseits verläuft die Abtragung im Vergleich zur Erde unverhältnismäßig viel, das heißt, um einige Größenordnungen, langsamer.

3. Geomorphologische Prozesse lassen sich nur schwer numerisch erfassen.

Eine Quantifizierung basiert dabei auf dem Mond allein auf Fernerkundungsverfahren, wobei für die Erfassung der Prozesse Modelle zugrundegelegt werden können, die wegen der leichteren Beobachtung vieler Krater auf dem Mond besser als auf der Erde zu gewinnen sind (Söderblom, 1970, 1972).

4. Die Oberfläche von Mond und Mars zeigen Erscheinungen, die auf der Erde unterrepräsentiert und daher noch nicht genug untersucht sind, um sie im weiteren morphogenetischen Rahmen mit erfassen zu können.

Die Erforschung terrestrischer Einschlagstrukturen (*Vergl. Kap.: 8*) und der progressiven Stoßwellenmetamorphose (Stöffler, 1972) hat während der letzten 10 Jahre hier neue Einsichten erbracht. Die Untersuchung der Mondoberfläche, – nicht nur im Hinblick auf das Studium einzelner Objekte, sondern auch im Hinblick auf die regionale Betrachtung der Interaktion verschiedener Phänomene in einem größeren Bereich stellt hier eine konsequente Weiterentwicklung dar. Die Parameter, die zur Beschreibung lunarer Hohlformen aller Größenordnungen herangezogen werden können, sind in *Abb.: 2* schematisch erfaßt. Die Zeichnung, die nicht maßstabsgerecht ist, da zum Beispiel Zentralberge erst ab Kraterdurchmesser von 15 km und mehr auftreten, zeigt die typischen Strukturmerkmale lunarer Einschlagkrater im Querschnitt.

Die in die Bezugsebene eingetiefte Hohlform mit aufgewölbtem überkipptem Randwall, wird unterlagert von der Schockzone, in der sich je nach Kratergröße auch ein durch den Einschlag aufgeschmolzener Bereich befinden kann. Über die Entstehung der Zentralberge besteht noch keine Klarheit. Sie können zum Teil als endogene Vollform mit dem Substratum in Verbindung stehen, können sich aber zum Teil auch aus aufgeworfenem Lockermaterial zusammensetzen.

Eine einheitliche Bestimmung der Kraterparameter erlaubt es, morphometrische Gesetzmäßigkeiten als Ausdruck der morphologischen Entwicklung der Oberfläche präziser zu erfassen und innerhalb einer morphographischen Gliederung der Oberflächenformen die einzelnen Objekte genauer zu unterscheiden.

Abb. 2

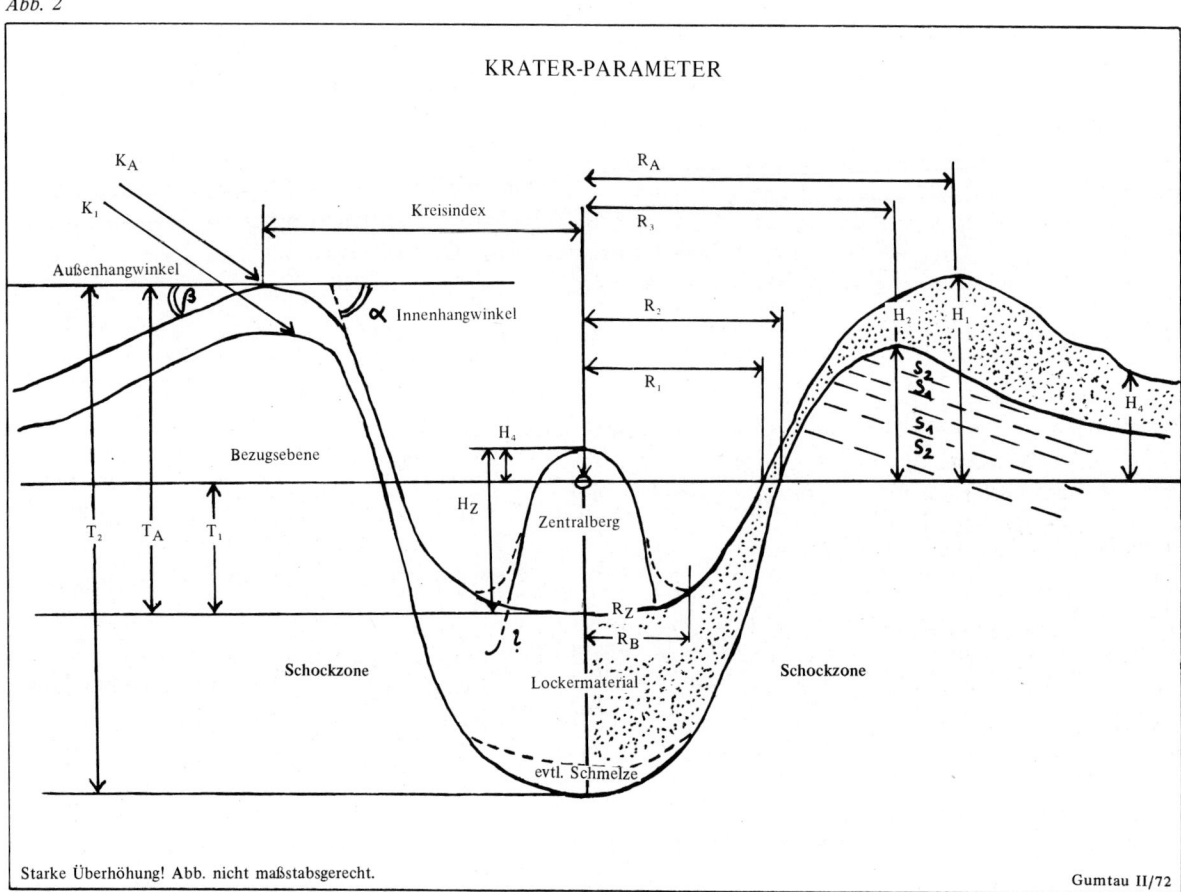

KRATER PARAMETER: messbare und ableitbare Größen (Prinzipskizze)

Die Darstellung ist stark überhöht und nicht maßstabsgerecht, da z. B. Zentralberge erst ab Durchmessern größer 15 km gehäuft auftreten.
Buchstabenindizes sind im Bild meßbare Größen, Zahlenindizes nur indirekt ableitbar.

Kreisindex nach Murray (1972): $C = 1 + \dfrac{\sum_{i=1}^{N} |\bar{R}_A - R_{Ai}|}{N\bar{R}_A}$
Erläuterungen: vergl. Text.

Erläuterung zu Abb. 2:

Übersicht der meßbaren und ableitbaren morphometrischen Variablen. Meßbare Größen sind mit Buchstaben — Index versehen. Statt Radius Messungen sind auch Durchmesser Angaben gebräuchlich. ($2 R_A = D_A$)

Als **Grundgröße** gilt der im Bild meßbare „**augenscheinliche Radius**" R_A (oder Durchmesser $-D_A$), der im Idealfall die höchsten Punkte des **Kraterrandes** K_A zu einem Kreis verbindet. Die Abweichungen von der Kreisform lassen sich durch die Bestimmung des **Kreisindex C** erfassen, der aus mehreren Messungen R_{A1} bis R_{An} errechnet werden kann. Der von Murray (1972) vorgeschlagene Index hat sich dabei als am günstigsten erwiesen. Im Umfeld des Kraters lassen sich noch mehrere Größen direkt messen: **der Gesamtradius der kontinuierlichen Auswurfschicht auf der Referenzebene** R_G, sowie bei jungen Kratern in Bildern mit hohem Sonnenstand der stärker reflektierende, **helle Auswurfhof** R_E; **Radius der eindeutig identifizierbaren Sekundärkrater bestimmter Größe** R_S, eine stark subjektive Größe, die von dem zur Verfügung stehenden Bildmaterial und der Erfahrung bei der Identifikation von Sekundärkratern abhängt.
Ggf. läßt sich auch noch der **Radius charakteristischer V-Formen** R_V (vergl. S. 30) angeben. (R_G, R_E, R_S, R_V sind in der Prinzipskizze nicht angegeben)

Die **Form** und **Größe** des wirklichen Kraters im Augenblick der Entstehung kann verdeckt sein durch überlagerndes, zurückgefallenes Material und durch Auswurf sedimentiertes Material von Kratern der Umgebung. Daher kann der **verdeckte Kraterradius** R_3 von R_A verschieden sein. Der **wirkliche Bezugsradius** R_2 gibt die Größenverhältnisse auf dem Niveau der Bezugsebene an und kann nur auf genauen Karten, die noch nicht vorliegen, bestimmt werden, oder durch Berechnung mit einem Kratermodell. Der **augenscheinliche Bezugsradius** R_1 ist bei frischen und großen Kratern wegen der Neigung des Innenhanges nicht wesentlich verschieden von R_2. Er ändert sich im Alterungsprozeß des Kraters mit dem Grad der Auffüllung der Hohlform. Bei der Kraterbildung durch einen Einschlag werden die Gesteinsschichten am Kraterrand meist in charakteristischer Weise überkippt und hochgepreßt, so daß der **aufgewölbte Kraterwall** entsteht. Die wirkliche **Kraterrandhöhe** H_1 über dem Bezugsniveau ist nur schwer zu bestimmen, ebenso wie die **augenscheinliche Kraterrandhöhe** H_2. Pike (1968) hat versucht, eine Gesetzmäßigkeit abzuleiten: $H_1 = 0.042\ D_A$ bis max. 1500 m. Da die Kraterrandhöhe eines Kraters in verschiedenen Teilen unterschiedlich sein kann, ist der **Betrag der Randhöhendifferenz** $\triangle H_{R_{A1-n}}$ ein Indikator unterschiedlicher Abtragung oder sekundärer Einflüsse. Das Innere des Kraters ist in der Regel als Charakteristikum für Einschlagkrater — sofern nicht sekundäre Auffüllung erfolgte — unter das Bezugsniveau eingetieft. Die **augenscheinliche Kratertiefe** T_A ist im Bild durch Schattenmessung oder ggf. stereometrisch meßbar. Die **augenscheinliche Bezugstiefe** T_1 ist abhängig von der Auffüllung infolge Alterung. Die **wirkliche Bezugstiefe** T_2 hingegen ist hauptsächlich abhängig von der **Eindringtiefe des Meteoriten** (Baldwin, 1963). Noch tiefer hinab reicht die Tiefe der **Schockzone**, innerhalb derer das Material durch die **progressive Stoßwellenmetamorphose** überformt und zerrüttet ist und auch auf der Erde erst von ganz wenigen ausgegrabenen Kratern her bekannt ist. Ließen sich darüber in Zukunft nähere Aussagen machen, so könnte u. U. die wirkliche Bezugstiefe T_2 sehr stark erodierter terrestrischer Krater berechnet werden. Der **Böschungswinkel Alpha am Krater(innen)hang** kann in Abhängigkeit vom Durchmesser und Alter des Kraters Werte bis 45 Grad annehmen. Der **Böschungswinkel Beta am Kraterwall** übersteigt dagegen Werte von 30 Grad kaum. Die **Innenhang-Weite** W_i ist die Projektion des Hanges auf die Bezugsebene in Abhängigkeit von T_A und Alpha; die **Außenhang-Weite** W_a entsprechend. Das Innere des Kraters weist, sofern es nicht „schüsselförmig gewölbt" ist, in der Regel einen ebenen **Kraterboden** R_B auf. In diesem Fall beziehen sich die Tiefenangaben T_A und T_1 nicht auf den tiefsten Punkt, sondern auf einen Durchschnittswert des Kraterbodens. Krater von einem Durchmesser von 15—100 km haben in zunehmendem Prozentsatz in der Mitte des Kraterbodens einen **Zentralberg** R_Z, dessen **Zentralberghöhe** H_Z unter dem Bezugsniveau bleibt.

Zusätzlich lassen sich noch die verschiedenen Volumina bestimmen, worauf Pike (1968) näher eingeht.

Tabelle 3:

Vergleich der Bezeichnungen einiger Kraterparameter bei einigen Autoren

Baldwin (1963)	MacDonald (1931)	Short (1964)	Hansen (1964)	Pike (1969)	diese Arbeit
apparent depth	internal altitude	visible depth	depth of apparent crater below mean lip	interior relief R_i	augenscheinliche Kratertiefe T_A
rim height	external altitude	lip height	app. lip crest height above ground surface	exterior relief R_e	Kraterrandhöhe H_1
true depth	depression of external plain	**apparent depth**	max. depth of crater below ground surface	true relief R_t	augenscheinliche Bezugstiefe T_1
—	—	—	outer diam. of true lip boundary	overall diam D_o	Gesamtradius R_E
apparent diameter	crest to crest diameter	visible diameter	diameter of app. lip crest	rim crest diam. D_r	augenscheinlicher Radius R_A
true crater diam.	—	**app. crater diam.**	**diam. of app. crater**	true crater diam. D_t	augenscheinlicher Bezugsradius R_1
—	diam. of internal plain	—	—	flat floor diam. D_f	Kraterboden Radius R_B
—	breadth of walls	—	—	interior slope width W_i	Innenhang Weite W_i
rim width	—	—	—	exterior slope width W_e	Außenhang Weite W_a

B 1: Die morphographische Gliederung der Lithosphäre

Enzmann (1965, 1968) hat versucht, die Verbindung zwischen den Erdwissenschaften und dem Studium der Planetenoberflächen in größerem Rahmen zu fassen:

> „*The development of space hardware over the last few years and the necessity of deploying these costly equipments as effectively as possible led to the expansion of descriptive methods used in geomorphology. Space mission planning forced the expansion of geomorphological description into a method of describing any part of any celestrial body and concurrently indicating how to search this body in order to optimize information gain ... An outgrowth of this expansion of geomorphology has been the first approach to planetology as a systematically descriptive Science.*"
> Enzmann, 1968, S. 404.

Er hat ein 12 stufiges Schema zur morphographischen Gliederung der verschiedenen Geosphären vorgeschlagen, das für den Mond in Bezug auf die Lithosphäre, in Tab.: 4 (S. 26), in erweiterter Form angeführt wird. Diese Übersicht zeigt die Stellung der verschiedenen zu beschreibenden Objekte in größerem Zusammenhang.

Diese Arbeit versucht somit die Objekte der Stufe 3 zu beschreiben und auf der Grundlage verschiedener Hypothesen zu interpretieren und bezieht die Elemente der Stufen 4 und 5 bei der Detailanalyse, insbesondere der Bildinterpretation, mit ein.

Entsprechend der Stufengliederung lassen sich die bisher auf dem Mond durchgeführten morphologischen Untersuchungen in verschiedene Bereiche gliedern:

Stufe 1: Die Form des Mondes und seine Bewegungen auf der Umlaufbahn (Libration) werden im Rahmen der Astronomie untersucht (Kopal, 1962, 1969, 1972).

Stufe 2: Die globale Bruch- und Kluftbildung ist von Fielder (1965) und Strom (1964) untersucht worden und wird als → „*lunar grid*" bezeichnet. Für die Mondrückseite ist die Auswertung der Bilder an der *University of Lancaster* in Angriff genommen (mündliche Mitteilung, Dr. Fielder, 1971).

Stufe 3: Die Beckenbildung und Beckenauffüllung, besonders auf der Mondvorderseite, wurde insbesondere von Hartmann (1962–1971, zahlreiche Arbeiten) untersucht.

Stufe 4: Sie umfaßt im engeren Sinne morphologische Untersuchungen der Großkrater und der mit ihnen assoziierten einschlagmorphologischen Serie (s. u.) und geht in ihrer modernen Form auf Shoemaker (1962) zurück.

Stufe 5: Zusammen mit Stufe 4 stellen die Formen der Stufe 5 den Hauptarbeitsbereich dar, der mit Methoden der Fernerkundung durch Bilder erforscht werden kann. Murray (1972) hat hier die erste Regionalstudie erstellt.

Stufe 6: Diese Formen lassen sich am besten in situ oder durch mitgebrachte Proben untersuchen. Erste Ergebnisse finden sich dazu jeweils in den vorläufigen wissenschaftlichen Berichten zu den Apollo Flügen.

Stufe 7: Sie umfaßt den Bereich der Petrographie. Die Einschlagformen dieser Größenordnungen lassen sich im Experiment studieren (Fechtig, e. a., 1972).

Stufe 8: Sie umfaßt den Bereich der Mineralogie, dessen Formenschatz nicht mehr zur Oberflächengestaltung im engeren Sinne gerechnet werden kann; ebenso wie die Stufen 9–11.

Innerhalb dieser Stufen haben sich die bisher durchgeführten Untersuchungen auf folgende Bereiche konzentriert:

A: Messungen einzelner Kraterparameter und ihrer Verteilung nach Kratergrößenklassen sowie nach Abtragungsgrad als Altersindex; Entwicklung von Kraterbeschreibungsmodellen und Kraterabtragungsmodellen.

B: Untersuchungen über bekannte Prozesse der Kraterbildung im Vergleich Erde-Mond; Versuche, Methoden zur Differenzierung von endogenen und exogenen Kratern zu finden.

C: Untersuchungen über Art und Ausmaß der Kraterumformungsprozesse auf dem Mond durch Abtragung infolge Meteoriteneinschlags, ballistische Sedimentation, „exogene → Bruchschollentektonik" (→ *Tektonik*), Lavaergüsse und isostatischen Ausgleich.

Tabelle 4:

Elemente der morphographischen Gliederung der Lithosphäre des Mondes
ergänzt nach: (Enzmann, 1965, 1968).

Stufe 0 Geosphäre: Lithosphäre	Stufe 1 (10^8 cm)	Stufe 2 (10^8–10^7 cm)	Stufe 3 (10^7–10^5 cm)
a) Regolith Decke b) Mare Material c) Terra Material	Abweichungen von der Rotationsform	**endogen:** globale Differentiation, unterschiedliche Krustendicke auf Vorder- und Rückseite	**endogen:** Beckenauffüllung
	exogen: Gezeiteneinflüsse	**exogen:** globale Bruch- und Kluftbildung	**exogen:** Beckenbildung durch Einschläge, Bruch- und Kluftbildung
Stufe 4 (10^5–10^3 cm)	**Stufe 5** (10^4–10^2 cm)	**Stufe 6** (10^1–10^0 cm)	**Stufe 7** (10^{-1}–10^{-2} cm)
endogen: Vulkanaufbauten, Regionale Ebenenbildung, Staukuppengebiete	**endogen:** Lavaergüsse, Lavafronten, Einbruchskrater, einzelne Kuppen	**endogen:** Schlackenauswurf, Tuffe, Entgasungskrater	**endogen:** – ? –
exogen: Großkraterbildung durch Einschläge, Sekundärkrater, Klüfte	**exogen:** Meteoriteneinschläge, Sekundärkrater, Verwerfungen, Klüfte, Blöcke	**exogen:** Sekundärkrater, Kleinmeteoriten Brekzien	**exogen:** Mikrometeoriten, Schockeffekte und Zerrüttung durch Einschläge
Stufe 8 (10^{-1}–10^{-3} cm)	**Stufe 9** (10^{-4} cm)	**Stufe 10** (10^{-5} cm)	**Stufe 11** (16^{-6}–10^{-8} cm)
endogen: Kristallisation und Mineralbildung in unterschiedl. Tiefe,	**endogen:** Molekülbereich	**endogen:** Elementbereich	**endogen:** Atombausteine
exogen: Mineralumwandlung durch Stoßwellenmetamorphose	**exogen:** Molekülumwandlung durch Anlagerung	**exogen:** Anlagerungen aus dem Sonnenwind	**exogen:** „fisson tracks"

D: Untersuchungen zur Bestimmung von Kraterprofilen und Höhenverhältnissen, Vergleich der Ergebnisse photometrischer und photoklinometrischer Methoden.

E: Untersuchungen zu Symmetrieeigenschaften der Krater: Kreisindex, Polygonalität, Ring und Radialstrukturen.

F: Untersuchungen zur Abfolge der → *„einschlagmorphologischen Serie"*, (s. u. S. 30), und der Ausbreitung des Auswurfmaterials und der Sekundärkrater.

G: Untersuchungen zur Situation am Kraterrand: Oberflächentexturen, Struktur des zusammenhängenden Auswurfmaterials, Fließstrukturen, Zusammenhang zwischen Stufen und Lineamenten, Stufenauffüllungen. (Zu → *„Stufe"* und „Terrasse" vergl. **Begriffserklärungen im Anhang**.)

H: Untersuchungen der Verhältnisse am Kraterboden: Verteilung und Orientierung der Krater, Lineamente und Rillen; Verhältnis von Bodenradius R_B zu augenscheinlichem Radius R_A.

I: Untersuchungen zur Stratigraphie kartierbarer morphographisch differenzierter Formation, insbesondere im Zusammenhang mit den Kratierungsprogrammen der USA.

In Zusammenfassung der Einzelergebnisse der Punkte A–I werden in Zukunft verstärkt regionale Untersuchungen bestimmter Gebiete durchgeführt werden, die die Zusammenschau aller Oberflächenelemente versuchen, in dem Bemühen, die Entwicklung dieser Region deutlich zu erfassen.

Die Ergebnisse dieser Einzelstudien sind zum Teil reine Beschreibungskriterien und Bildbeispiele für typisch erachtete Phänomene, zum Teil aber auch Größenbeziehungen zwischen den morphometrischen Kraterparametern, die die Einordnung einzelner Objekte in eine Klasse sowie statistische Aussagen erlauben.

Durch die Untersuchung von Größenbeziehungen zwischen Kraterparametern wird versucht, systematische Abhängigkeiten zwischen den verschiedenen meßbaren Parametern zu entdecken.

Die einfachste mathematische Form für die Ähnlichkeit verschiedener Größen ist:

(1) $\qquad y = b\, x^a$

wo b und a Konstanten sind. Ist die Konstante a = 1, so liegt eine isometrische Größenverteilung vor, die auch bei einer Auftragung über weite Größenbereiche in einer log/log Darstellung eine Gerade ergibt. Allerdings muß a dabei nicht über den ganzen Bereich konstant sein.

Ergibt die Messung gleicher Variabler zweier Populationen innerhalb desselben Größenbereichs nahezu eine isometrische Verteilung (Geraden gleicher Steigung), so läßt das mit großer Wahrscheinlichkeit auf die gleichen physikalischen Ursachen für die Entstehung dieser Populationen schließen. Für die morphometrische Untersuchung von Hohlformen auf der Erde wurde das nachgewiesen und ist Grundlage für den Vergleich von morphometrischen Daten zwischen Erde und Mond; (Pike, 1968).
Allerdings läßt sich als Kritik an solchen Arbeiten ausführen, daß die Datengrundlagen für solche Detailmessungen noch nicht genau genug sind und auch über die Daten zu den terrestrischen Einschlagstrukturen noch zum Teil große Meinungsverschiedenheiten bestehen. Pike (1968) hatte so zum Beispiel die Daten aus den US-ACIC topographischen Karten 1 : 1 Mill. entnommen, bei denen die Höhenangaben nach neueren Untersuchungen jedoch große systematische und unsystematische Fehler aufweisen, so daß jetzt eine Überarbeitung im Zuge der Ergänzung des großen Mondkataloges von Arthur (1963–66) durchgeführt wird; (Wood; (Patras, 1971)). Dieser Katalog bildete andererseits bisher als Standardwerk die Grundlage für alle statistischen Aussagen über die Kraterverteilungen und Größenbeziehungen.

Die Unsicherheit über die zugrundezulegenden Daten war auch für diese Arbeit mit ein Grund dafür, warum auf weitergehende morphometrische Vergleichsmessungen verzichtet werden mußte. Die Anwendung der von Gustafson (1973) erprobten Methoden zur Faktorenanalyse auf Daten von Kraterparametern in ausgewählten kleinen Gebieten der Mondoberfläche wird jedoch in Zukunft ein interessantes Arbeitsfeld darstellen. In Vorarbeit dazu lassen sich aus der Literatur Tendenzen in der Übereinstimmung bei der Beurteilung morphometrischer Größenbeziehungen feststellen, die hier als vorläufige Gesetzmäßigkeiten bezeichnet werden sollen. Die Benennung dieser Verhältnisse als Gesetzmäßigkeiten im weiteren Sinne will nur besagen, daß eine Regelmäßigkeit in der Oberflächenausprägung festgestellt wurde, die bei der Beurteilung eines Einzelobjektes eine leichtere Identifikation und Klassifikation erlaubt.

B 2: Morphometrische Gesetzmäßigkeiten

Die unten angeführten Daten und Verhältniswerte wurden bei Einzelmessungen an Kratern in der Region Korolev überprüft und bestätigt. Daraus wurde der Schluß gezogen, daß für die Verhältnisse auf der Mondrückseite die gleichen Gegebenheiten wie auf der Vorderseite anzunehmen sind.
Weitergehende morphometrische Detailuntersuchungen der Verhältnisse im Ringbecken konnten vom Ansatzpunkt dieser Arbeit her, der ursprünglich allein methodisch orientierten Erprobung der Interpretationshilfsmittel Äquidensitometrie und Ortsfrequenzfilterung, nicht durchgeführt werden. Der Plan, eine Karte zur Morphologie des Ringbeckens Korolev, basierend auf den Einzelergebnissen, anzufertigen, mußte letztlich aus Zeitgründen fallengelassen werden und wird später aufgegriffen werden.

Zu den morphographischen und morphometrischen Gegebenheiten auf der Mondoberfläche zählen zahlreiche Tatsachen, die schon in den klassischen Studien der Astronomen erkannt wurden. Bis zum Ende des 18. Jahrhunderts lagen schon folgende Ergebnisse vor (1–5):

1. Der Boden der mit dem Teleskop sichtbaren Krater liegt unter dem Bezugsniveau. Ausnahmen davon sind sehr selten; nur bei Lavaauffüllung wie zum Beispiel „*Wargentin*". Ausnahmen in der Region Korolev: „Mount Peter", (Bild 2056), Krater mit 3 km ϕ auf der Kuppe eines ca. 1700 m hohen isolierten Berges im zentralen Bergring, (vergl. S. 62).

2. Die „augenscheinliche Tiefe" T_A schwankt bei Kratern gleichen Durchmessers. Einschränkung heute: Die Schwankung ist nicht beliebig, sondern läßt sich statistisch als Streubreite im Durchmesser/Tiefe Diagramm erfassen. Erklärung heute: unterschiedliche Lavaauffüllung, Auffüllung durch Abtragungsmaterial, unterschiedlicher isostatischer Ausgleich.

3. Fauths Gesetz: Mit zunehmendem Durchmesser wird der Innenhangwinkel (Alpha) immer kleiner. Krater unter 30 km zeigen dabei geringe Varianz.

Alpha-Winkelmessungen von Fauth, aus: Baldwin (1949)

Durchmesser	Mittelwert	Anzahl	Max. Grad	Min. Grad
5–30 km	12 km	113	33	11
31–50	38	14	22	9
51–100	76	27	18	7
100	144	8	11	6

Erklärung heute: Beim Kraterbildungsprozess durch Einschlag kann bei größeren Kratern relativ mehr Auswurfmaterial aus dem Umland den Hang bedecken. Änderung im Tiefe/Durchmesser Verhältnis bei zunehmendem Durchmesser bedingt auch Änderung des Innenhangwinkels. (s. a. unten; Marcus (1970)).

4. Eberts Gesetz: Das Verhältnis von Tiefe zu Durchmesser (T_A zu D_A); ($D_A = 2 R_A$) nimmt systematisch mit der Zunahme des Durchmessers ab. Erklärung heute: Je größer das Objekt, um so eher wirkt isostatischer Ausgleich und umso wahrscheinlicher Auffüllung mit Mare Material und Einfluß durch teilweise Krustenaufschmelzung oder *peak uplift*. (s. a. unten, S. 62 sowie: Beals, 1972).

5. Mädlers Gesetz: Zentralberge bleiben unter dem Bezugsniveau. Bezogen auf 830 Fälle. Erklärung heute: noch unklar, nicht genügend untersucht. Sollte sich eine Abhängigkeit der Zentralberghöhe H_Z vom Bodendurchmesser R_B oder augenscheinlichen Radius ergeben, so ist für diese Fälle eine endogene Entstehung unwahrscheinlich.

6. Schröters Gesetz: wird heute nicht mehr akzeptiert, da die breite Streuung des Auswurfmaterials bekannt ist, ebenso wie die Krateränderungsprozesse. Besagte ursprünglich, daß das Volumen des aufgeworfenen Randes dem Volumen der Hohlform entspricht.

Die neueren Untersuchungen, die insbesondere durch Baldwin (1949, 1963) initiiert wurden, haben diese Gesetzmäßigkeiten weitgehend bestätigt und verfeinert, aber auch, wie bei Schröter, in Frage gestellt. Einige neuere Ergebnisse sind hinzugekommen, insbesondere durch Berechnung mit Kratermodellen und Vergleiche mit experimentellen Kratern (Atombomben und Sprengstoffkratern.).

7. Baldwins Gesetz: Er bestimmte die Weite des Außenhanges W_A für terrestrische und lunare Krater:

(2) $\qquad W_A = 0.2\ D_A^h\ ;\ h = 1$

Einschränkung: Die Daten aus der Untersuchung terrestrischer Krater reichen noch nicht aus und die Bestimmung der Weite des Außenhanges auf dem Mond ist sehr problematisch, solange noch keine genauen topografischen Karten vorliegen.

8. Pikes Gesetz: Die Höhe des Kraterrandes über Bezugsniveau (H_1) steigt nicht über 1500 m und beträgt:

(3) $\qquad H_1 = 0.04\ D_A^h$ bis H_1 max. 1500 m. $h \approx 1$ (Pike, 1968)

Baldwin (1963) hatte H_1 bestimmt als

(4) $\qquad H_1 = 0.055\ D_A^h\ ;\ h \approx 1$

und Marcus (1970) hat nach seinem Kratermodell H_1 bestimmt als

(5) $\qquad H_1 = 0.085\ D_A^h$,

wobei $h = 1$ für Durchmesser kleiner 15 km

Ergänzungen zu 4. Eberts Gesetz:
Marcus (1970) hat verschiedene andere Größenbeziehungen bestimmt, so insbesondere auch das „T_A zu D_A" Verhältnis, das als „**Grundverhältnis**" mit V_1 bezeichnet werden soll. V_2 bezieht sich auf H_1: **Pikes Gesetz.**

Marcus (1970) gibt V_1 für Durchmesser bis 1 km

(6) $\qquad T_A = 0.25\ D_A^{1,0}$

Für V_1 hatte Baldwin (1963) ermittelt

(7) $\qquad T_A = 0.33$ bis $0.25\ D_A^h$ für $D_A > 15$ km

wobei h für Durchmesser kleiner 15 km eins wird.

Pike (1968) bestimmt für V_1

(8) $\qquad T_A = 0.155\ D_A^{0,95}$ für Durchmesser bis 15 km

Für Krater größer 100 km ϕ ist $V_1 = 0.05$ und nimmt für Ringbecken ab bis auf $V_1 = 0.01$ für Korolev. Die Tiefe ist allerdings nicht genau bestimmt, sondern nach Schattenmessung auf 4 bis 4,5 km geschätzt. Für Gagarin (vergl. Höhenprofil, S. 55) ist $V_1 = 0.02$. Für Krater 15–30 km in Korolev $V_1 = 1 \pm 0.02$.

Ergänzungen zu Fauths Gesetz:
Nach dem Kratermodell von Marcus (1970) läßt sich der Innenhangwinkel (alpha) und Außenwallwinkel (beta) auch rechnerisch bestimmen.

(9) $\qquad \tan \alpha = 4\ V_1\ D_A^{h-1}$

Für Durchmesser kleiner 15 km strebt D_A^{h-1} gegen Null, so daß bei $V_1 = 0.25$ der maximale Innenhangwinkel eines frischen Kraters 45 Grad beträgt. Die Veränderung des Innenhangwinkels durch Abtragung hat Söderblom (1970) in seinem Abtragungsmodell durch Klein- und Mikrometeoriteneinschläge versucht zu erfassen und daraus eine Methode entwickelt, um auf einen Altersindex zu kommen (Söderblom, 1972).

Der maximale Außenwinkel für Krater dieser Größenklasse beträgt nach Marcus (1970):

(10) $\qquad \tan \beta = 2\ k\ V_2\ D_A^{h-1}\qquad V_2 \mathrel{\hat=} H_1$ (Pikes Gesetz)

wobei die Konstante k aus seiner Berechnung der Höhenverteilung des Auswurfmaterials stammt, die mit dem Kraterdurchmesser schwankt. Er nimmt als Mittelwert $k = 4$.

Für $V_2 = 0.055$, bzw. 0,085 ergibt sich somit für Krater kleiner 15 km ein maximaler Außenhangwinkel von
$\qquad \beta = 23{,}75$ Grad, bzw.
$\qquad \beta = 34{,}2$ Grad.

Als V_3 wird bezeichnet: das Verhältnis der Kratereintiefung in die Bezugsebene (T_1) zum augenscheinlichen Kraterdurchmesser D_A:

$$T_1/D_A = V_3$$

Nach Baldwin (1963) beträgt $V_3 = 0,83$ und nach Marcus (1970)

$$V_3 = 0,845 \pm 0,035.$$

Die Bestimmung weiterer Verhältniswerte auf dem Weg zu einer Faktorenanalyse der Kraterparameter ist eine Aufgabe zukünftiger weiterer Messungen.

C: Die einschlagmorphologische Serie

Zur Erfassung und Kartierung von → *Krater-Materialeinheiten.*
Zu beschreiben ist noch die Erfassung morphograpisch differenzierter Oberflächeneinheiten, nach denen größere Einschlagkrater bestimmt werden können, bzw. die bei kleineren Kratern als sogenannte Textur zur allgemeinen Oberflächencharakteristik beitragen.
Auf die Probleme der Erfassung von *Texturkriterien wird auf S. 53 ff. u.* 87 näher eingegangen.
Die Abfolge typischer Oberflächenmerkmale um einen Einschlag-Krater wird hier als einschlagmorphologische Serie bezeichnet.
Die konzentrische Abfolge der nach morphographischen Gesichtspunkten unterschiedenen Oberflächenelemente wird morphologisch als die charakteristische Struktur der unterschiedlich beeinflußten Materialien um einen Einschlagkrater interpretiert.
Der **Kraterboden „KB"** kann unterschiedlich strukturiert sein, da er neben Kratern mit und ohne Randaufwölbung auch hügelige und **domartige Aufbauten „KB$_h$"**, mit und ohne Krater auf der Kuppe, aufweisen kann (z. B. Kopernikus; vergl. Hartmann, 1968). Auch der **Zentralberg „ZB"** hat oft einen Krater auf der Kuppe, was auf eine vulkanische Form hinweisen kann. Der Kraterrand wird unterschieden in **Kraterhang „KH"** (innen) und **Kraterwall „KW"** (außen). Der Innenhang kann **radial ausgeprägt** sein „KHr" und Fließstruktur aufweisen, und bei Kratern größer 20 km in verschiedenen **Stufen „Kst"** gegliedert sein. Der Kraterwall KW ist in der Regel mit **dünenartigen Elementen hügelig „KWh"** gegliedert, wobei eine **radiale Strukturierung „KWr"** im Bereich des Auswurfmaterials weiter hinaus reicht. Bisher in der Literatur noch nicht beschrieben ist der Einfluß **tangentialer Elemente „KWt"** im Bereich des Kraterwalles, der sich insbesondere bei größeren Kratern ins Umland verfolgen läßt, sowie oft mit dem Verlauf der größeren Innenhang-Stufen übereinstimmt, wie zum Beispiel bei Aristarchus (vergl. S. 98). Dies wird dahingehend interpretiert, daß das in der Umgebung präformierte Spannungsgefüge im Gestein durch kraterbildende Einschläge aktiviert wurde und dadurch in der nachfolgenden Entwicklung die Stufenbildung begünstigte und die Materialablagerung im Umfeld beeinflußte. In der weiteren Umgebung des Kraters findet sich ein Ring von auf das Einschlagzentrum orientierten **V-förmigen Strukturen** in deren Winkel ein Krater liegt, der als Sekundärkrater interpretiert wird. Murray (1972), Guest (1973) haben diese Formen bei Kopernikus und Aristarchus näher beschrieben. Zusätzliche Überlagerung durch **Sekundärkrater „S"** anderer Objekte muß dabei ausgeschieden werden. Diese Krater sind oft von Primärkratern der gleichen Größe nicht zu unterscheiden, jedoch ist die systematische Häufung von Lineamenten, die auf einen anderen Krater orientiert sind, ein Hinweis darauf. (Hier vergl. S. 100)

Die Kartierung der Überlagerungsverhältnisse und damit eine relative Altersgliederung erfolgt aufgrund der charakteristischen Abfolge dieser Einheiten. Je nach Abtragungsgrad und Größe des Kraters können diese jedoch unterschiedlich stark ausgeprägt sein.
Krater, bei denen sich keine Hinweise auf diese einschlagmorphologische Serie finden und die insbesondere keinen aufgewölbten Rand aufweisen, werden als Strukturen endogenen Ursprungs interpretiert. Diese Objekte weisen zudem eine sehr starke Abweichung von der Kreisform auf und können länglich sein. Allerdings können längliche Objekte auch durch eine dichte Aufeinanderfolge von Sekundärkratern gleicher Größe erzeugt sein; vergl. (Abb. 30, S. 64) die „Murray-Krater" auf dem Boden von Korolev als Sekundärkrater von Orientale.
Die Änderungen der morphologischen Charakteristika für Krater verschiedener Größenklassen bei unterschiedlichem Alter haben Pohn und Offield (1969) versucht schematisch darzustellen. Ihr Schema ist hier um die Angaben für das Auftreten von Zentralbergen sowie den weiter unten näher beschriebenen tantentialen Bruchsystemen erweitert.

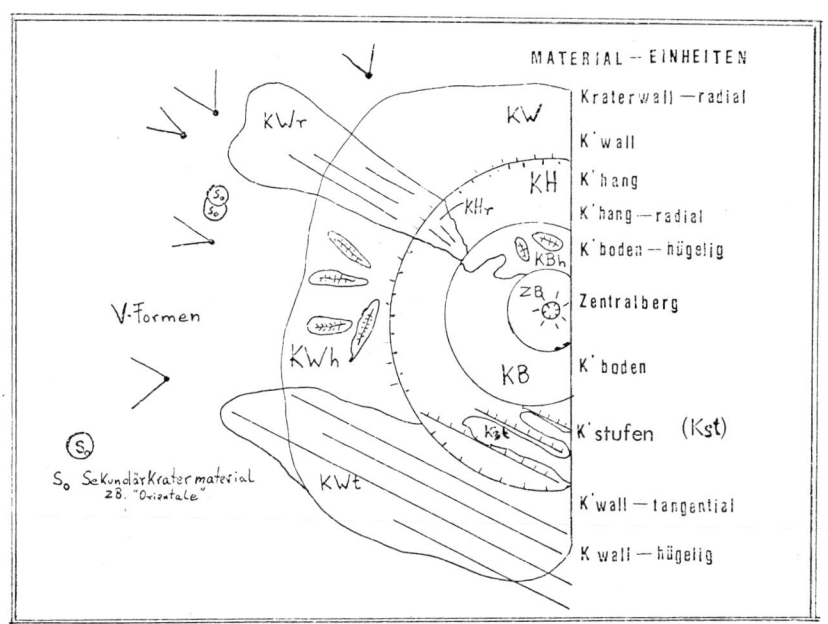

Abb. 3:

Zur Kartierung morphographisch differenzierter Einheiten eines Einschlagkraters

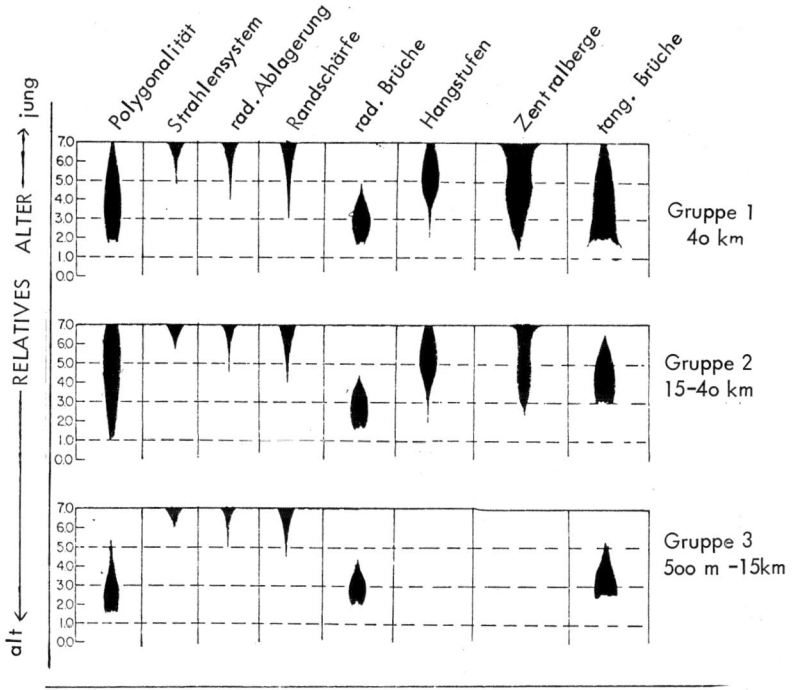

Abb. 4

Veränderungen morphologischer Charakteristika für Krater in drei Größenklassen, bis ca. 100 km ϕ und relativer Altersklassifizierung aufgrund „morphologischer Frische" von 0.0 (alt) bis 7.0 (jung). Die Breite der Markierung bezieht sich auf die jeweilige Ausprägung des betreffenden Charakteristikums.
„Randschärfe" bezieht sich auf die Deutlichkeit der Ausprägung des aufgeworfenen Randes, „Hangstufen" auf Stufenbildung am Innenhang des Kraters. Lineamente, die als tangentiale Brüche gedeutet werden, sind dann besonders deutlich, wenn sie mit der Richtung des sogenannten tektonischen Netzes zusammenfallen. (nach Pohn und Offield, 1969)

KAPITEL 3

Zusammenfassung

Die Ringbecken der Mondrückseite

Jede Bildauswertung nach morphologischen Fragestellungen hat als Primärinformation auch die vorhandenen Kenntnisse über den geologischen Aufbau des jeweiligen Gebietes sowie eventuelle Kenntnisse über vergleichbare oder ähnliche Objekte an anderer Stelle mit einzubeziehen. Daher wurde die Übersicht über die geologische Entwicklung des Mondes sowie die Ringbecken der gesamten Mondrückseite der Untersuchung des Beckens Korolev vorangestellt. Die Übersicht zu den Ringbecken ist eine Erweiterung der Arbeiten von Stuart-Alexander (1969) und Hartmann und Wood (1971), aufgrund einer eigenen Sichtung des zugänglichen Bildmaterials.

Einige der von den o. a. Autoren angeführten Becken konnten nicht gefunden werden. Ein Ringbecken wurde neu gefunden: als „NEU" benannt, (vergl. S. 37), (117° E, 0,05° S, Orbiter II, 196 MR).

Die Liste umfaßt alle Ringbecken und Großkrater einschließlich Übergangsformen größer 140 km ϕ mit Angaben der Bildnummern. Gegenüber dem Äquatorbereich zwischen 30 Grad nördlicher und 30 Grad südlicher Breite zeigen die flächengleichen Polarkalotten eine leichte Tendenz zur Häufung der Ringbecken. Von der Ringbecken der Hauptgruppe, die mit hellem Mare Material gefüllt sind, nimmt Korolev sowohl vom mutmaßlichen Alter wie von der Größe her eine mittlere Stellung ein und kann als typisches Ringbecken zur Exemplifizierung charakteristischer Merkmale betrachtet werden.

Die Ringbecken der Mondrückseite

Lipsky (1965) führte nach Untersuchung der ersten Aufnahmen der Mondrückseite den Begriff „Thalassoid" zur Beschreibung der großen Ringstrukturen ein, die man auf diesen Bildern gefunden hatte. Da auf der Mondrückseite die mit dem Mare-Material der Vorderseite assoziierten dunklen Ebenen fehlten, vermutete man zuerst strukturelle Unterschiede zwischen Vorder- und Rückseite. Dies erwies sich jedoch als falsch, da sich inzwischen zeigen läßt, daß die Ringbecken als allgemeine morphologische Großform sowohl Vorder- wie Rückseite gliedern. Die Ringbecken entsprechen der 3. Stufe der morphographischen Gliederung nach Enzmann (1968); vergl. S. 26. Der Begriff „Thalassoid" wird daher nicht mehr verwandt (Wilhelms, Mc Cauley, 1971). Die Unterschiede zwischen den beiden Halbkugeln bestehen allein in der unterschiedlichen Ausdehnung der ursprünglich rein colorimetrisch differenzierten hellen und dunklen Gebiete. Auf die dafür zur Erklärung herangezogenen Theorien wird unten kurz eingegangen. Zur Definition der hier benutzten Begriffe wie „helles und dunkles Mare-Material, Terra Material, Großkrater und Becken, u. a." wird auf das Begriffserklärungsverzeichnis im Anhang 11 verwiesen.

Hartman und Kuiper (1962), die auf entzerrten Librationsaufnahmen zuerst die Ringstruktur des Orientale Beckens erkannt hatten, führten den Begriff Ringbecken ein.
Der Begriff hat keine genetischen Konnotationen sondern wird rein morphographisch gebraucht, als Bezeichnung für große, kreisförmige Vertiefungen mit wenigstens zwei konzentrischen Ringen und ausgeprägten radialen Lineamenten. Die Größen schwanken zwischen 140 und 1000 km.
Großkrater mit Durchmessern bis zu 140 km weisen die typische Mehrfach-Ringstruktur nicht auf, jedoch gibt es Hinweise darauf, daß ein fließender Übergang stattfindet, so daß auch eine genetische Verbindung beider Klassen wahrscheinlich ist. Objekte mit Übergangscharakteristik sind m. E. der Krater „King" auf der Mondrückseite (17 km ϕ, 3,8 km tief) *(AW & ST, 25.9.72, S. 76)*, sowie das kleinste Ringbecken Antoniadi (140 km ϕ und u. U. Tsiolkowsky (198 km).
Übergangsformen bei der Kratermorphologie sind auch von terrestrischen Einschlägen her bekannt. Dence

(1965) unterscheidet auf der Erde den Übergang von „einfachen" zu „komplexen" Kratern bei einem Durchmesser von 4 bis 9 km, je nachdem, ob eine zentrale Aufwölbung (u. U. auch ausgeprägter Zentralberg) vorhanden ist, oder nicht. W o o d (1968) fand für den Mond, daß bei Kraterdurchmessern über 10 km die Häufigkeit der Krater mit Zentralbergen immer größer wird und bei 60 km ϕ mit 100 % ein Maximum erreicht.

Bei Objekten über 100 km nimmt die Häufigkeit dann wieder ab und bei den zur Diskussion stehenden Ringbecken sind bis auf wenige Ausnahmen nicht Zentralberge sondern → „*zentrale Bergringe*" ausgebildet. Solche Bergringe finden sich in ganz wenigen Fällen auch bei terrestrischen Einschlagkratern, allerdings bei wesentlich geringeren Durchmessern. Bestes Beispiel ist die Gosses Bluff Struktur in Australien (vergl. S. 108 sowie der Clearwater See (S. 109).

Die Benennung der Ringbecken ist uneinheitlich, da die Namen auf der Vorderseite zum Beispiel schon lange festliegen. Da auf der Vorderseite fast alle Becken mit dunklem Mare-Material gefüllt sind, erhielten sie „Mare" Bezeichnungen, die traditionsgemäß nach metaphysischen Einflüssen gegeben wurden, (Tranquilitatis, Serenitatis, Crisum u. a.). Da die meisten Becken der Rückseite nicht mit dunklem Mare-Material gefüllt sind, wurden ihnen auf der *IAU Tagung, Brighton 1970*, die die Namen festlegte, Kraternamen nach bedeutenden Wissenschaftler gegeben. Es gab jedoch auch Abweichungen, wie zum Beispiel bei den Ringbecken Apollo und Moscoviense. Diese Namen werden zur Bezeichnung der Ringbecken beibehalten und im Zweifelsfall durch den Zusatz „Becken" bzw. „Mare-Material" unterschieden, wenn auf die Lavafüllung innerhalb des Beckens Bezug genommen werden soll.

H a r t m a n n (1963) gibt eine Übersicht über die Kenntnisse von den Becken (früher Maria) der Mondvorderseite.
Er hat wesentlich dazu beigetragen, daß die Ringbecken als eine eigene morphologische Klasse anerkannt wurden. S t u a r t - A l e x a n d e r (1970) und H a r t m a n n und W o o d (1971) haben als erste versucht, die Daten über die Ringbecken der Mondrückseite zusammenzutragen. Die von ihnen aufgeführten Becken sind in *Abb.: 6* zusammen mit der von ihnen vorgeschlagenen groben Altersgliederung aufgetragen. Die hier vorgelegte Übersicht ist die erste zusammenfassende Darstellung aller dieser Großstrukturen der Mondrückseite.

Die Ringbecken der Mondrückseite lassen sich in drei Gruppen einteilen:

1. Älteste Becken: es sind dies die ganz alten, fast vollständig abgetragenen Becken, die kaum noch zu erkennen sind. Sie werden nur in Aufnahmen bei sehr niedriger Beleuchtung bei bestimmten Blickwinkeln identifizierbar. Nach B a l d w i n (1969) und auch gestützt durch S h o e m a k e r (1972) ist zu ihrer Entstehungszeit vor ca. 4.2 Äonen schon die ganze Mondoberfläche mit Kratern besetzt gewesen. Jedoch ist wahrscheinlich von dieser ursprünglichen Kruste und ihrer Oberflächengestaltung kein zusammenhängendes Stück mehr erhalten. Nur die Ringbecken als größte Form dieser Zeit sind noch zum Teil in der Masse der sie überlagernden Erscheinungen zu erkennen. Das Trümmergestein dieser Epoche ist durch die nachfolgende Aufschmelzung und Abkühlung überformt und verfestigt.
B a l d w i n (1969) hat auf 10 Objekte dieser Gruppe hingewiesen. Allerdings konnten anhand des einsehbaren Bildmaterials (*insbesondere NASA-SP-206*) nur fünf davon identifiziert werden. Diese werden mit „B a l d w i n I - V" bezeichnet.

2. Hauptgruppe: Dies ist die Mehrzahl der Ringbecken, mit Durchmessern zwischen 200 und 500 km. Sie entstanden wahrscheinlich in der Zeit der 2. Abkühlungsperiode (Epoche 2C, s. o., S. 17) und sind mit hellem Mare-Material gefüllt. Zu dieser Gruppe gehört auch Korolev als ein typisches Beispiel.

3. Becken mit dunklem Mare-Material: Altersmäßig können diese Becken in großem Maße streuen. Sie haben gemeinsam, daß sie zu einem späteren Zeitpunkt als die Becken der Hauptgruppe wahrscheinlich zusätzlich noch mit dunklem Mare-Material überdeckt wurden.
Zu diesen Becken gehören Apollo, Mocoviense, Ingenii, u. a.
Eine Altersgliederung innerhalb der hier vorgelegten Liste der Ringbecken wurde nicht versucht. Selbst für die Becken der Mondvorderseite gibt es hierüber in der Literatur noch keine Übereinstimmung. R o n c a (1970, 1971) hat mit der Entwicklung seines morphographischen Indexwertes dazu wesentliche Beiträge geliefert. Es wird vorgeschlagen, die vierteilige Altersgliederung (Abb. 6) beizubehalten und sie bei den Becken, bei denen Übereinstimmung zwischen den Autoren herrscht, zu akzeptieren. Dies bezieht sich auf die Becken: Lorentz, Orientale, Hertzsprung, Korolev, Schrödinger und Moscoviense.

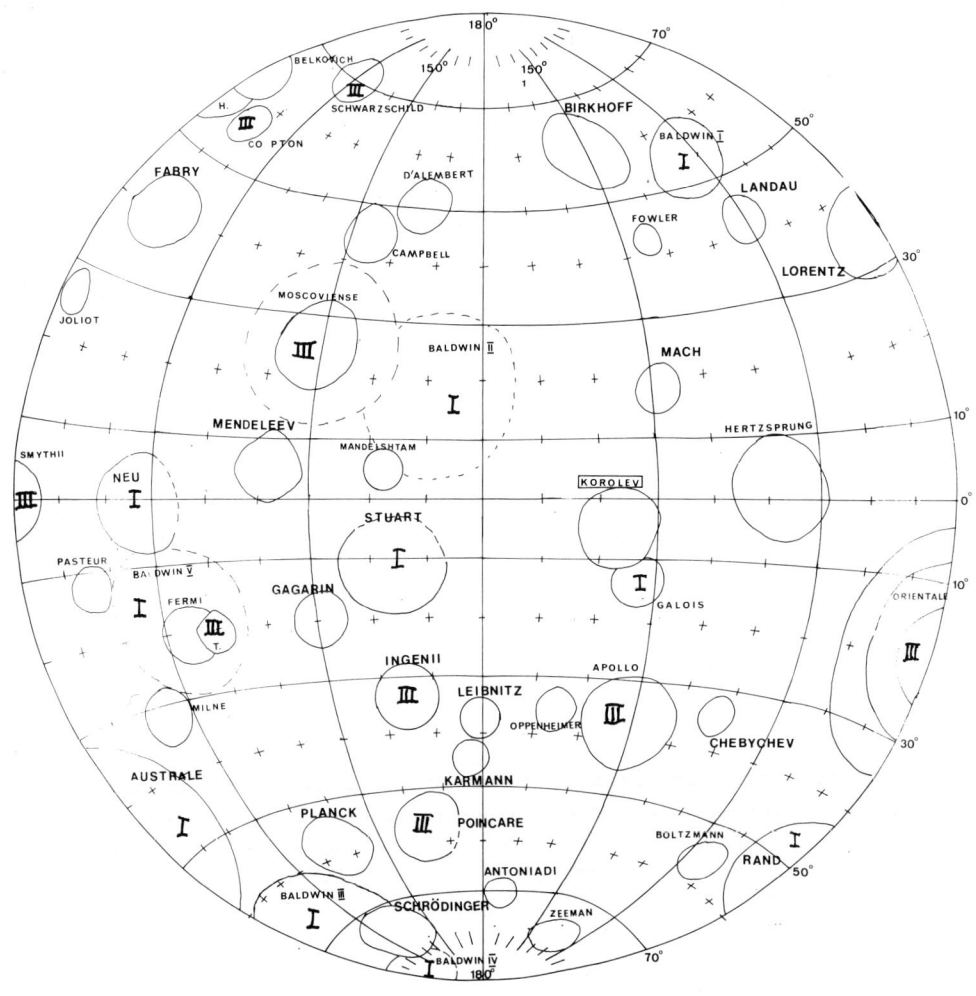

Abb. 5

Lage und Einteilung der auf der Mondrückseite identifizierten Ringbecken. Vergl. Liste S. 36

Gruppe I: älteste Becken, zum Teil nicht genau identifiziert (vergl. Text).
Gruppe II: Hauptgruppe (nicht gekennzeichnet)
Gruppe III: Becken mit dunklem Mare-Material

H: Humboldtianum; T: Tsiolkowsky;

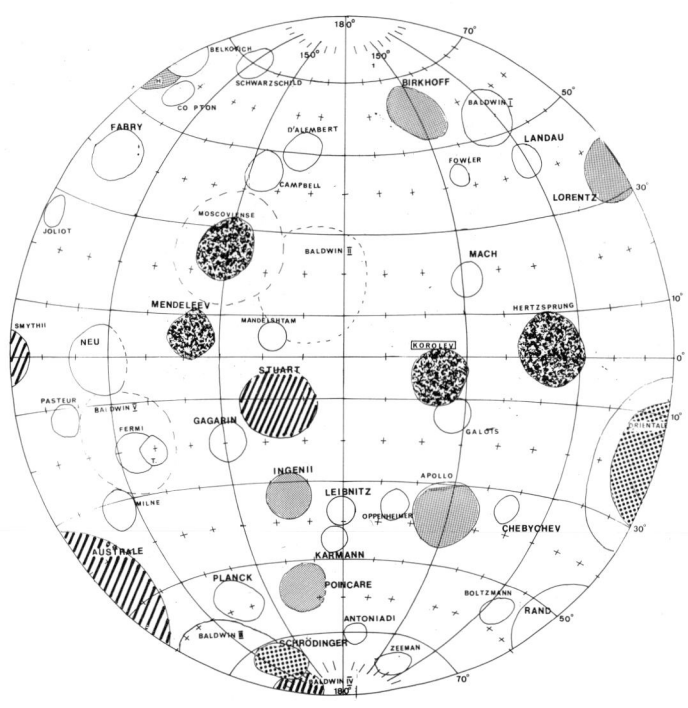

Altersgliederung der Becken bei Stuart-Alexander, Howard, (1970)

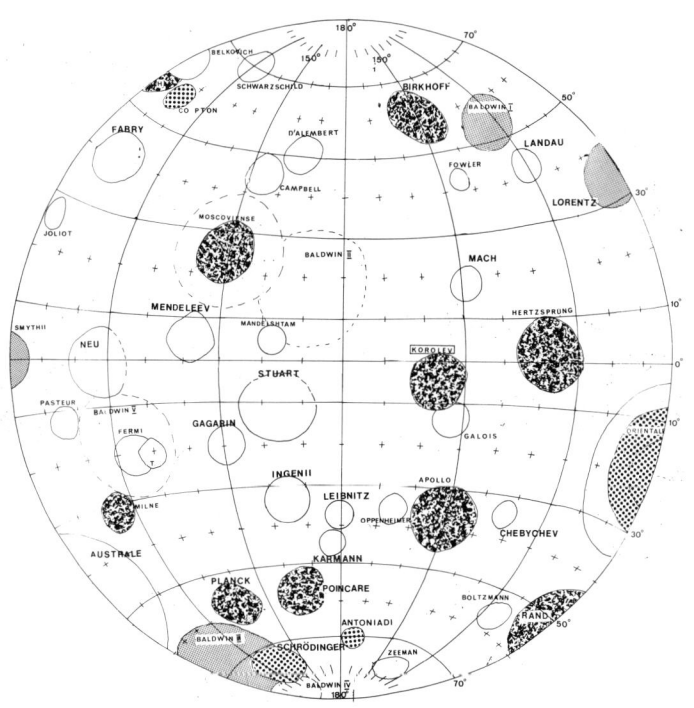

Abb. 6

Altersgliederung der Becken bei Hartmann, Wood, (1971)

jung	mittel	modifiziert	alt
A	B	C	D

Tabelle 5 — zu Abb. 5 + 6

Die Ringbecken der Mondrückseite

Bildbeispiele zu einigen Ringbecken finden sich im Anhang
(Bailly, Baldwin I, Rand, Antoniadi, Schrödinger, Moscoviense, Apollo, Poincare, Compton, Hertzsprung).

NAME	LAGE	DURCHMESSER km	BILD	BEMERKUNG
1) Antoniadi	174 W 70 S	140	IV 8 HR	kleinstes B.
2) Apollo	153 E 35 S	235/435 (480; H/W	V 26 Mr, 30 MR	
3) Australe	90 E 45 S	900	IV 9 MR IV 106 MR	Atlas 453, 481
4) Baldwin I	123 W 53 N	135/410	V 25 Mr, 5 MR	= Unnamed B
5) Baldwin II	167 E 18 N	ca. 600	nicht id.	= Unnamed d
6) Baldwin III	108 E 68 S	285/580	IV 4 MR	= Unnamed A
7) Baldwin IV	124 E 81 S	235 (H/W) 418 (Baldwin 69)	IV 8 MR	
8) Baldwin V	118 E 15 S	ca. 500	nicht id.	vergl. Fußnote
9) Belkovich	90 E 62 N	250 ±	IV 23 MR	
10) Birkhoff	150 W 60 N	170/320	V 29 MR, H_2	Atlas 577–579
11) Boltzmann	115 W 55 S	200 ±		
12) Campbell	151 E 45 N	235 ±	V 103 MR 124 MR, 103 H_1	Atlas 557, 558
13) Chebychev	133 W 34 S	182 ±		
14) Compton	104 E 56 N	80/185	IV 23, 140 MR 181 MR	
15) D'Alembert	164 E 52 N	220 ±	V 103, 124 MR 79 MR, 103 HR	Atlas 558
16) Fabry	101 E 40 N	195 ±		evtl. zus. mit Riemann
17) Fermi	123 E 19 S	141/242		vergl. Tsyolk.
18) Fowler	145 W 43 N	185 ±	V 29 MR	
19) Gagarin	149 E 20 S	270 ±	I 115 MR	Atlas 619
20) Galois	152 W 14 S	205 ±	I 38 MR	vergl. Korolev
21) Hertzsprung	129 W 3 N	285/440/500	V 24, 26, 14 MR 24 H_1	Atlas 585
22) Ingenii	163 E 33 S	320 (370)	II 75 MR	Atlas 637
23) Joliot	94 E 26 N	182 ±		
24) Karmann	176 E 48 S	240 ±		
25) Korolev	157 W 5 S	120/210/450/ ca. 1100	I 28, 30, 35 MR + HR, 36, 38, 40 MR + HR	Atlas 640 ff
26) Landau	119 W 42 N	220 ±		
27) Leibnitz	178 E 38 S	250 ±		
28) Lorentz	97 W 35 N	160/330	IV 189 MR	
29) Mach	149 W 18 N	205 ±		
30) Mandelshtam	162 E 6 N	192 ±	I 116 MR IV 99 MR	Atlas 623, 624
31) Mendeleev	141 E 6 N	330	I 115, 116 MR 117, 136 MR	Atlas 19, 603
32) Milne	113 E 38 S	120/240	II 96, 121 MR	Atlas 597
33) Moscoviense	145 E 25 N	205/305/460 700	V 79, 103 124 MR, 103 HR	Atlas 553, 557
34) NEU	117 E 0,5 S	450 ±	II 196 MR	Atlas 597
35) Oppenheimer	166 W 36 S	215 ±		
36) Orientale	95 E 20 S	320/620/900/1300	IV 187 MR V 14, 15 HR II 196 MR	Atlas 593, ff 599, 600

NAME	LAGE	DURCHMESSER km	BILD	BEMERKUNG
37) Pasteur	105 E 20 S	235 ±	II 196 MR	599, 600
38) Planck	135 E 58 S	190/325	II 21 MR	
39) Poincaré	161 E 57 S	70/180/235	V 65, 75 MR	
40) Rand	94 W 49 S	220/330/480/640. (576, HW)	IV 193 MR	= SE Limb
41) Schrödinger	130 W 70 S	155/320 (300	IV 4,8 MR	
42) Schwartzschild	120 E 70 S	205 ±		
43) Stuart	162 E 10 S	480 ±	I 115 MR II 75 MR	Atlas 629 (um Heaviside; nach: Stuart, 70)
44) Tsiolkowsky	129 E 21 S	198 ± 5	II 121 MR, HR	
45) Zeeman	134 W 75 S	201 ±	IV 4 MR	

Zum ersten Mal erwähnt ist das **Becken 34 (NEU)**, das auf Orbiter II 196 MR gefunden wurde. Becken 43, das auch neu gefunden wurde, ist jedoch wahrscheinlich mit einem bei Stuart-Alexander (1970) erwähnten, aber unbenannten Becken identisch. Die Bildnummern beziehen sich auf die Orbiter Medium und High Resolution Aufnahmen. Die Bemerkungen zum Atlas sind Seitenangaben in *NASA SP-206* (Bowker, 1971). Abweichende Größenangaben bei Hartmann und Wood (1971), (H/W), sind in Klammern zugesetzt. Ist nur eine Durchmesserangabe angegeben, so sind die anderen Ringdurchmesser noch nicht mit genügender Genauigkeit bestimmt.

Einige der von Baldwin (1969) angeführten ganz alten und weitgehend abgetragenen Ringbecken konnten nicht oder nicht eindeutig identifiziert werden, da sie nur bei Aufnahmen mit entsprechend günstiger Beleuchtung zu sehen sind. Für die Identifizierung wurden weitgehend die im „Atlas" (Bowker, 1971) veröffentlichten Aufnahmen herangezogen.

Die Karte der Verteilung der Ringbecken der Mondrückseite (Abb.: 5) zeigt ein schwaches Defizit an Becken um 180° sowie im NW Quadranten, so daß sich dort sehr wohl noch einige ganz alte Becken befinden können. Das Defizit kann auch in Verbindung stehen mit der großen topografischen Senke um 180°, die durch die Laser-Höhenmesser (Abb.: 13) entdeckt wurde. Baldwin vermutete in dieser Region schon 1969 ein Becken mit Durchmesser von 1600 km, das damit größer als Imbrium wäre; (Lage: zwischen 44 N und 10 S sowie 151 E und 155 W).

Nicht eindeutig identifiziert werden konnten die Becken Baldwin II, (=Unnamed d. in: Hartmann und Wood, (1971), Baldwin V, das Fermi und Tsiolkowsky mit einschließen soll. Nicht gefunden wurden ferner: ein Becken bei 151 E, 15 N, Durchmesser 212 km (Baldwin, 1969), das innerhalb des äußeren Rings von Moscoviense sein soll; ein Becken von der Größe Imbriums, (D = 1030 km, 160 W, 32 N), von dem auch Baldwin sagt, daß es schlecht zu erkennen sei, sowie das Becken Unnamed-c-(Hartmann und Wood, 1971), auf 175 E, 48 S, D = 240 km) das mit Karman fast identisch ist; sowie Unnamed-b-, auf 171 E 20 S, D = 190 km.

Die relativen **Altersgliederungen** der Krater und Becken basieren auf dem subjektiven Eindruck der jeweiligen „morphologischen Frische" des Kraterrandes. Bei längerer Expositionszeit ist anzunehmen, daß entsprechend mehr neue Krater auf dem jeweiligen Rand gebildet wurden und dieser dadurch entsprechend mehr abgetragen wurde. Der Meteoriten und Mikrometeoriteneinfall hat bei den auf dem Mond gegebenen Expositionszeiten der Oberflächen die entscheidende abtragende Wirkung. Zum Vergleich der Kraterentstehungs- und Abtragungsprozesse zwischen Erde und Mond vergl. S. 20.

Die Bestimmung der **Kraterhäufigkeitskurve** (Durchmesser gegen Anzahl pro Flächeneinheit) wird allgemein als die beste Methode zur Bestimmung der morphologischen Entwicklung einer Oberfläche und deren relativen Alter angesehen. Da bekannt ist, daß Meteoriteneinschlage vorkommen und daß diese Einschläge Krater aller Durchmesser produzieren können, muß man solange davon ausgehen, daß die zu zählenden Objekte durch Meteoriteneinschlag entstanden sind, wie keine morphologischen Erscheinungsformen auftreten, die nicht durch die physikalischen Prozesse beim Einschlag zu erklären sind. Erst wenn das der Fall ist, können zusätzliche Hypothesen zur Erklärung herangezogen werden. Dies gilt insbesondere für isolierte Vollformen (Wülste, Kegel, u. ä.) sowie bei den Hohlformen für die Krater ohne aufgeworfenen Rand, die auf vulkanischen Ursprung zurückgeführt werden. Bei der Zählung im Hinblick auf Altersbestimmungen müssen zudem die Sekundärkraterfelder der größeren Einschlagkrater ausgeschieden werden. Diese Unterscheidung ist im Einzelnen nicht leicht und es hat sich ergeben, daß bei der dichten Kraterbesetzung, zum Beispiel der Ebenen im Ringbecken Korolev, eine solche Zählung nicht mit hinreichender Genauigkeit durchgeführt werden konnte.

Die Messungen in Korolev (Abb.: 8) waren erste Versuche mit hohem Ungenauigkeitsgrad, ohne Kontrollzählungen. Sie ermöglichten allerdings m. E. erste Hinweise auf die Entwicklung der Oberflächen innerhalb von Korolev (vergl. unten). Die Zählungen wurden insbesondere gemacht, um den Einsatz von Äquidensiten (vergl. S. 70) zur Erleichterung der Auswertung zu erproben. Greeley und Gault (1971) haben auf die Schwierigkeiten bei den Zählungen hingewiesen und die bisher besten Ergebnisse veröffentlicht. Chapman u. a. (1970) haben Zählungen von Kratern unterschiedlicher Morphologie durchgeführt und fanden eine Häufung von Kratern ohne aufgeworfenen Rand im dunklen Mare-Material. Die von ihnen entwickelten statistischen Aussagen lassen sich auf das Korolev Ringbecken nicht anwenden; da die größeren Krater (30 km +) zu sehr unterrepräsentiert sind, (schriftliche Mitteilung Oktober 1972)

Hartmann und Wood (1971) haben die Krater größer 8 km ϕ in den Ringbecken der Rückseite gezählt und ihre Altersgliederung darauf aufgebaut. Wenn man die durchschnittliche Kraterdichte dieser Krater im dunklen Mare-Material der Mondvorderseite mit 1 ansetzt, so erreicht eine typische Terra-Material Oberfläche der Rückseite Werte von 32.

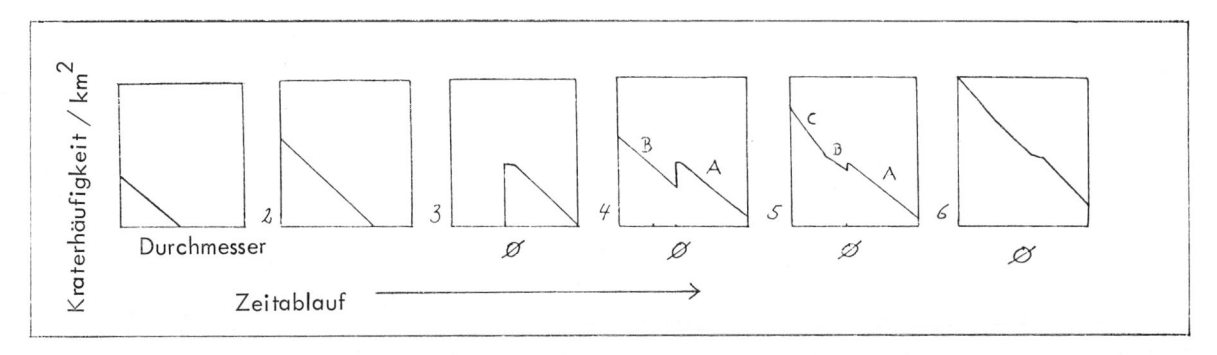

Abb. 7

Prinzipskizze zur Entwicklung von Kraterhäufigkeitskurven im Laufe der Zeit bei Annahme verschiedener Einflüsse.

1: Beginn der Kraterbesetzung, frühes Stadium/ 2: Fortgeschrittenes Stadium mit geringer Aufsteilung der Kurve/ 3: Zerstörung der kleinen Krater durch Großkraterbildung oder Überflutung/ 4: Neubesetzung im Laufe der Zeit: A-alte Oberfläche, B-junge Oberfläche/ 5: Im Bereich von C Aufsteilung durch Häufung von Sekundärkratern/ 6: Alte Oberfläche nahe der Sättigungsgrenze, typische Terra-Verteilung.
nach: Hartmann, Wood (1971).

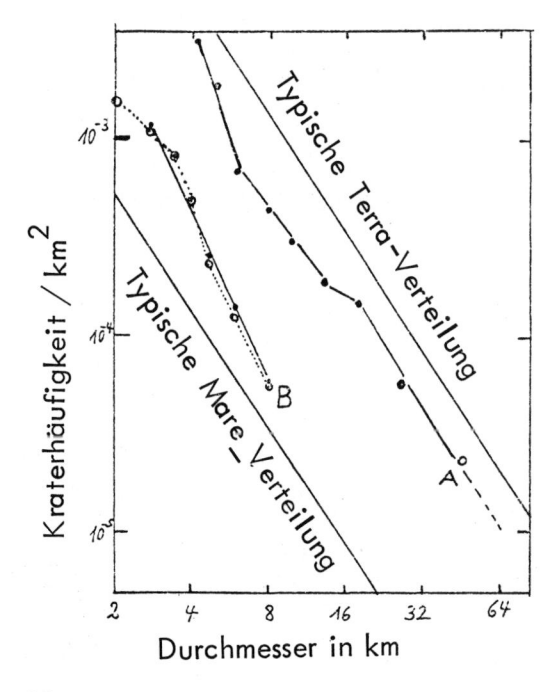

Abb. 8

Die Kraterverteilung innerhalb von Korolev (Kurve A) zeigt verschiedene Schwankungen, die sich als Auswirkungen verschiedener Ereignisse interpretieren lassen. So wird der Knick bei Kraterdurchmessern zwischen 12 und 20 km als Hinweis auf eine frühere Überdeckung besonders im Zentralbereich des Beckens gedeutet. Der Anstieg der Kurve bei Durchmessern kleiner 6 km wird auf Sekundärkrater von den Becken Orientale und Hertzsprung zurückgeführt. Die Kurve B gibt die Verteilung der Krater auf der „Schiefen Ebene" (vergl. S. 67) am Westrand von Korolev, die als Lavaüberflutung vom Rand her interpretiert wird. Die zum Vergleich mit Hilfe von einkopierten Äquidensiten (vergl. S. 81) durchgeführten Zählungen ergaben im Rahmen der Meßgenauigkeiten die gleichen Werte, jedoch bei wesentlich geringerer Anstrengung und weniger Zeitaufwand.

Dies ist mit ein wesentliches Argument für die Ansicht, im Terra Material die Reste der ursprünglichen Erstarrungskruste finden zu können. Das Ringbecken Korolev erreicht dabei einen Wert von 15 und liegt damit im mittleren Bereich der Hauptgruppe der Becken.

Einen weiteren Hinweis zur relativen Altersgliederung gibt das Reflexionsvermögen der jeweiligen Oberfläche, die Albedo. Sowohl die hellen wie auch die dunkleren Gebiete haben die Tendenz, sich auf einen Wert von ca. 0,11 einzupendeln. Sehr stark reflektiert insbesondere das Material, das durch sehr junge Einschläge aufgeworfen wurde, wie zum Beispiel um Tycho, Aristarchus, Crookes u. a. Dadurch läßt sich insbesondere der Material-Auswurfhof junger Krater mit Äquidensiten gut bestimmen, (vergl. S. 68).

Im Mare-Material wird hingegen das dunkelste Material als das jüngste angesehen. Diese Abdunklungs- und Aufhellungs-Tendenz ist in *Abb.: 12* dargestellt. Leider liegt vom Ringbecken Korolev keine Aufnahme mit entsprechend hohem Sonnenstand vor, aus der sich der absolute Albedowert bestimmen ließe. Jedoch läßt sich sagen, daß das helle Mare-Material von Korolev heller als das Material in irgendeinem Becken der Vorderseite ist.

Zur Charakterisierung und Deutung der Ringbecken

1. Als Ringbecken werden *kreisförmige Eintiefungen* von mehr als 140 km Durchmesser bezeichnet, die zwischen zwei und fünf konzentrisch angeordnete Ringstrukturen aufweisen.

2. Die Becken mit den am deutlichsten ausgeprägten Ringstrukturen werden *stratigraphisch als die jüngsten* angesehen.

3. *Der Abstand* aufeinanderfolgender Ringdurchmesser *schwankt* zwischen dem 1,4 und 2 fachen des jeweils kleineren.

4. Bis auf den innersten „Zentralen Bergring" läßt die Morphologie der Ringe auf *Bruchstufen* schließen.

5. Der *zentrale Bergring* besteht sehr häufig aus *einzelnen Bergkuppen* statt aus einem kontinuierlichen Ring.

6. Kraterhäufigkeit und Abtragungsgrad der Bruchstufe im Vergleich zum Beckeninnern lassen darauf schließen, daß *zwischen Beckenentstehung und Auffüllung* mit Mare-Material *ein relativ großer Zeitraum* bestand, so daß das Mare-Material nicht primär durch einen Einschlag entstanden ist.

7. Die *Auffüllung* des Beckens mit Mare-Material erfolgte *meistens zuerst in der Beckenmitte*, zum Teil aber auch vom Rand her (zum Beispiel Korolev) oder vom Fuß der am stärksten ausgebildeten Bruchstufe.

8. Die Ringbecken weisen neben der konzentrischen Struktur ausgeprägte *radiale Elemente* auf, die allerdings insbesondere in NW-SE und NE-SW Richtung von *tangentialen Störungen* überlagert werden.

9. Im zentralen Bereich, insbesondere bei dunklem Mare-Material finden sich Höhenrücken (*wrinkle ridges*), die die konzentrische Struktur betonen, sowie Rillen, die die radiale Struktur betonen.

10. Im Randbereich weisen die Becken *Überlagerungsverhältnisse* auf, wie sie genauso bei kleineren Kratern auftreten.

11. Die *regional dominierenden Lineamentsysteme* lassen sich *auch lokal* in der Kleinmorphologie bestimmen.

Aus den unter 1–11 o. a. Punkten sowie den Arbeiten von Hartman und Kuiper (1962), Hartmann (1963, 1964) und Hartmann und Wood (1971) lassen sich die Hinweise ableiten, die die Erklärung der Becken durch den Einschlag großer Meteoriten unterstützen.

Die Einschlaghypothese für die Ringbecken läßt sich dahingehend erweitern, daß die konzentrischen und radialen Strukturen und Lineamente außerhalb der Becken auf die durch den Einschlag erzeugten Spannungen im Gestein, und die tangentialen Strukturen und Lineamente auf die Interaktion zwischen dem Einschlagvorgang und präexistenten Spannungen und Verwerfungen, die von anderen Objekten herrühren, zurückzuführen sind. Da die Entstehung der Ringbecken übereinstimmend nach allen bisher vorliegenden Untersuchungen in der Frühzeit des Mondes anzusetzen ist (Shoemaker, 1972), ist es Bestandteil dieser Hypothese, daß durch die in der Zeit nach der Beckenentstehung erfolgte sekundäre Krustenerwärmung Verschiebungen und Verwerfungen eingetreten sind, die zur Herausbildung der Bruchstufenmorphologie der Becken und ihrer Umgebung führten.

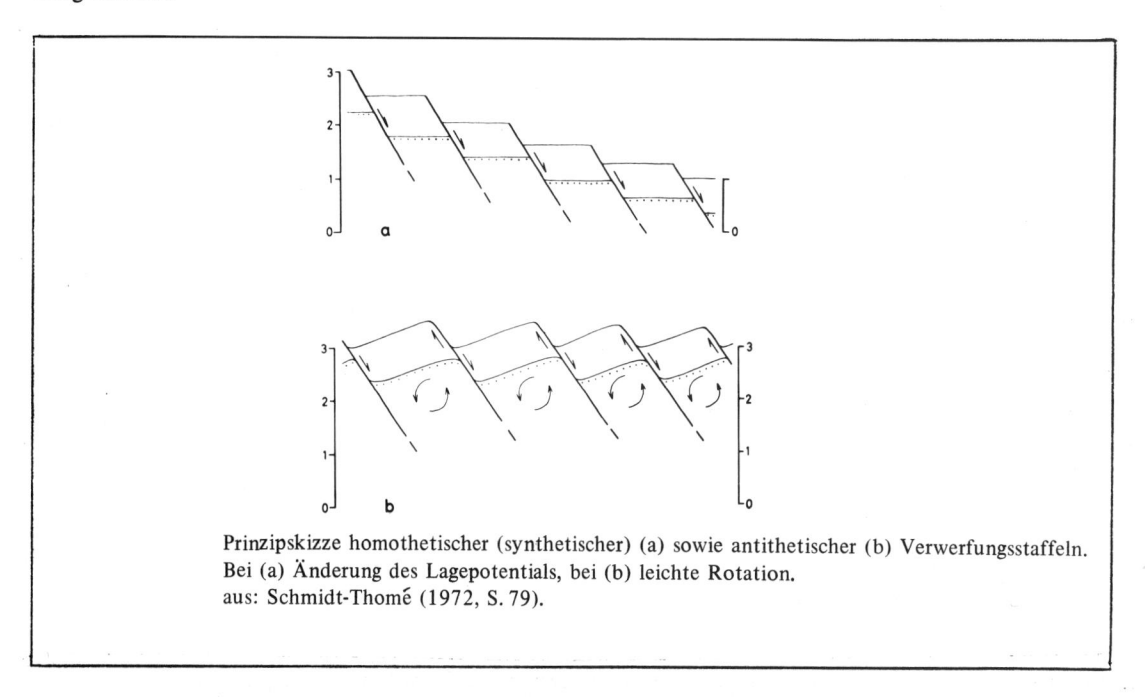

Prinzipskizze homothetischer (synthetischer) (a) sowie antithetischer (b) Verwerfungsstaffeln.
Bei (a) Änderung des Lagepotentials, bei (b) leichte Rotation.
aus: Schmidt-Thomé (1972, S. 79).

Die Existenz der sekundären Erwärmung ist von der Mineralogie der Mondgesteine her gesichert, (Wänke, 1971; Jagodzinski, 1972), ohne daß sich jedoch schon definitive Aussagen über die Tiefe, örtliche Ausdehnung und Zeitdauer der Aufschmelzung machen ließen.

Während insbesondere der am deutlichsten ausgeprägten Beckenring (zum Beispiel bei Korolev) die Morphologie synthetischer Verwerfungstreppen aufweist, können die konzentrischen Strukturen im Äußeren Zwischenbereich auch auf antithetische Verwerfungen zurückzuführen sein.

Eine weitere Erklärung für die radialen Strukturen und Lineamente im äußeren Beckenbereich besteht in ihrer Zurückführung auf Materialablagerungen des Beckenauswurfmaterial, das zu einer „dünenartigen" Oberflächengestaltung führen kann, wie es auch an den Großkratern vom Typ Aristarchus und Kopernikus beobachtet wurde (Head, 1969). Prozesse solcher Materialablagerung sind auf der Erde nach Atomexplosionen als → (*base surge*) und bei Glutwolken (*nueé ardentes*) nach vulkanischen Explosionen beobachtet worden (Young, 1965). Diese Verhältnisse sind in *Abb.: 10* schematisch dargestellt. Allein aufgrund von Fernerkundungsverfahren ist eine Unterscheidung zwischen A): radiale Bruchbildung und B): Materialablagerung nicht möglich. Die inzwischen eingetretenen Überformungen durch Auffüllung mit vulkanischen Förderprodukten, Abtragung durch weitere Kraterbildung und Störungen durch Einflüsse anderer Großkrater und Becken erschweren dabei die Aussage. Ein Ergebnis dieser Arbeit ist hierbei die vorläufige Identifizierung solcher Störeinflüsse durch Lineamentuntersuchungen mittels optischer Ortsfrequenzfilterung am Beispiel Korolevs *(Kap. 7, S. 100 ff.)*.

Es wurde auch versucht, die großen konzentrischen Ringstrukturen der Becken auf andere Weise zu erklären, so von Baldwin (1963) als Ausdruck der stehengebliebenen Stoßwellen oder (Baldwin, 1966) durch Analogiebildung zu terrestrischen Tsunamis. Van Dorn (1968) führte die Überlegungen angenähert quantitativ aus und versuchte zu zeigen, daß die 5 Ringe von Orientale in einer 50 km dicken Kruste durch einen Einschlag entstehen können.
Interessanterweise konnten auch um das Ries Andeutungen zweier weiterer Ringe entdeckt werden (David, 1969). Hartmann und Wood (1971) führten die verschiedenen Theorien zur Entstehung der Ringe mit den jeweiligen Gegenargumenten an und meinen, daß die durch den Einschlag hervorgerufenen Wellenbewegungen im Material höchstens einen Teileinfluß auf die Bildung der Ringsysteme ausgeübt haben kann.

Zur Deutung der Verhältnisse im Innern der Becken beziehen sie sich auf einen schon bei Fielder (1963) zitierten Versuch von Lance und Onat (1962). Die bei diesen Versuchen aufgetretene systematische Bruchbildung im Bereich von 0,5– 0,7 des Radius legt einen Analogieschluß zur Beckenbildung nahe. Bei

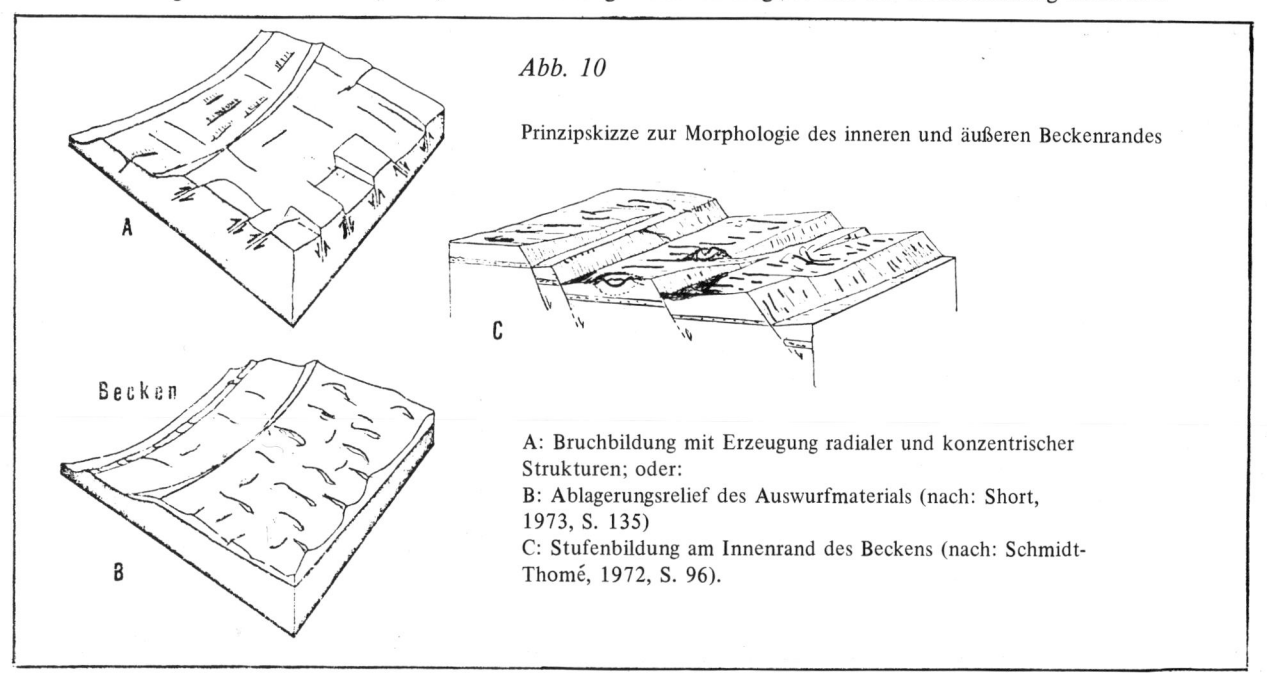

Abb. 10

Prinzipskizze zur Morphologie des inneren und äußeren Beckenrandes

A: Bruchbildung mit Erzeugung radialer und konzentrischer Strukturen; oder:
B: Ablagerungsrelief des Auswurfmaterials (nach: Short, 1973, S. 135)
C: Stufenbildung am Innenrand des Beckens (nach: Schmidt-Thomé, 1972, S. 96).

Unterstützung des Beckenrandes und Absenkung der Beckenmitte in ein teilweise geschmolzenes Substratum, kann in halber Entfernung vom Beckenrand eine Schwächezone entstehen, in der das Substratum an die Oberfläche gelangen kann. Im Bereich der Becken der Vorderseite ist diese Zone durch ein System von Höhenzügen und Mare-Wülsten (*wrinkle ridges*) markiert. Diese haben dazu beigetragen, den Ringbecken-Charakter der Gebiete des Mare-Materials der Vorderseite zu erkennen. In den Becken, die mit hellem Mare-Material gefüllt sind (wie zum Beispiel Korolev), ist diese Zone weniger durch die bekannten Mare-Wülste, sondern durch höhere Bergrücken oder isolierte Kegelberge markiert. Diese lassen sich als vulkanische Produkte kieselsäurereicheren Materials geringerer Viskosität interpretieren, worauf ja auch die Reflexionsunterschiede zwischen hellem und dunklem Mare-Material hinweisen. (Abb. 11 und 12). Unklar bleibt jedoch auch bei Fielder, warum sich die Beckenmitte hätte absenken sollen.

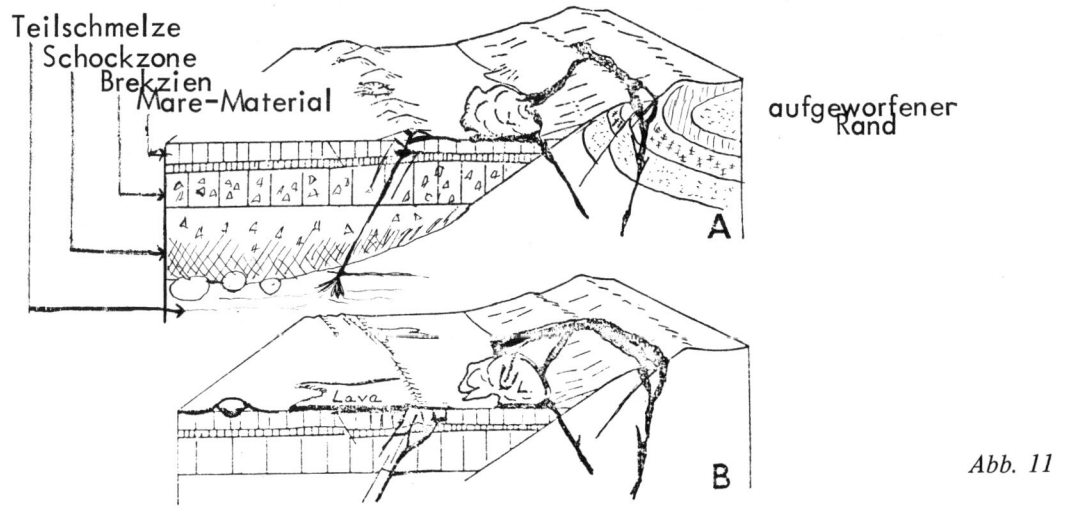

Abb. 11

Hypothetischer Querschnitt durch das Innere eines Ringbeckens zur Interpretation des zentralen Bergrings (A) bei hellem Mare-Material und der Bruchringzone (B) bei dunklem Mare-Material. Beide werden als sekundärvulkanische Erscheinung bei hypothetischer Absenkung der Beckenmitte in ein teilweise geschmolzenes Substratum interpretiert. Nach Auffüllung der Vertiefungen in den Stufen der Verwerfungstreppe des Beckenrandes erfolgte zusätzliches Vollaufen vom Rande her.
nach: Hartman, Wood, 1971.

Abb. 12 **Relative Kraterdichte**

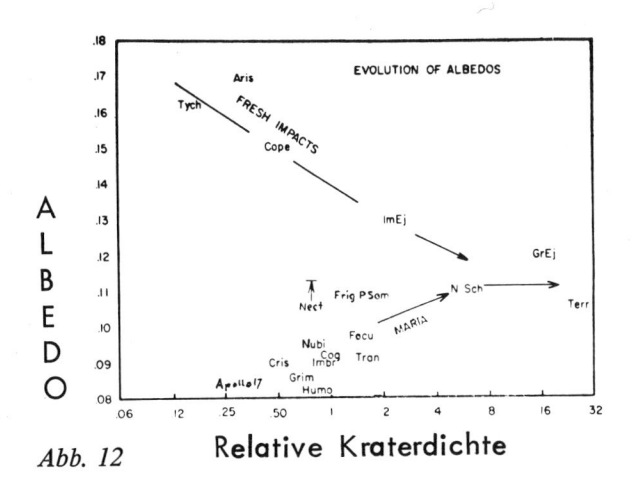

Albedo als Altersindex in Relation zur relativen Kraterdichte
Abkürzungen für Krater- und Becken-Namen.
aus: Hartman, Wood, 1971.

Höhenverhältnisse der Mondrückseite und der Ringbecken.

Die mit Laser-Höhenmessern geflogenen Profile von Apollo 15 bis 17 haben zum ersten Mal absolute Höhenwerte für Punkte auf der gesamten Mondoberfläche erbracht. Die bisher veröffentlichten Angaben sind in Abb.: 13 wiedergegeben. Die Angaben von Apollo 16 (*NASA-SP-315, im Druck*) liegen noch nicht vor.

Die Profile zeigen, daß fast die gesamte Mondrückseite 2–5 km über dem von der Erde aus bestimmten theoretischen Mondradius von 1738 km liegt. Die absolute Eintiefung der Ringbecken sowie ihre relative Lage zum Mondradius wird deutlich. Die Höhendifferenz zwischen dem Boden des Smytii Beckens und dem Westrand des Gagarin Beckens beträgt ca. 9,5 km. Die große Eintiefung zwischen 150 Grad W und 150 Grad E ist von der Morphologie der Oberfläche her durch Bildinterpretation nicht zu erkennen. Sie kann von der gesamtplanetarischen Entwicklung der Kruste herrühren oder aber auch auf ein sehr großes, inzwischen nicht mehr identifizierbares Ringbecken hinweisen.
Auf dem NE Abfall dieser Eintiefung, aber leider von keinem Profil erfaßt, liegt das Ringbecken Korolev.

Unterschiede in der Ausprägung des Oberflächenmaterials im West- und Ostrand von Korolev werden auf diese regionale Kippung des Beckens mit zurückgeführt; (S. 68 ff.).

Die Verteilung der Ringbecken auf der Mondrückseite.

Hartmann und Wood (1971) haben für die 42 bei ihnen aufgeführten Ringbecken und Großkrater über 181 km ⌀ eine leichte Tendenz zur Häufung in höheren Breiten festgestellt. Von den bei ihnen angeführten Becken konnten allerdings drei (95 E, 40 N; 171 E, 20 S; 175 E, 48 S) nicht identifiziert werden. In der hier vorgelegten Liste sind bei 45 Objekten somit 6 weitere erfaßt. Unter die Ringbecken im engeren Sinne, das heißt, bei Ausschluß von Durchmessern unter 200 km und von Übergangsformen, zählen Hartmann und Wood (1971) insgesamt auf dem Mond nur 31 Objekte, und zwar 14 auf der Vorderseite und 17 auf der Rückseite.

Ein Vergleich der Häufigkeit der Ringbecken in flächengleichen Arealen der Polarkalotten und des Äquatorbereichs zwischen 30 Grad nördlicher und 30 Grad südlicher Breite zeigt eine leichte Konzentration in den polnäheren Bereichen, wobei dies jedoch in der Mehrzahl die kleineren Becken sind. Die größte Disparität zwischen den beiden Listen besteht im Äquatorialbereich ± 5 Grad, was darauf beruht, daß Mandelshtam und Mendeleev in

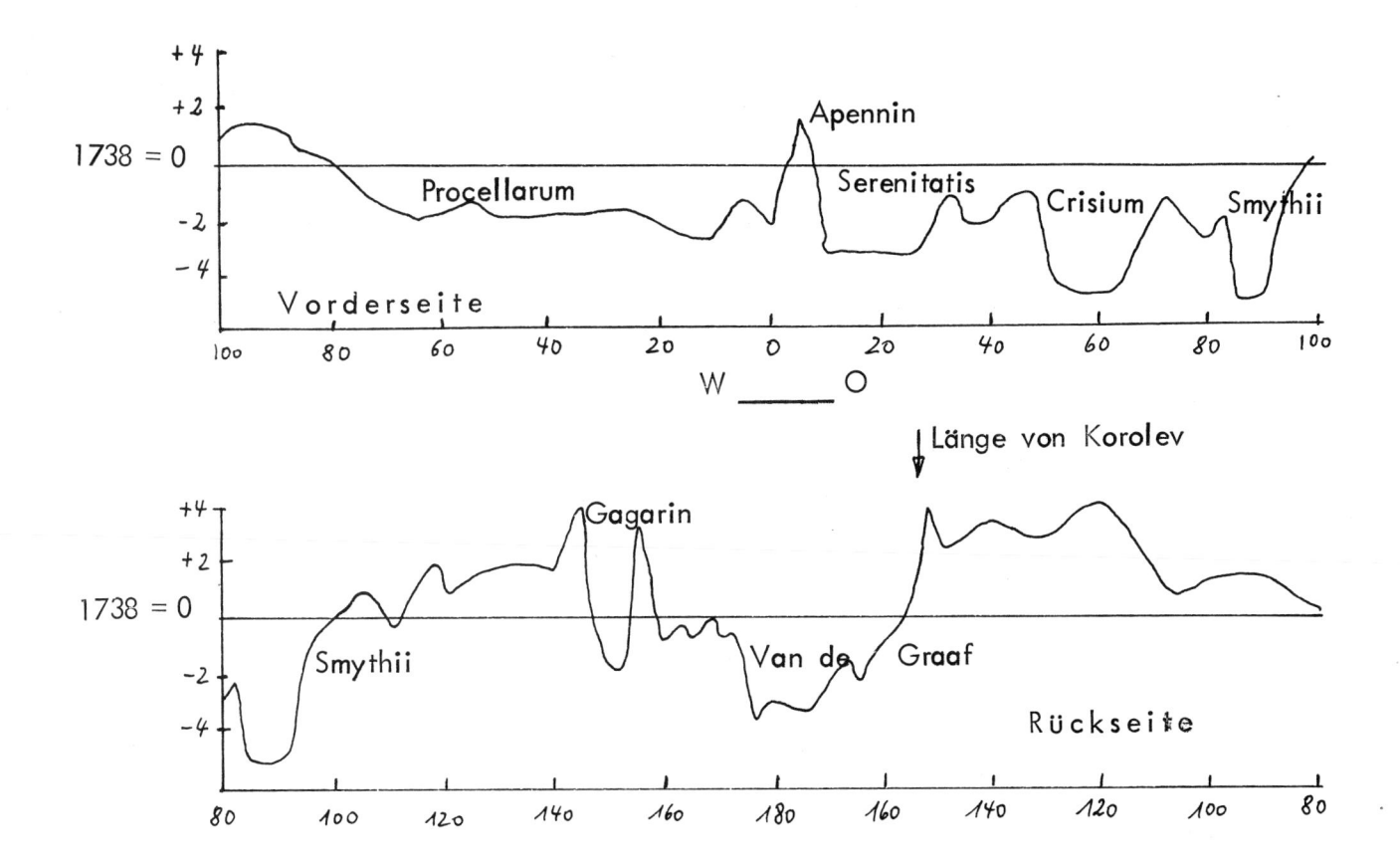

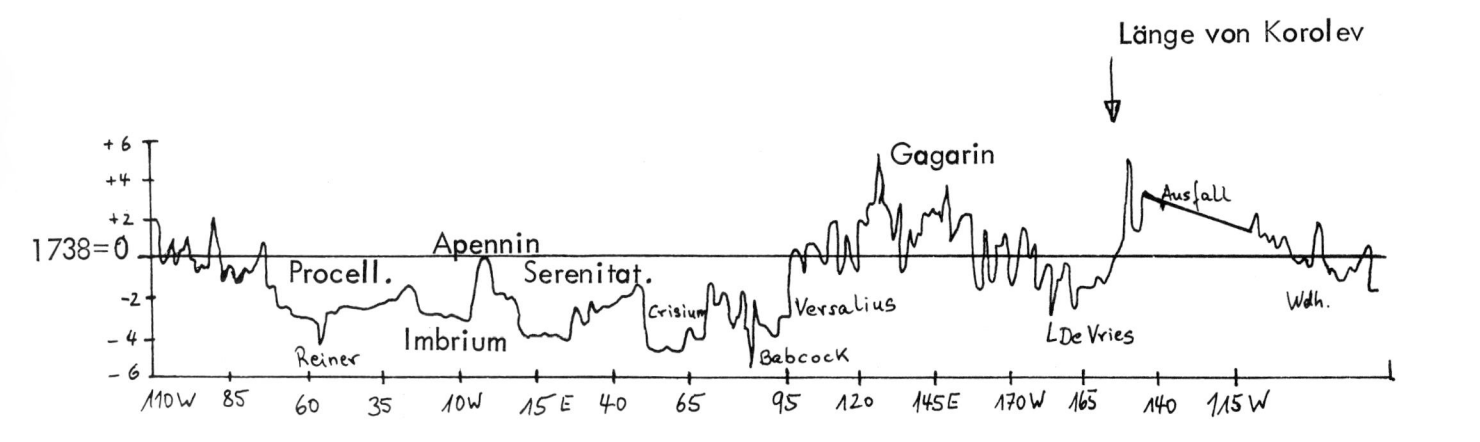

Abb. 13

Höhenmessungen mit dem Laser-Höhenmesser durch Apollo 15 (oben), nach **NASA-SP** 289, S. 25, Apollo 17 (unten), nach **AW & ST**, 1. 1. 73, S. 37.

Korolev wurde nicht überflogen, jedoch ist auf beiden Flügen zwischen 150 Grad westl. Länge und 150 Grad östlicher Länge eine Eintiefung von 5 km und mehr gefunden worden. Wahrscheinlich am NE Abfall dieser Eintiefung liegt Korolev, das dadurch eine regionale Kippung aufweisen kann.

Die Ringbecken der Vorderseite (Imbrium, Serenitatis, Smythii, Crisium) sowie auf der Rückseite Gagarin treten deutlich hervor. Die unterschiedliche relative Höhenlage von Vorder- und Rückseite in Bezug auf den mittleren Mondradius von 1735,913 km wird deutlich.

diesem Feld mitgezählt wurden und das Becken „NEU" hinzukam. Bei der Aufteilung der Becken auf die Nord- und Süd- bzw. Ost- und West-Hälfte der Mondrückseite wird zudem bei

    Westhälfte: 16 Becken
    Osthälfte: 29 Becken
    Nordhälfte: 18 Becken
    Südhälfte: 27 Becken

eine Bevorzugung des Südens und Ostens deutlich.

Schlußfolgerungen können daraus noch nicht gezogen werden, da dies einer weiteren Überprüfung bedarf, inwieweit es auch für die Krater der anderen Größenklassen zutrifft.

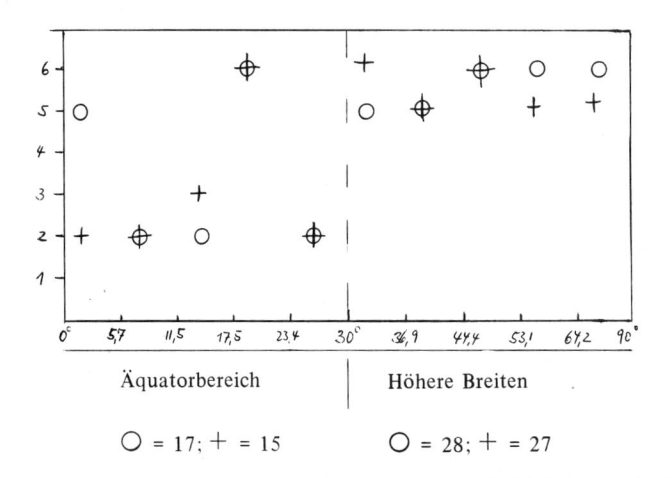

Abb. 14

Vergleich der Anzahl der Ringbecken innerhalb flächengleicher Breitenkreisabschnitte.
In den Gebieten nördlich und südlich von 30 Grad nördlicher bzw. südlicher Breite ist eine Zunahme der Becken zu verzeichnen. Unter Berücksichtigung der Durchmesser zeigt sich allerdings, daß dies in der Mehrzahl die kleineren Becken sind.
/0 − diese Arbeit / + − Hartmann, Wood, 1971.

KAPITEL 4

Zusammenfassung

Bildmaterial und Bildauswertung

Für das Studium von Oberflächenformen mittels Fernerkundungsverfahren werden in erster Linie fotografische Aufnahmen herangezogen. Es wird daher kurz zusammenfassend auf einige Gegebenheiten der von der Mondoberfläche gewonnenen Aufnahmen eingegangen. Die Bildbedeckung für die von der Region Korolev gewonnenen Aufnahmen wird angegeben. Im Rahmen der Begründung für die Anwendung neuer Techniken als Hilfsmittel für die Bildinterpretation werden einige Probleme der Bildverbesserung und Texturanalyse in allgemeiner Form untersucht. Es wird eine Definition für den Gebrauch des Begriffes „Bildverbesserung" vorgeschlagen und eine Übersicht für die Diskriminatoren zur quantitativen Erfassung der Textur abgeleitet. Die dabei benutzten Methoden der zweidimensionalen Fotometrie und optischen Ortsfrequenzuntersuchung werden in den Kapiteln 6 und 7 bei ihrer Anwendung auf die Mondoberfläche erläutert.

Bildmaterial und Bildauswertung

A: Bildgrundlagen und Bildbedeckung

Die Orbiter Aufnahmen

Das Ringbecken Korolev ist insbesondere von den Orbiter-Sonden I und V fotografiert worden. Die erste Aufnahme und Entdeckung erfolgte durch die russische Sonde III am 20. 7. 1965 (Lisina, 1968).

Die Orbiter V Aufnahmen sind Schrägbilder aus großer Entfernung, auf denen Korolev nur eine kleine Fläche einnimmt. Detailvergrößerungen lassen jedoch die relativen Höhenunterschiede, insbesondere am West- und Ostrand des zweiten Ringwalles, deutlich werden, (vergl. S. 88, 94).
Es sind dies Aufnahmen Orbiter V, Bild 30 **High Resolution** (abgekürzt HR) und Orbiter V, 32, **Medium Resolution** (abgekürzt MR).

Bei den Orbiter I Aufnahmen handelt es sich um Senkrechtaufnahmen. Die Bildbedeckung der HR Aufnahmen I 30, I 36, und I 38 ist in Abb.: 16 eingetragen.

Zur Verfügung standen folgende Bilder in Original-Papierkopien:

I 28 nur MR, 19. 8. 1966, Höhe: 1304 km
Sonnenhöhe im Hauptpunkt: 22,11 g
Neigung: 1,6 g

I 30 MR und HR 20. 8. 66 Höhe: 1298,7 km
Sonnenhöhe: 23,60 g
Neigung: 2,31 g

Reproduktion im **Lunar Orbiter Photographic Atlas**, im Folgenden abgekürzt als „Atlas", (Bowker, 1971), Seite 607 ff.

I 35 nur MR 20. 8. 1966 Höhe: 1339,4 km
Sonnenhöhe: 30,0 g
Neigung: 0,4 g

„Atlas", S. 650

I 36 MR und HR 20. 8. 66 Höhe: 1343,7 km
Sonnenhöhe: 29,52 g
Neigung: 0,46 g

„Atlas", S. 651 ff

I 37 nur MR 20. 8. 66 Höhe 1380 km
Sonnenhöhe 15,26 g
Neigung: 2,68 g

„Atlas", S. 649

I 38 MR und HR 20. 8. 66 Höhe: 1385,1 km
Sonnenhöhe: 14,77 g
Neigung: 2,95 g

1

„Atlas", S. 645 ff

I 40 MR und HR, HR Aufnahme aber großteils verzerrt 20. 8. 1966
Höhe: 1453,9 km
Sonnenhöhe: 6,36 g
Neigung: 7,5 g

„Atlas", S. 641 ff

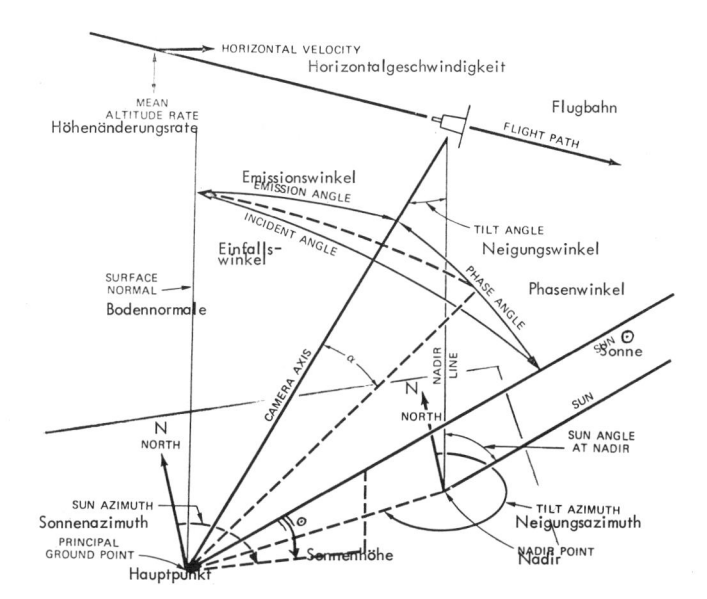

Abb. 15

Geometrie der Aufnahmeverhältnisse für Orbiter und Apollo-Aufnahmen aus der Mond-Umlaufbahn; aus: NSSDC 69-05, 1969, S. 14.

Von den Beleuchtungsverhältnissen her zeigen die Bilder I 28 und I 40 mit Sonnenhöhen über dem Bildmittelpunkt von 22,11 g bzw. 6,36 g die größte Differenz.
Unter Sonnenhöhe wird verstanden der Ergänzungswinkel zur Horizontalen bezogen auf den Sonneneinfallswinkel (*incident angle*). Zur Geometrie der Aufnahmebedingungen vergl. *Abb.: 15*.

Die Aufnahmen I 35 und I 36 haben nominal im Bildhauptpunkt einen höheren Sonnenstand von 30 Grad, jedoch liegt Korolev auf diesen Bildern in der östlichen Bildhälfte, so daß die effektive Sonnenhöhe am Westrand des Ringbeckens ca. 5 Grad niedriger ist als in I 28. Durch den Vergleich dieser Aufnahmen lassen sich die maximalen Böschungswinkel am Westrand bestimmen. Sie betragen an einigen Stellen der überregional NW-SE verlaufenden Bruchzone, die den SW Rand des Beckens bestimmt, maximal 35 Grad (vergl. S. 65). Die maximalen Böschungswinkel des Ostrandes, an dem tangentiale Störungen nicht so ausgeprägt sind, lassen sich mit dieser Methode nicht bestimmen, da sämtliche Aufnahmen bei untergehender Sonne gemacht wurden. Sie sind jedoch auf jeden Fall niedriger anzusetzen, da helles Mare-Material von außen her eingeflossen ist und die Stufen weitgehend überdeckt (vergl. S. 69). Lisina (1968) hat hier Durchschnittswerte zwischen 5 und 7 Grad bestimmt, denen jedoch wegen der vergleichsweise schlechten Qualität der russischen Aufnahme kein großes Gewicht gegeben werden sollte.

Maßstabsunterschiede zwischen den einzelnen Bildern treten wegen der fortlaufenden Bahnänderung auf. Die Bahnhöhe über Grund schwankte nominal zwischen 1304,3 km und 1453,8 km. Diese Unterschiede lassen sich jedoch für stereoskopische Betrachtung bei Benutzung des Zeiss Jena „Interpretoskop" Gerätes ausgleichen. Zusätzliche Verzerrungen treten auf, je nachdem ob das Ringbecken in Bildmitte oder mehr zum Rand hin liegt. Bei einer Bodendistanz von 1200–1300 km auf den MR Bildern macht sich die Mondkrümmung an den Bildrändern schon stark bemerkbar.
Die geeignetste Aufnahme sowohl von der Lage Korolevs in Bildmitte als auch von der Bildqualität und den Beleuchtungsverhältnissen her stellt Bild No. I 38 dar. Diese Aufnahme, die auch für alle Messungen und als Kartengrundlage herangezogen wurde, zeigt das Ringbecken in einer angenähert orthographischen Projektion und weist von allen Aufnahmen die geringste Verzerrung auf. Die um durchschnittlich 4 km erhöhten Gebiete des 2. Ringwalles zeigen wegen der Mondkrümmung über 10 lunare Längengrade im Rahmen der allgemeinen Ungenauigkeiten den gleichen Maßstab wie die Beckenmitte. Die Kuppen des Ringwalles liegen nur knapp unter der Flächentangente in Beckenmitte. Die Kippung der Aufnahme von 3 Grad wirkt sich in einer Verschiebung des Nadirs vom Bildhauptpunkt von 4 mm aus und kann vernachlässigt werden.
Die globale Neigung des ganzen Gebietes nach Westen, wie sie aufgrund von Laser Höhenmessungen von Apollo 15 bis 17 vermutet werden kann, muß unberücksichtigt bleiben (vergl. S. 43). Allerdings ergeben sich daraus erhöhte Ungenauigkeiten für alle Maßstabsangaben. Aufgrund der *support data* ergibt sich für Bild I 38 ein angenäherter Bildmaßstab

        MR 1 : 2,4 Mill.   HR 1 : 300 000

```
•••••••••••••••••••••••••••••••••••••••      ORBITER I
   •   PHOTO FRAME NUMBER  4 OF  6    •
•••••••••••••••••••••••••••••••••••••••      FRAME 38

                    YEAR  MONTH  DAY  HOUR  MINUTE  SECOND
              GMT    66     8    20    14    54    23.099

JNGITUDE OF NADIR POINT        = -159.5409260 DEG    LATITUDE OF NADIR POINT        =   -8.5736094 DEG
JNG OF CAMERA AXIS INTERSECT   = -157.3106499 DEG    LATI OF CAMERA AXIS INTERSECT  =   -8.5021689 DEG  -7.90
ACECRAFT RADIUS                = 3121.0612793 KM     SPACECRAFT ALTITUDE            = 1382.9712830 KM   1385,1
AN ALTITUDE RATE               =    0.3148873 KM/SEC TIME FROM PERIAPSIS            = 3640.5357361 SEC
RIZONTAL VELOCITY              =    1.1269260 KM/SEC TRUE ANOMALY                   =  130.2910194 DEG
ALE FACTOR (HIGH)              =    0.0004402 M/KM   TILT DISTANCE (HIGH)           =   29.4949783 KM   31,3
ALE FACTOR (LOW)               =    0.0000577 M/KM   TILT DISTANCE (LOW)            =    3.8681808 KM    4,1
AGE MOTION COMPENSATION (V/H)= -0.0008013 RAD/SEC    SWING ANGLE                    =   83.7480097 DEG  68 45
ISSION ANGLE                   =    4.9536121 DEG 5.31  INCIDENCE ANGLE             =   75.2207384 DEG
ASE ANGLE                      =   70.2729340 DEG    NORTH DEVIATION ANGLE          =  175.7680912 DEG
LT ANGLE                       =    2.7682244 DEG 2.45 RESOLUTION CONSTANT          =   30.0707817 MTR
LT AZIMUTH                     =   88.3034267 DEG 73.27 SUN AZIMUTH AT PRINCIPAL GND PT= 273.8198586 DEG
N ANGLE AT NADIR               =   73.0261173 DEG    SUN ARC AT NADIR               = 2215.2760010 KM
NGITUDE DISTANCE TO TARGET     =   -4.5409260 DEG    LATITUDE DISTANCE TO TARGET    =   -1.2736093 DEG
NGITUDE ARC LENGTH TO TARGET   = -137.7507763 KM     LATITUDE ARC LENGTH TO TARGET  =  -38.6354403 KM
RWARD OVERLAP RATIO            =  111.3240957 PCT    SIDE OVERLAP RATIO             =    0.         PCT
HE BETWEEN PHOTOS              =   13.1996880 SEC    ALPHA                          =    4.9476684 DEG.
```

Abb. 16

Auszug aus den **Support Data** (Bilddaten) für Orbiter I 38 MR/HR
Die verbesserten Daten nach (A n d e r s o n , 1971) sind eingefügt. Unterstrichen sind die wichtigsten, jetzt bei Bildbestellungen mitgelieferten Daten.

Als Beispiel für die *support data* ist in Abb. 16 ein Teilausdruck der Angaben zu Bild I 38 wiedergegeben. (*National Space Science Data Center-NSSDC-World Data Center A, Greenbelt, USA*). Nach Neuberechnung dieser Daten (A n d e r s o n , 1971) wird nur noch ein Teil davon bei Bildbestellungen mitgeliefert, und es sind die Unterschiede zu den früheren Angaben zu beachten. Gravierend ist dabei insbesondere die Änderung der Flugbahnhöhe über dem theoretischen Mondradius von 1738 km: von 1382,97 km auf 1385,1 km. Berücksichtigt man jedoch dabei die ersten Ergebnisse der selenodätischen Kontrollmessungen (R a n s f o r d , 1970), bei denen der Kontrollpunkt CP1 im Innern von Korolev lag (6,3079 S, 158,0462 W) und für den Mondradius von 1740,324 km bestimmt wurde, so ergeben sich Höhenangaben über Grund zwischen 1380 und 1385 km. Die o. a. Maßstabsangaben sind daher als Mittelwert zu nehmen. Die Radiusangaben von + 2,324 km über dem theoretischen Wert von 1738 km stehen in guter Übereinstimmung mit den Höhenmessungen von Apollo 15–17. Korolev selbst ist von diesen Höhenprofilen nicht erfaßt worden, da alle drei Flugbahnen weiter südlich verliefen. U. U. wird sich jedoch aufgrund relativer Messungen eine Extrapolation dieser Daten machen lassen.

Die Lagekoordinaten von Korolev werden von der IAU (*Lunar Nomenclature*, 1970) mit 5° S und 157° W angegeben, was mit den aus Bild I 38 ermittelten Angaben übereinstimmt. Auf russischen Karten (*Tektonikéskaja karta luny,* 1971) liegt Korolev noch 5° weiter westlich.

Die Orbiter Aufnahmen wurden gleichzeitig mit einem 80 mm Objektiv (MR) und einem 610 mm Objektiv (HR auf 70 mm Kodak SO-243 Film belichtet, der dann im „Bimat-Verfahren" an Bord entwickelt wurde). Die Daten wurden dann telemetrisch zur Erde übermittelt (punktweise Abtastung) und in 7,2 facher Vergrößerung auf 35 mm-Film aufgezeichnet. Die 35 mm-Filme wurden streifenförmig zu 40 cm × 50 cm großen Bildern (MR) zusammengesetzt. Die HR Aufnahmen umfassen jeweils drei solcher Bilder (HR$_{1-3}$).

Die im *Langley Research Center* zusammengesetzten Aufnahmen wurden zusätzlich noch elektronisch gefiltert, um Kontrasterhöhung und Dichteausgleich zu erzielen, und können somit für densitometrische Untersuchungen nicht benutzt werden.

Über die Verarbeitungs- und Auswertetechniken dieser Aufnahmen ist schon verschiedentlich berichtet worden. (K o n e c n y , 1968; B e e l e r , 1969; H e a c o c k , 1969; G u m t a u , 1970, 1971).

Die Apollo-Aufnahmen

Bei den untersuchten Apollo-Aufnahmen handelt es sich um Bilder, die auf 70 mm-Film mit der Hasselblad Handkamera gemacht wurden, wobei diese für Stereo-Bildstreifen am Fenster befestigt wurde. Nur bei den Flügen Apollo 8 und 11 kreuzte die Flugbahn die Region Korolev. Die Aufnahmen wurden wechselweise mit 80 mm und 250 mm Objektiven sowohl auf Schwarz-Weiß als auch auf Farbfilm gemacht. Für diese Untersuchungen konnten nur S-W Aufnahmen herangezogen werden. Von Apollo 11 liegen insgesamt 19 Aufnahmen vor, von denen allerdings nur 7 zu verwerten sind.
Es sind dies: auf Magazin U, Apollo 11, Panatomc-X 3400 Film, mit 80 mm Objektiv:

> Sonnenstand 2–6 Grad
> AS-11-42- 6244, 1 : 1.604100, 25,30 Grad nach E geneigt
> 6245, 1 : 1.454200, 10,20 Grad nach E geneigt
> 6246, 1 : 1.454200, 10,20 Grad nach E geneigt

und als Schrägaufnahmen, die den Westrand Korolevs mit guter Einsicht in den frischen Krater Crookes zeigen (vergl. S. 65).

> AS-11-42- 6247, 1 : 1.3253500, 60,70 Grad nach S geneigt
> 6248, 1 : 1.3253500, 55,65 Grad nach S geneigt

Die Bilder auf Magazin T mit 250 mm Objektiv im Maßstab 1 : 700-800 000 sind bei ganz geringem Sonnenstand von 1 bis 5 Grad aufgenommen, mit Neigungswinkel von 45 bis 55 Grad und konnten nicht benutzt werden.

> AS-11-6366 bis 6377

Die wichtigsten Bildgrundlagen stellen die Apollo 8 Aufnahmen (Maßstab im Original 1 : 1,3 Mill). in Verbindung mit den Orbiter HR Aufnahmen dar. Die Aufnahmen mit dem 80 mm Objektiv aus 100 km Bahnhöhe haben mit ca. 30 m Bodenauflösung eine etwas bessere Detailwiedergabe als die Orbiter HR Aufnahmen (max. 50 m), sind ohne Schärfeverlust gut vergrößerungsfähig und weisen nicht die störende Punktstruktur der Abtastaufnahmen auf. Sie wurden zudem bei niedrigerem Sonnenstand als die Orbiteraufnahmen gemacht, so daß topographische Details infolge des Schattenwurfs deutlicher hervortreten. Die Stereo-Bildstreifen beginnen am Terminator genau am Ostrand des Ringbeckens.
Zwei Stereostreifen der Magazine C und D, Apollo 8, bedecken die Region Korolev in 60 km Breite in der Mitte von NEE nach SWW. Das Magazin D mit den Bildern AS-8-12-2044 bis 2214 stand im Originalformat als Negativ 4. Generation zur Verfügung (vergl. S. 76). Die Stereo-Bedeckung erfolgt durch 60% seitlich Überlappung und durch Konvergentstereo mit Mag. C. Den Bereich Korolevs bedecken 17 Bilder von 2044-2060. Die Bildbedeckung des Streifens ist in Abb. 17 eingetragen; die Bilder sind im Anhang beigefügt. Vom Magazin C konnten nur einige Papiervergrößerungen (Bilder AS 8-17-2663 bis 2665) beschafft, sowie die in *NASA-SP-246* publizierten Aufnahmen 2670-2673 herangezogen werden.

Einzelne Farbaufnahmen aus Magazin B mit 250 mm Objektiv sind veröffentlicht, so zum Beispiel:

> AS-8-14-2399 und 2401 als No. 59 und 60 in der Zeiss Serie „Weltraumbilder DIA" No. 6; und
> AS-8-14-2400 in: B o d e c h t e l, G i e r l o f f - E m d e n (1970); und AS-8-14-2409, 2410, 2412 in: *NASA-SP-246*.

Zusammenfassung:

Die Region Korolev ist auf Orbiter I MR Bildern bei Sonnenhöhen zwischen $10°$ und $30°$ gut erfaßt. Alle Aufnahmen sind jedoch bei Sonnenuntergang gemacht, so daß immer der Westrand bei 10 Grad höherem Sonnenstand beleuchtet ist. Detailaufnahmen liegen vom Westrand in guter Stereoüberdeckung vor. Der Mittelteil ist jedoch nur monoskopisch in MR I 38 und stereoskopisch im Bereich der Bildstreifen der Mag. C und D auf 60 km Breite erfaßt. Detailaufnahmen des Nordkomplexes sind nur vereinzelt auf Apollo 11 Aufnahmen bei niedrigem Sonnenstand vorhanden. Der Ostkomplex und Ostrand ist in Detailaufnahmen praktisch gar nicht erfaßt, bis auf 5 Aufnahmen zu Beginn des Magazins D bei Sonnenhöhen von $0°$ bis $5°$.
Es fehlen gänzlich Aufnahmen dieses Gebietes ohne Schattenwurf (Sonnenhöhen größer $30°$) und Aufnahmen mit geringem Phasenwinkel (Sonnenhöhen zwischen $70°$ und $90°$), die die Albedodifferenzierung zeigen. Für

Orbiter   I 30 HR 1–3   I 38 HR 1–3
Abb. 17   I 36 HR 1–3

Bildbedeckung im Ringbecken Korolev

Orbiter 1: 28, 30, 35, 36, 37, 38, 40;   Orbiter V: 30 HR, 32 HR
Apollo 8: Magazin C und Magazin D mit 80 mm Objektiv, Schwarz-Weiß,
Apollo 8: mit 250 mm Objektiv in Farbe die Bilder 14-2397–2412,
Apollo 11: AS-11-6244–6248 und 6366–6377, Schwarz-Weiß.

Bildgrundlage: Orbiter I 38 MR

die Beurteilung von Bildern mit diesen Sonnenständen wurden daher Aufnahmen aus anderen Gebieten herangezogen.
Auf die Interpretation der Aufnahmen aus der Region Korolev geht Kap. 5, S. 57 ein.

B: Bildverarbeitung und Bildverbesserung
(picture processing – picture enhancement)

In der Literatur sind beide Begriffe unterschiedlich definiert und nicht scharf genug getrennt. Allgemein läßt sich jedoch sagen, daß „Bildverarbeitung" als Oberbegriff gebraucht wird und jede Art von Manipulation mit zweidimensional gespeicherter Information in einer fotografischen Schicht umfaßt. „Bildverbesserung" hingegen umfaßt eine begrenzte Anzahl von Manipulationen mit spezifischer Intention, wobei ein qualitativer Anspruch impliziert wird, der jedoch oft nicht erfüllt werden kann, da jede „Verbesserung" anderswo mit einer „Verschlechterung" erkauft werden muß.
„Verbesserung" in diesem Zusammenhang fordert ein für den Interpreten subjektiv „deutlicheres, klareres Erkennen des Bildganzen oder von Details (E f r o n , 1968). Da die deutsche Terminologie für die dafür benutzten Verfahren uneinheitlich und langatmig ist, bürgen sich die Fachtermini immer mehr ein: zum Beispiel *contrast enhancement, edge enhancement, colour enhancement, frequency enhancement, directional enhancement* – wobei die letzteren noch nicht allgemein gebräuchlich sind und in dieser Arbeit neu eingeführt werden. Es soll eine allgemeine Definition vorgeschlagen werden, unter der dann die verschiedenen Spezialanwendungen subsummiert werden können.

Es wird verstanden: Bildverbesserung als Oberbegriff aller Operationen, die durchgeführt werden, um die Ortsfrequenz- und Intensitätsverteilung in einer zweidimensionalen Bildstruktur so zu verändern, daß auf den Empfänger bezogen eine Verstärkung im *signal/noise* Verhältnis (relevantes Signal/Hintergrundrauschen) erzielt wird.
Da jede Art der Interpretation mit Informationsverlust verbunden ist, wie u. a. auch bei R ö h l e r (1967, S. 84) näher ausgeführt, kommt es in jedem Fall primär darauf an, die relevante Information so zu definieren, daß sie möglichst unverändert erhalten bleiben kann. Entscheidend ist somit in diesem Zusammenhang die Beantwortung der Frage: „Was will ich isolieren", und nicht: „Was kann ich sehen?". W i e z c o r e k s ausführliche Überlegung zur Vermeidung von Informationsverlust bei Äquidensitendarstellungen sind in diesem Zusammenhang zu sehen. (W i e z c o r e k , 1972). Da bei der Bildinterpretation sehr oft die Intensität und Spektralverteilung mit der ein bestimmtes Signal auftritt, noch nicht ausreichend bekannt ist, kommt auch W i e z c o r e k zu dem Ergebnis, daß Äquidensitenumsetzungen nur in begrenzten Fällen für speziell definierte Fragestellungen anwendbar sind. Dieses Problem der Messung im Intensitätsbereich (vergl. S. 70) soll im Folgenden in allgemeiner Form am Beispiel der Mondoberfläche näher dargestellt werden.
Von *Bildverbesserung* soll daher nur gesprochen werden, wenn der Interpretationswunsch des Bildempfängers definiert ist und die gewünschte Information ohne die durchzuführenden Operationen kaum oder nur unzureichend gewonnen werden kann.
Bildverarbeitung hingegen wird gebraucht im Hinblick auf die fotochemischen oder elektronischen Prozesse bei der Informationsspeicherung und Übermittlung der Bildinformation, während *Bildinformationsverarbeitung* für die quantitative, insbesondere digitale Rechnung mit den gewonnenen Bilddaten gebraucht wird.

Die in dieser Arbeit vorgestellten Methoden der Bildverarbeitung, nämlich Äquidensitenumsetzungen und optische Ortsfrequenzfilterung werden auf die ihnen inhärenten Möglichkeiten zur Bildverbesserung geprüft.

Wie im folgenden Abschnitt zur Textur dargestellt wird, bezieht sich die Anwendung von Äquidensiten auf die Eingriffe im Intensitätsbereich des Bildes, während der Bereich der Ortsfrequenzen Messungen und Eingriffe in der Repetitions- und Orientierungsstruktur umfaßt. Nicht behandelt wird in diesem Zusammenhang der mit Bildern analysierbare Spektralbereich.
In *Abb.: 18* sind die vier grundlegenden Dimensionen der Bildanalyse schematisiert.
Jedes Objekt, oder Objektklasse, in diesem Fall der Teil einer Geländeoberfläche mit charakteristischer Verteilung von Hohlformen (A), ist in der Abbildung in einer Höhenliniendarstellung symbolisiert.

Abb. 18

Dimensionen der Bildanalyse

Ortsbereich

Bestimmung der Lagekoordinaten im Bild, Geometrische Identifizierung, Längenmessung, Flächenmessung.

Meßmethode : Meßstab

Multispektralbereich

Spektrale Identifizierung
Messung der Remissionscharakteristik an einzelnen Objekten.
Meßmethode: Multispektralkamera, MSS Scanner, Farbauszüge von Farbbildern und Bestimmung der jeweiligen Dichte mit fotometrischen Methoden.

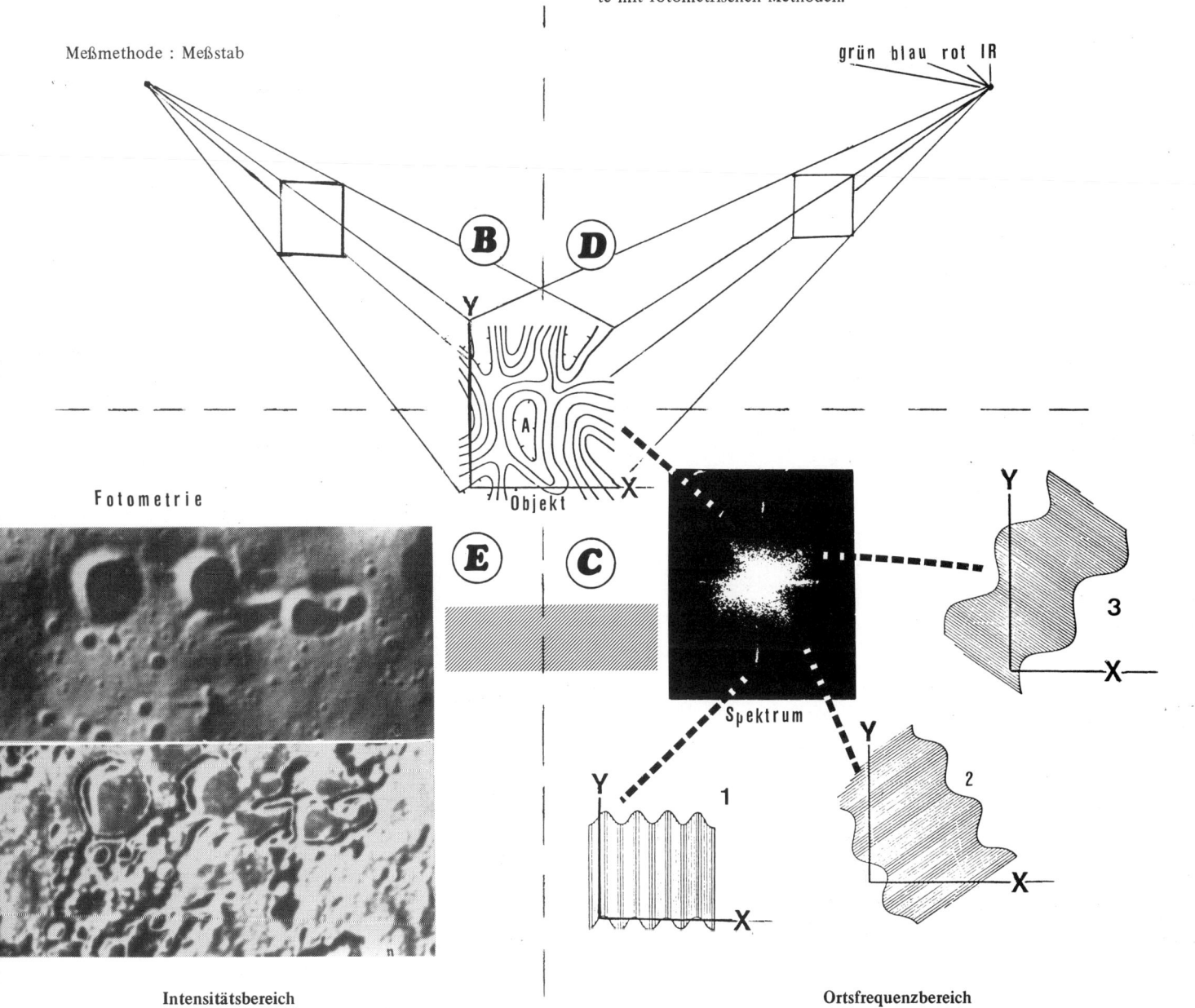

Fotometrie

Intensitätsbereich

Tönungsidentifizierung
Messung der Schwärzungsverteilung für (B) und (D), absolut und relativ, Bestimmung der Schwärzungsgradienten, Darstellung in Konturen und Farbkodierung.
Meßmethoden: vergl. Kap. 6.

Ortsfrequenzbereich

Richtungs- und Abstandsidentifizierung repetitiver Bildelemente, Messung von Azimuth und Frequenz im Spektrum.
Meßmethoden: Fourier-Transformation digital im Rechner oder kohärent-optisch.
Vergl. Kap. 7.

Gumtau 4/73

Die vier Dimensionen, in denen sich der gesamte Analyseprozeß fassen läßt, sind:

Der Ortsbereich B), der die geometrischen Parameter der Objektansprache umfaßt. Das sind Längen- und Flächenmessungen, Bestimmung der Bildkoordinaten und gegebenenfalls Transposition in Geländekoordinaten. Die Bestimmung in einem Stereomodell gehört auch dazu. Die beste Bildgrundlage bildet ein Orthophotoplan, in dem die Messungen mit größter Genauigkeit, und zum Teil automatisierbar durchgeführt werden können. (Gustafson, 1973).

Der Ortsfrequenzbereich C) ermöglicht die Abstandsidentifizierung repetitiver Bildelemente über die ganze Fläche mittels der Fourier Transformation (Spektrum) des Bildes. Dabei lassen sich die einzelnen Ortsfrequenzen richtungsmäßig differenzieren. (C 1–3). Diese Analyse liefert statistische Aussagen über die in B) differenzierten Bildelemente. Die in B) und C) angewandten Methoden lassen sich gleichzeitig auf das Datenmaterial der Dimensionen D) und E) anwenden.

Der Multispektralbereich D) wird als zusätzliche Informationsquelle für Aussagen über A) herangezogen, da mit ihm die spektrale Remissionscharakteristik einzelner Objekte oder Objektelemente aufgeschlüsselt werden kann.

Der Intensitätsbereich E) ermöglicht mit den Methoden der Fotometrie die Quantifizierung der vom Objekt abgestrahlten Energie und die Differenzierung der in D) registrierten Unterschiede. Die im Ortsbereich B) nicht eindeutig erkannten und klassifizierten Objekte und Objekteigenschaften lassen sich im Verlauf des Analyseprozesses in den Dimensionen D) und E) erfassen.

Die Verbindung zwischen den Dimensionen C) und E), die durch den gestrichelten Bereich angedeutet ist, soll darauf hinweisen, daß unter Umständen die Untersuchung der Ortsfrequenzen einzelner begrenzter Schwärzungsbereiche, die mit Hilfe von Äquidensiten aus dem Bild gewonnen werden können, zusätzliche Aussagen über das Objekt und seine charakteristischen Eigenschaften ermöglichen wird. Dies wird eine Aufgabe der Zukunft sein, da dieser Bereich bei der Untersuchung der Mondbilder nur gestreift werden konnte.

Die Stellung der Bildaufbereitungsverfahren im Analyseprozeß verdeutlicht *Abb.: 19*
Ziel dieser Aufbereitungsverfahren ist es, eine Bildverbesserung (siehe oben) durch Unterdrückung der nicht relevanten Bildinformation und gegebenenfalls eine leichtere Bildinformationsverarbeitung zu erreichen.

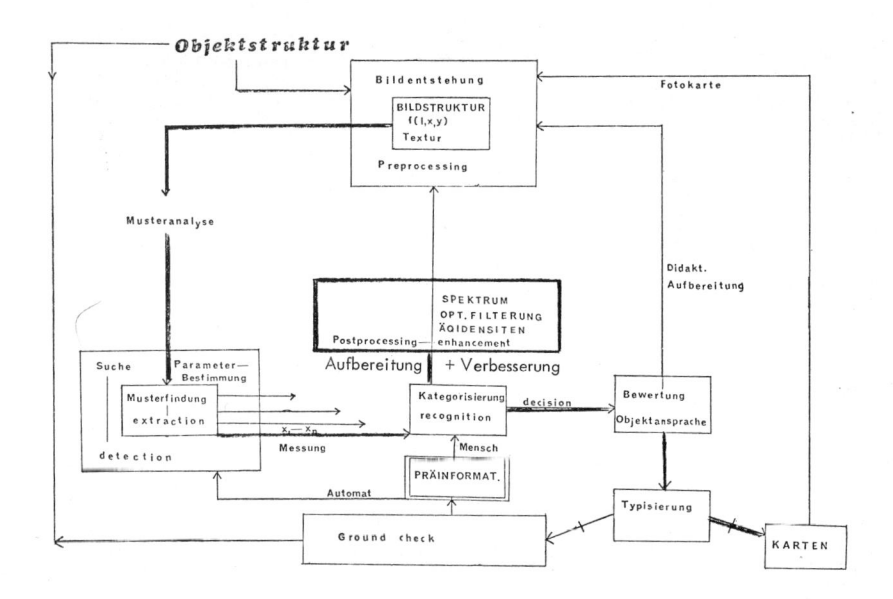

Abb. 19 Post-Processing:

Die Stellung der Bildaufbereitungsverfahren im Analyseprozess

Tabelle 6

Diskriminatoren für die Texturanalyse eines Bildes nach Merkmalkombinationen aus vier Analysebereichen
(*Abb.: 18*)

Bereich B: ORTSBEREICH

    a) Anzahl und Fläche geometrisch einheitlich begrenzter Ortssignaturen (Form)
    b) Durchschnittswert und Varianz der Durchmesser oder Flächen oder dem Verhältnis von Länge/ Breite
    c) Relative Häufigkeit von Größenklassen
    d) Neigung der Kurven kumulativer Häufigkeit

Bereich C: ORTSFREQUENZBEREICH

    a) Verteilung der richtungsmäßigen Orientierung aller linearen Elemente
    b) Prozentuale Verteilung der Frequenzwerte auf die einzelnen Richtungen (s. a. Abb.: 61, S. 88)

Bereich D: MULTISPEKTRALBEREICH (entfällt für den Mond)

    a) Absolute Schwärzungsunterschiede in verschiedenen Spektralbereichen an einzelnen Punkten
    b) Verhältnis der Schwärzungsunterschiede einzelner Spektralbereiche

Bereich E: INTENSITÄTSBEREICH

    a) Durchschnittliche Transmission (T), bzw. Schwärzung (S), bzw. Intensität (I) in einem Gebiet
    b) Anzahl und Fläche der Gebiete gleicher T, S, I.
    c) Durchschnittliche Größe einer Fläche gleicher T, S, I.
    d) Prozentuale Verteilung der Gebiete gleicher T, S, I, in Flächen gleichen Schwärzungsumfangs.
    e) Verteilung und Orientierung der Schwärzungsgradienten, das heißt, Wahrscheinlichkeit der Änderung von T, S, I, auf der Strecke von x_1 nach x_2 und y_1 nach y_2.

C: Bildauswertung und Texturanalyse

Der Einsatz der Bildaufbereitungstechniken

Die dreidimensionale Grundstruktur der in Bildform auf transparentem Film aufgezeichneten Geländeinformation wird in den oben angegebenen vier Dimensionen des Analyseverfahrens der Interpretation zugänglich gemacht.

$$\text{Inf.} = f(l, x, y)$$

wobei l die vom Objektpunkt abgestrahlte Energie bestimmter Wellenlänge ist, die als Filmschwärzung registriert wird, und (x, y) die Lagekoordinaten sind.

Unter Einschluß der spektralen Charakteristik (Farbe) läßt sich allerdings auch von einer vierdimensionalen Grundstruktur des Bildes sprechen. In der Bildfläche manifestiert sich diese Grundstruktur durch die Ortsfrequenz und Orientierung diskreter Elemente sowie durch die als Schwärzungsunterschiede (Tönungsgradienten) an diesen Elementen registrierte Intensitätsverteilung. Für die visuelle Interpretation wird dabei meist von „Textur" gesprochen, womit im Grunde eine „Merkmalkombination" von Elementen aus allen vier Analysebereichen gemeint ist. Im Folgenden soll versucht werden, den Texturbegriff operabel zu machen, wobei die Stellung der dabei anzuwendenden Analysemethoden erläutert werden soll.

Colwell (1952, S. 538) definiert Textur als „die **Häufigkeit** der **Grautonänderung** innerhalb eines Bildes oder Bildelements, die durch die Anhäufung von solchen **Bildelementen** bewirkt wird, die **zu klein** sind, um im Bild noch einzeln **aufgelöst** zu werden", (Übers. u. Hervorh. d. Verf.).

Das heißt, in die hier benutzten Begriffe übersetzt, daß Textur bestimmt wird durch die Ortsfrequenzverteilung von nicht mehr in Einzelheiten erfaßten Bildelementen, zuzüglich der von Colwell noch nicht berücksichtigten Orientierungsstruktur dieser Elemente (vergl. auch S. 86).

Je nach Maßstab erscheinen somit andere Elemente als Textur, was dazu führt, den Begriff als „Makrotextur" auch auf ganze Bilder oder Bildausschnitte anzuwenden. Die Berechtigung dafür läßt sich am Beispiel der Mondoberfläche am deutlichsten exemplifizieren. Das Kontinuum der Kratergrößen und Lineamente, die die beiden wichtigsten globalen diskreten Objektklassen darstellen, bildet auf jeder Vergrößerungsstufe wieder eine Textur, die sich aus den gleichen Elementen zusammensetzt.

Aus den im Verlauf dieser Arbeit gemachten Erfahrungen läßt sich für die Untersuchung von Objekten oder Oberflächenstrukturen im Intensitäts- und Ortsfrequenzbereich folgende allgemeine Regel aufstellen:

> *Je größer der Maßstab für die relevanten Objekte, umso wichtiger der Intensitätsbereich, das heißt, die absolute und relative Untersuchung des Tönungsgradienten und der Dichtewerte. Je kleiner der Maßstab für die relevanten Objekte, umso wichtiger der Ortsfrequenzbereich, das heißt, die Verteilung und Orientierung der noch vorhandenen Tönungsunterschiede.*

Da bei der Untersuchung der Textur die das Bild bildenden Elemente in so kleinem Maßstab vorliegen, daß sie nicht mehr einzeln erfaßt werden, geben die Untersuchungen im Ortsfrequenzbereich die entscheidende Aussage. Von daher gesehen konnte Meienbergs grundlegende Arbeit (Meienberg, 1966) zur Texturdifferenzierung mittels eindimensionaler Profil-Dichtemessung (Methode A 2, vergl. S. 70) nicht ohne metaphorische Beschreibung und Bildbeispiele auskommen. Auch Wiezcoreks zweidimensionaler Ansatz unter Zuhilfenahme von Äquidensiten, um die kontinuierlich begrenzten Texturelemente zu diskreten Objekten mit hohem Gradienten zu machen, bringt keine Erweiterung, da er durch Zählung letztlich allein im Ortsbereich der Analyse verhaftet bleibt (Wiezcorek, 1972).

Witmer, (1967) und Akca (1970) hingegen hatten grundsätzlich erkannt, daß neben der registrierten Intensitätsverteilung die Ortsfrequenzverteilung dieser Intensitätsmaxima und -minima die signifikante Aussage bringt. Sie konnten jedoch wegen fehlender technischer Voraussetzungen nur mittlere Frequenzwerte in eine Diskriminanzanalyse mehrerer Faktoren miteinbeziehen. Daher wird in dieser Arbeit ein methodischer Schwerpunkt auf die Ortsfrequenzverteilung linearer Elemente am Beispiel der Mondoberfläche gelegt. Es kann jedoch vom Ansatzpunkt dieser Arbeit her das Texturproblem bei der Interpretation nicht gültig gelöst werden. Es soll vielmehr versucht werden, den Problemzusammenhang und die Aufgabenstellung für weitere Arbeiten zu verdeutlichen.

Einmal abgesehen von den auf den Interpreten bezogene Bemühungen zur Bildverbesserung (siehe oben) stellt sich das Problem der Objektivierung und Quantifizierung von Texturen insbesondere im Rahmen der automatisierten Bildauswertung großer Datenmassen, die noch keineswegs beherrscht wird (Montanari, 1971). Das Problem stellt sich nicht nur im Hinblick auf die große Anzahl der Mondbilder, sondern insbesondere auch bei den Bildern der Erdoberfläche von Satelliten aus (Finch, 1973).

Ein weiterer Anstoß für die Bemühungen um die Textur sind die Probleme der Kapazitätsbegrenzung der Übertragungssysteme bei Informationsübermittlung in Bildform. Einerseits gilt es, die vorhandenen Kanäle rationell auszunutzen (Anderson, 1971), andererseits liegen tatsächliche Beschränkungen infolge großer Entfernungen vor, wie sie bei der Erforschung der Oberflächen der Planeten auftreten. Darling, e. a. (1968) weisen darauf hin, daß es möglich und erstrebenswert ist, die Übermittlung von Bildinformation durch ein Bilderkennungssystem zu erleichtern, welches nur die Lagekoordinaten der Umrißlinien von Elementen gleicher Texturcharakteristik übermittelt. Daraus ließe sich ein den Interpretationswünschen angemessenes Äquivalent der Objektstruktur rekonstruieren. Voraussetzung dazu ist jedoch neben einem gewissen Verständnis der Prozesse, die die Objektstruktur beeinflussen, eine genaue Kenntnis der jeweils möglichen Bildstruktur. Dies setzt eine Texturanalyse als ersten Schritt voraus. In Anlehnung an Flower (1971) soll angenommen werden, daß die Textur einer Bildfläche erst dann ganz verstanden werden kann, wenn eine äquivalente Fläche aus bekannten Parametern generiert werden kann.

In den USA sind zur Zeit, insbesondere im Zusammenhang mit der Auswertung von Mars- und ERTS Bildern (Earth-Resources-Technology-Satellite) Versuche dazu in Gang. (Allied Research, 1971; Levis, 1970; Duda, 1971). Nach Meinung von Flower (1971) ist die Erzeugung aller Texturen zumindest theoretisch schon möglich, wenngleich sich der Bedarf für die dafür notwendigen Untersuchungen noch nicht konkretisiert.

Texturanalyse soll somit unter dem Stichwort → „*Merkmalgewinnung*" („Messung" in *Abb.: 19*) in den Gesamtzusammenhang von Interpretation und automatischer Zeichenerkennung (Bildanalyse) gestellt werden. Dabei kann hier auf die Einflüsse der „Abtast- und Aufnahmeeinrichtungen" und der „Entscheidungslogik", die dann zur Klassenbildung führt, nicht eingegangen werden. In Ergänzung zu Ostheider (1970), Gierloff-Emden und Rust (1971) und Hunter (1971) versucht *Abb.: 19* diesen Systemzusammenhang hervorzuheben.

Auf die Entscheidungslogik des Interpreten bei morphologischen Untersuchungen gehen Gierloff-Emden und Rust (1971, S. 16 ff) ein. Darling e. a. (1968) geben für die Entscheidungslogik in automatischen Systemen sieben in ihrer Trefferwahrscheinlichkeit nahezu gleichwertige Algorithmen an.

Als theoretische Grundlage für die Texturbestimmung lassen sich quantitative Diskriminatoren aus allen vier in *Abb.: 18* dargestellten Analysebereichen ableiten. Diese sind in *Tabelle 6* zusammengestellt. Über die dabei zu benutzenden Untersuchungsmethoden, insbesondere aus dem Intensitätsbereich und dem bisher kaum untersuchten Ortsfrequenzbereich, berichten die Kapitel 6 und 7 unter Anwendung der Verfahren auf Bildbeispiele von der Mondoberfläche. Allerdings steht dabei nicht die Texturdifferenzierung, sondern die Reliefferkennung im Vordergrund der morphologischen Fragestellung.

KAPITEL 5

Zusammenfassung

Das Ringbecken Korolev

Das Ringbecken Korolev wird in seiner Lage zu den benachbarten Becken sowie in seiner stratigraphischen Position näher beschrieben. Einzelne markante Krater und Gebiete innerhalb des Beckens werden vorläufig benannt. Die unterschiedliche Ausprägung des Ost- und Westrandes sowie verschiedenen strukturrierter Ebenheiten werden beschrieben und interpretiert. Durch Bestimmung verschiedener Lineamentregionen und Sekundärkraterhäufungen werden mit den in Kapitel 6 und 7 näher beschriebenen Methoden die Einflüsse von Orientale, Hertzsprung und Crookes unterschieden.

Das Becken ist mit hellem Mare-Material vollgelaufen, insbesondere vom Rand her, und durch überregionale Bruchschollenbewegungen strukturiert worden.

Die vulkanische Überformung des Beckens wird an einigen Beispielen näher beschrieben.

Das Ringbecken Korolev

Auf dem in *Abb.: 20* dargestellten Ausschnitt aus der bisher besten Karte der Mondrückseite vom März 1970 (ACIC-3-70, CSSB-BH-7), im Originalmaßstab 1 : 10 Millionen auf 34 Grad nördlicher und südlicher Breite

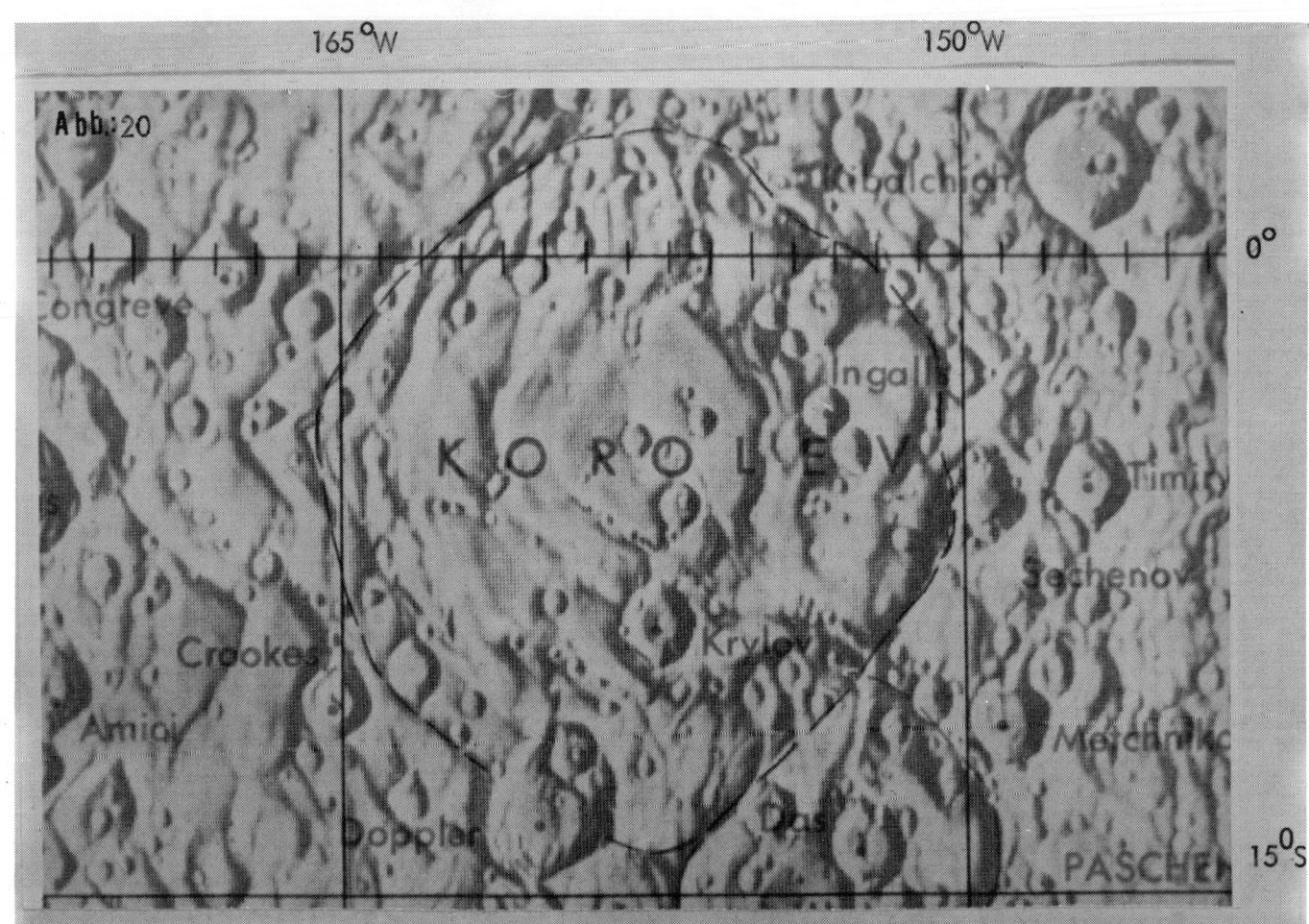

Abb. 20 Maßstab 1 : 4,2 Mill.

(Merkator Projektion) liegt das Ringbecken Korolev zwischen 3 Grad nördlicher Breite und 14 Grad südlicher Breite sowie 150–165 Grad westlicher Länge. Damit hat es einen Durchmesser innerhalb des deutlichsten Ringes von ca. 450 km. Auf die Erdoberfläche bezogen würde es einem Durchmesser von 1590 km entsprechen. Seine Form kommt der Kreisform sehr nahe (Orbiter I MR 38), nur der Westrand ist durch tangentiale Brüche aufgegliedert und bildet im äußeren Bereich fast einen rechten Winkel. Der Fuß der „Weststufen" paßt sich jedoch der Kreisform wieder gut an.

Die auf der Karte noch verzeichneten Namen „Ingallas, Krylov und Das" wurden inzwischen für andere Krater benutzt, da generell noch keine Krater innerhalb von Ringbecken der Rückseite benannt wurden (*Lunar Nomenclature*, IAU, Brighton, 1970).

Um jedoch die Verständigung über einzelne Objekte zu erleichtern, werden hier provisorisch einige markante Krater benannt.
Für die Namensgebung wurden hauptsächlich Mondforscher herangezogen, mit denen bei der Durchführung dieser Arbeit in irgendeiner Weise Kontakt aufgenommen werden konnte. (*Abb.: 21*)

Die Lage der Region Korolev auf der Mondrückseite in Bezug zu den benachbarten Ringbecken zeigt Abb. 22. Die Bildbedeckung der Orbiter I MR Aufnahmen, die für das Studium der regionalen Beziehungen zwischen den einzelnen Becken herangezogen werden können, ist ebenfalls eingetragen.
Obwohl das Apollo Becken im Zentrum mit dunklem Mare-Material angefüllt ist, zeigt das Studium der Orbiter I MR Aufnahmen, daß das Auswurfmaterial von Korolev, das kein dunkles Mare-Material aufweist, dasjenige von Apollo überlagert.
Daher wird Korolev als das jüngere Becken interpretiert.

Die radialen Strukturen des Hertzsprung Beckens jedoch überlagern den gesamten östlichen und nordöstlichen Randbereich von Korolev. Die auf Hertzsprung ausgerichteten Lineamente im Ostteil der Region Korolev sind jedoch nicht so deutlich ausgeprägt, wie solche Lineamente, die in Verbindung mit Sekundärkratern auf Orientale ausgerichtet sind. Auf die nähere Untersuchung der Lineamente wird in Kapitel 7 (S. 101) eingegangen.

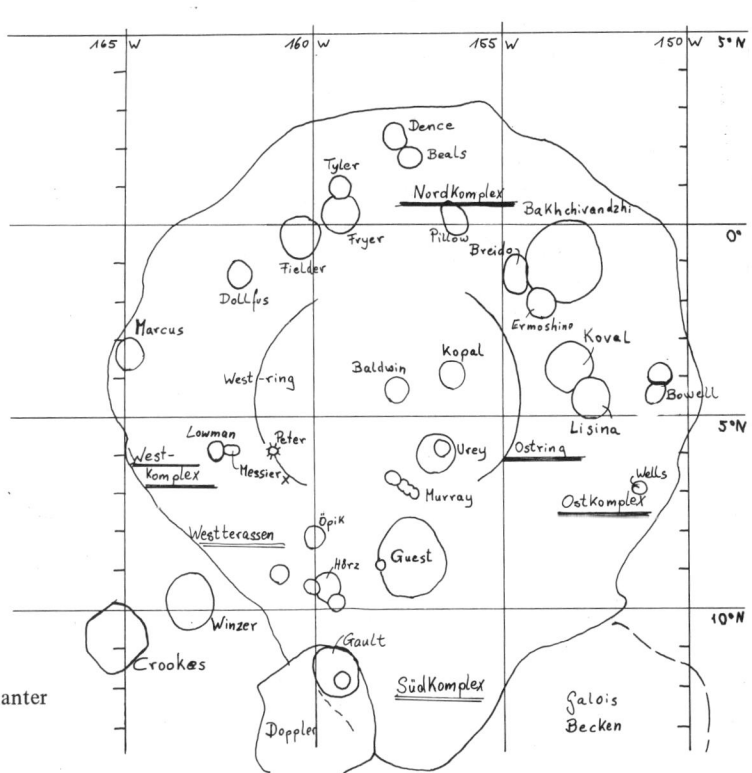

Abb. 21

Vorläufige Benennung einiger markanter
Krater innerhalb des Ringbeckens
Korolev.
Vergl. hierzu Bild Orbiter I 38
MR-Ausschnitt im Anhang

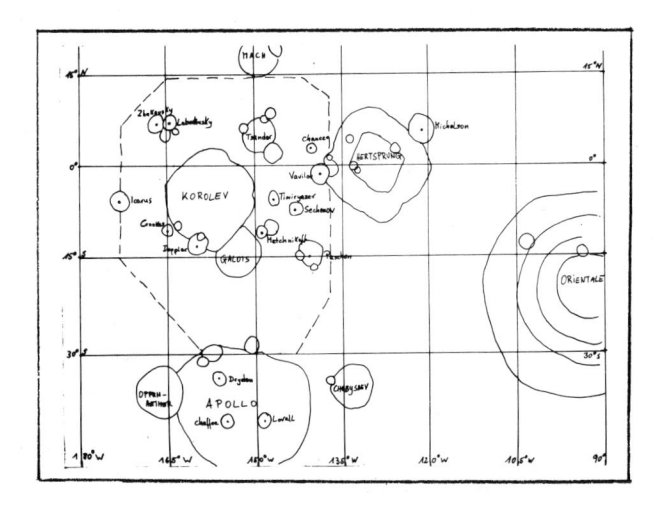

Abb. 22

Korolev in Bezug auf die benachbarten Ringbecken und Bildbedeckung der Orbiter-MR Aufnahmen.

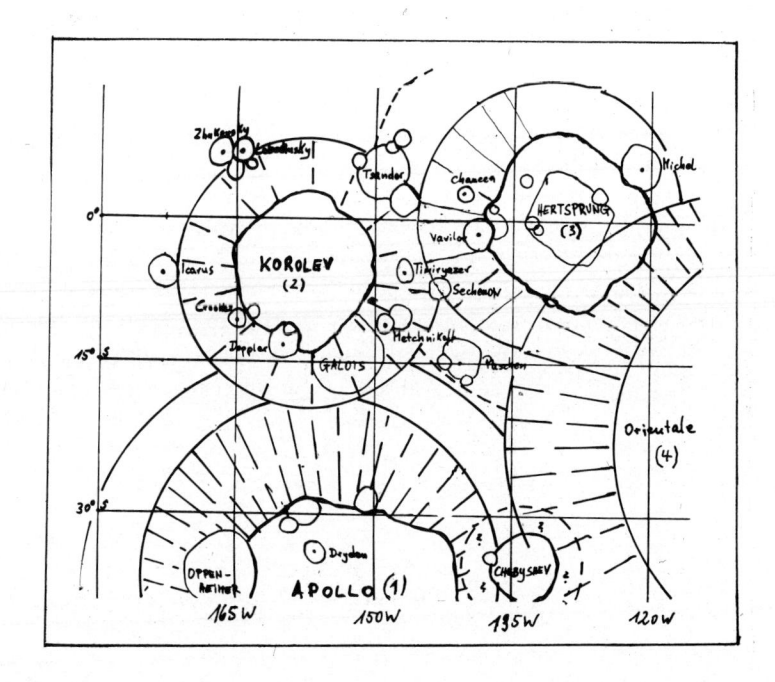

Abb. 23

Beckenstratigraphie westlich des Ringbeckens Orientale: nach Orbiter I-MR und Apollo 8 Aufnahmen

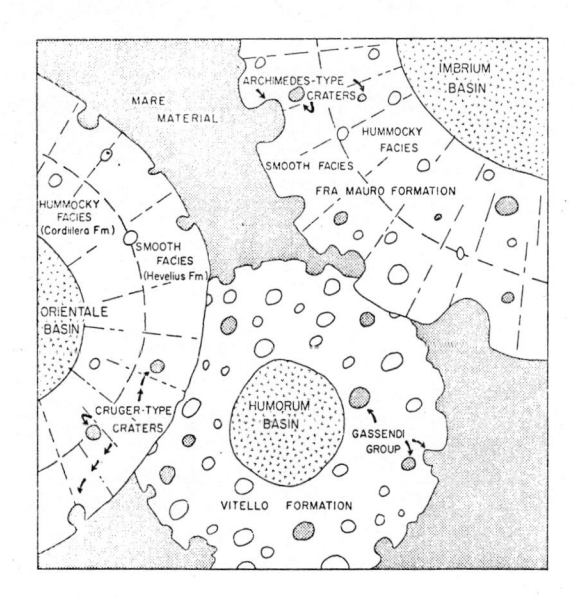

Abb. 24

Beckenstratigraphie östlich von Orientale aus: Mutch, (1970), S. 135.

Die Auswertung von Detailaufnahmen aus dem Innern des Beckens, die lokale Lineamentsysteme zeigen, ergab zusammen mit der regionalen Übersicht anhand der Orbiter Aufnahmen eine relative stratigraphische Gliederung der Becken. Korolev nimmt zwischen Apollo und Hertzsprung eine Mittelstellung ein und alle Becken sind älter als Orientale. Als markantester Einfluß von Orientale innerhalb von Korolev wurde der „Murray-Kraterkomplex" interpretiert, der als eine Reihe von Sekundärkratern von Orientale aufzufassen ist (vergl. S. 64).

Die Abb. 23 zeigt die Beckenstratigraphie westlich von Orientale in Anlehnung an die Interpretation von Mutch (1970) für die Verhältnisse östlich von Orientale.

Die Astronauten von Apollo 8, die als erste Menschen das Ringbecken Korolev direkt sahen, verglichen es mit den Mare-Oberflächen der Mondvorderseite, obwohl es viel stärker reflektiert und von der Albedo her den Terra-Gebieten viel näher steht. Nach ihrer Rückkehr berichteten sie: *NASA-SP 201; S. 2:*

> The surface of the **marelike materials** in the far-side basin XV (Korolev) resembles those of the mare materials on the front side in their detailed characteristics — that is relatively **smooth**, with numerous **small craters** and crater **clusters** superimposed on them. On the other hand, the **variety** of the number and moderate scale features such as **depressions**, **domes**, **benches**, and **cones** was much greater than was observes on near-side mare areas...

Abb. 25

Umgebung des Kraters Pillow als Beispiel für endogene Übergarmung der Mondoberfläche

Von Pillow nach Osten erstrecken sich drei, sich überlagernde und durch Steilstufen begrenzte Ebenheiten, die als Lavaergüsse von der kegelförmigen Vollform in Bildmitte interpretiert werden können.
Eine Bruchstufe mit Abschiebung nach NE, die Pillow tangiert, durchzieht das ganze Bild.
Ausschnittvergrößerung aus Orbiter I 38 MR (s. a. Abb. 26)
Breite eines Framelets: 43 km.

> At moderate sun angles, in the region near longitude 160 W, there was a subtle but widespread fine **lineation** of shallow, locally irregular **troughs** and **ridges** running across craters and intercrater alike. This **texture** resembled, on a less massive scale, the textures radiating from **Orientale Basin**, and also that which would be left by a grass rake on irregular ground. In some places the texture was similar to sets of linear sand dunes. Locally the trend of this texture was roughly parallel to **irregular chains** of craters set in an irregular **herring bone pattern**. This was particular pronounced near the western rim of the far side basin XV.
> (Hervorhebung vom Verfasser.)

In dieser Beschreibung sind wesentliche Elemente der Morphologie von Korolev angesprochen, auch wenn 1968 die Terminologie noch anders war und in der Beurteilung der Zusammenhänge morphologischer Formen große Unsicherheit herrschte, wie aus der Beschreibung hervorgeht. Zudem haben die Astronauten die Bedeutung des Vulkanismus für die Region Korolev überschätzt, da sie auf der Erde durch Überfliegung vulkanischer Gebiete trainiert wurden. So vergleichen sie Teile von Korolev mit dem Pinacate Vulkangebiet (Sonora Wüste Mexiko) aus 13 km Höhe gesehen. Bei den späteren Flügen wurde man dann mit solchen Interpretationen sehr viel vorsichtiger, da auch die geologische Ausbildung auf der Erde intensiver wurde.

Im Folgenden soll gezeigt werden, daß zwar auch in der Region Korolev eine starke vulkanische Überformung und Lavaauffüllung stattgefunden hat; das dominierende Merkmal jedoch Einschlagkrater sind.

Der vulkanische Formenschatz besteht hauptsächlich aus Vollformen, deren Entstehung nicht auf Einschlagprozesse zurückgeführt werden kann. Dazu zählen auch Stufen, die wegen ihrer lobenförmigen Ausprägung und unterschiedlichen Textur auf dem oberen und unteren Niveau nicht als Abschiebung interpretiert werden können. Fielder und Fielder (1971) haben solche Formen im Mare-Material des Imbrium Beckens überzeugend als Lavafronten angesprochen. Eines der deutlichsten Beispiele für solche Formen im Ringbecken Korolev findet sich im Nordkomplex östlich des Kraters „Pillow". Der Krater selbst hat einen unregelmäßig aufgeworfenen Rand und stark längliche Form mit ca. 21 km in der Längsachse. Östlich des Kraters sitzt auf einem kleinen Plateau eine kegelförmige Vollform mit einem ca. 500 m großen Krater auf der Spitze. Die Höhe überragt die des Randes von Pillow, wie durch den Schattenwurf in der Apollo 11 Aufnahme (*Abb.: 26*) deutlich wird. Weiter nach Osten erstrecken sich Ebenheiten, die durch lobenförmige Stufen mit Böschungswinkeln zwischen 13 und 18 Grad begrenzt werden. Die Apollo 11 Aufnahme zeigt wegen des niedrigen Sonnenstandes und des damit verbundenen langen Schattenwurfs die einzelnen Stufen deutlicher als die Orbiter I Aufnahmen bei einem Sonnenstand von 13 Grad. Der Vergleich der verschiedenen Orbiter I MR Aufnahmen mit der Apollo 11 Aufnahme macht zudem deutlich, daß Material von Westen in die tiefergelegenen östlicheren Gebiete geflossen ist und dabei Krater aufgefüllt und überflutet hat. Es ist ein überzeugendes Beispiel für die Auffüllung des Beckens mit Mare-Material, wobei dies die erste Stelle ist, an der sich eine punktförmige Effusion lokalisieren läßt. Das Gebiet hebt sich durch niedrigere Albedo und größere Kraterdichte von der Umgebung ab. Bei dem niedrigen Sonnenstand in der Apollo 11 Aufnahme werden zahlreiche Lineamentsysteme, die auf Großkrater und Becken der Umgebung ausgerichtet sind, besonders deutlich hervorgehoben.

Andere Vollformen, die nicht mit der Einschlagentstehung des Beckens oder eines Kraters in Verbindung zu bringen sind, befinden sich im sogenannten zentralen Bergring, der sich in seiner Entstehung auf den Auswurf noch höher viskosen Mare-Materials zurückführen läßt.

Der Apollo 8 Bildstreifen überdeckt den zentralen Bergring an zwei seiner markantesten Stellen und zeigt im Westring wie im Ostring Vollformen mit relativen Höhenunterschieden von 1700 bis 2000 m bei einem Basisdurchmesser von 12 bzw. 20 km.

Innerhalb des zentralen Bergrings läßt sich noch eine zentrale konzentrische Struktur vermuten, die jedoch nicht deutlich ausgeprägt ist. Im Apollo 8 Bildstreifen (Anhang) ist sie in der nördlichen Bildhälfte der mittleren Bilder als etwas tiefere, dunklere Ebenheit abgesetzt. Dieser innerste Ring hätte einen Durchmesser von 110 km. Handelt es sich hierbei um eine reale Struktur, was sich noch nicht eindeutig erweisen ließ, so wäre es unter Umständen eine Stütze der Theorie zur Entstehung des zentralen Bergrings, die sich auf die Versuche von Lance und Onat (1962) stützt, (vergl. oben S. 41).

Daß es sich beim zentralen Bergring bei einem Durchmesser von 195—210 km nicht um einen älteren, aufgeworfenen Kraterwall, sondern um vulkanische Aufschüttungsformen handelt, zeigt die Tatsache, daß angenä-

Abb. 26

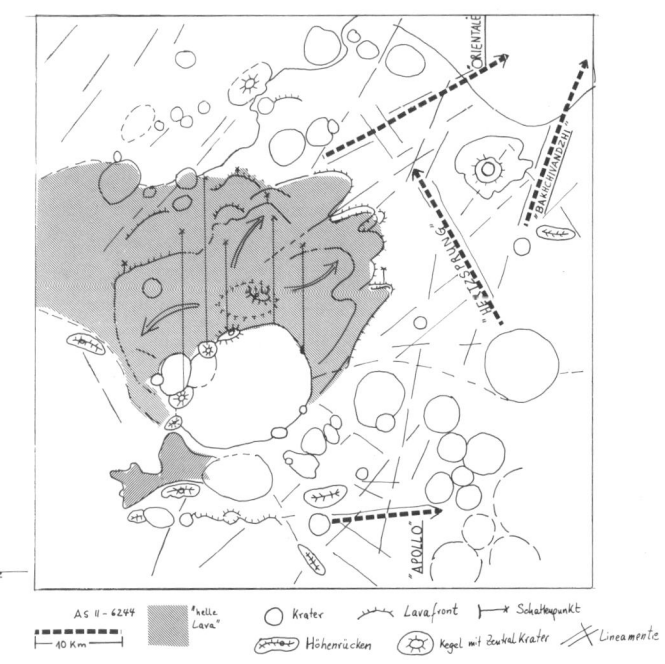

Apollo 11-6244, Krater PILLOW im Nordkomplex bei Sonnenstand von 3–6 Grad.
Die äußeren Steilstufen treten deutlich hervor.
1:480 000

Abb. 27

61

hert gleiche Hangneigungswinkel zum Beckenzentrum und nach außen hin vorliegen, sowie die Aufschüttungsoberflächen im Nahbereich der einzelnne Kegel.

Ein Beispiel für solche Formen ist der sogenannte „Mount Peter" im Westring, dem in 1700 m Höhe, etwas schräg auf der Kuppe, ein Krater von unbestimmter Tiefe, mit ca. 3 km Durchmesser aufsitzt. Statistisch gesehen besteht natürlich auch die Möglichkeit, daß ein Einschlagkrater dieser Größe an solch exponierter Stelle entstehen kann. Nach allem, was bisher über die Entstehungsprozesse der Einschlagkrater bekannt ist, liegt es nahe anzunehmen, daß in einem solchen Fall die Druckwelle den ganzen Berg weiter zerstört hätte.

Die zerstörende und abtragende Wirkung von Einschlagkratern wird besonders deutlich, wenn diese dem Kraterrand aufsitzen oder am Innenhang gebildet wurden. Die Kratermodelle, die Söderblom (1972) und Marcus (1970) aufgrund der abtragenden Wirkung von Kleinmeteoriten entwickelt hatten, stehen bisher in guter Übereinstimmung mit den aus Bildern interpretierten Verhältnissen, ebenso wie mit den an den Landeplätzen gefundenen Gegebenheiten. Dies ist eine weitere Stütze dafür, den Meteoriteneinschlagprozeß (Tabelle 2) als den wesentlichsten Faktor für die Oberflächenveränderung anzusehen.

In dem in *Abb. 28* und *Abb. 29* erfaßten Bereich um „Mount Peter" treten auch regionale Lineamentsysteme auf, die auf Crookes und Orientale ausgerichtet sind. Diese lassen sich als lokale Elemente in der Kleinmorphologie wiederfinden, was darauf hindeutet, daß diese Oberfläche schon vor der Entstehung des Orientale Beckens gebildet sein mußte. Jünger als Orientale sind hingegen die Oberflächen im Oceanus Procellarum und das Mare-Material im Imbrium Becken, bei denen sich diese Überformung durch Orientale nicht zeigt.

Die lokalen Lineamentsysteme können mit Hilfe der in Kapitel 7 näher beschriebenen Technik der optischen Filterung, mittels derer unwichtige Bildinformation unterdrückt werden kann, deutlicher sichtbar gemacht werden.

Abb. 28 zeigt die ungefilterte Rekonstruktion eines Ausschnittes aus Bild AS-8-2056 mit „Mount Peter", während *Abb. 29* zur Betonung der Lineamente mit 10 Grad Filter in NE-SW Richtung aufbereitet ist.

Kraterreihen, die entlang von regional und überregional ausgeprägten Lineamenten auftreten, werden als Sekundärkrater eines anderen Ringbeckens oder Großkraters interpretiert. Einige der größten mit Sicherheit als Sekundärkrater anzusprechenden Objekte innerhalb von Korolev bilden den sogenannten „Murray-Komplex", dessen größter, von Orientale am weitesten entfernter Krater, einen Durchmesser von 6,8 km hat. Auf der Apollo 8 Aufnahme (Anhang) sind die mit diesen Kratern assoziierten Lineamente auch ohne weitere Bildaufbereitung deutlich sichtbar. In *Abb. 30* (vergl. S. 64) liegt der „Murray-Komplex" in Bildmitte. Die Richtung auf Orientale ist angegeben.

Frische Sekundärkrater kleineren Durchmessers finden sich in besonderer Häufung im gesamten Westkomplex, insbesondere den Westebenen von Korolev. Diese sind, wenn sie gehäuft und als Kraterreihe auftreten, auf 46 km die gleiche morphologische Frische und deutliche Ausprägung der einschlagmorphologischen Serie aufweist, wie der Großkrater Aristarchus auf der Mondvorderseite (40 km Durchmesser). Crookes ist in der Schrägaufnahme AS-11-6247 (*Abb.: 31*) etwas oberhalb der Bildmitte zu sehen. Diese Aufnahme zeigt deutlich die Weststufen des Hauptringes des Ringbeckens. Die Hügel am Rande der Westebene, die in *Abb.: 47* in Detailaufnahme mit Agfacontour-Farbkodierung näher behandelt sind, können hier in ihrem Strukturzusammenhang mit den Weststufen gesehen werden. Am Horizont dieser Aufnahme ist im Süden ein Gebirgszug sichtbar, der als Rest des dritten (bzw. vierten) Rings um das Becken Korolev interpretiert wird.

Abb.: 34 zeigt dieses Gebiet in der Apollo 8-2059 Senkrechtaufnahme. Sekundärkraterfelder, V-Formen und Kraterreihen, die auf Crookes ausgerichtet sind, bilden die jüngsten Oberflächenelemente. Die „Schiefe Ebene", die hier am Fuß der über 1000 m hohen 1. Steilstufe wurzelt, ist zur Beckenmitte hin geneigt. Dies ist ein weiterer Hinweis darauf, daß es sich bei den Fließ- und Rutschstrukturen am Hang der Steilstufen um den Ausdruck von großvolumigen Massentransporten von außen her in das Beckeninnere handelt. *Abb.: 36* zeigt die Höhenverhältnisse in diesem Bereich in Form von angenäherten Höhenlinien, die in den USA aus dem Stereomodell der Apollo 8 Bilder gewonnen wurden.

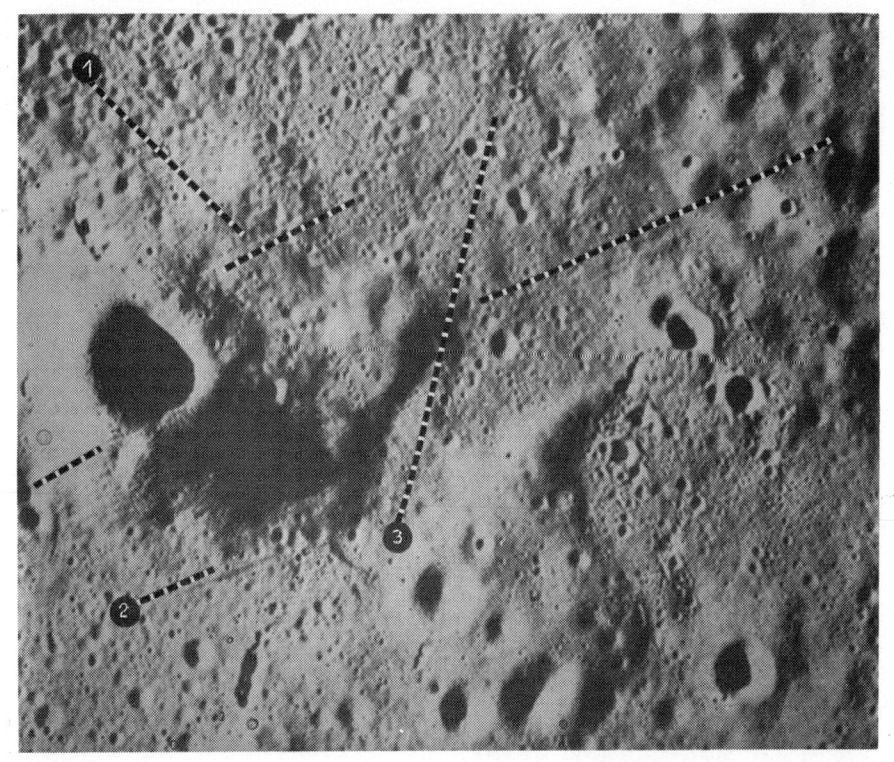

Abb. 28

Ausschnittvergrößerung aus Bild AS-8-2065, Ungefilterte Rekonstruktion. Umgebung der „Mount Peter" Vollform im Westring. Hervorhebung der Lineamentausrichtungen auf Orientale (1), Crookes (2), und Doppler (3). Zum Vergleich mit der Filterung in Abb. 29. Zur Technik vergleiche Kapitel 7, S. 82 ff.

Abb. 29

Hervorhebung lokaler Lineamentsysteme durch Unterdrückung von Bildinformation mittel kohärent optischer Filterung. Zur Technik vergl. Kapitel 7, S. 82 ff.

Die Begrenzung der „Schiefen Ebene" im Osten ist auf dem Apollo 8 Bildstreifen (gerade außerhalb von *Abb.: 34*) in Form einer lobenförmig gebogenen Steilstufe, besonders im südlichen Teil, deutlich markiert. Krater, die dabei überflutet und aufgefüllt wurden, pausen sich noch als sogenannte →*ghost rings* durch. Die jüngere, obere Oberfläche hebt sich in Textur und größerer Kraterdichte von der älteren unterlagernden deutlich ab. Daß die jüngere Oberfläche eine größere Kraterbesetzung im Bereich der Durchmesser von 500 m bis 3 km hat, ist ein Hinweis darauf, daß in diesem Fall eine starke Überformung durch vulkanische Einbruchs- oder Entgasungskrater oder endogene Explosionskrater stattgefunden haben muß. Bis auf die Sekundärkraterreihen und Sekundärkraterhaufen ist auf dieser Oberfläche im Einzelfall eine genaue Unterscheidung zwischen endogenen und exogenen Formen nur sehr schwer möglich und wurde nicht versucht. Das Bildmaterial reicht dafür nicht aus. Ob eine statistische Differenzierung aufgrund der Kraterparameter möglich ist, muß offen bleiben, da das den Rahmen dieser ersten Interpretation übersteigt.

Abb. 30

Sekundärkrater im Bereich von Korolev: Murray-Komplex in Bildmitte als Sekundärkrater von Orientale. Durchmesser von Murray in Bildmitte: 6,8 km.

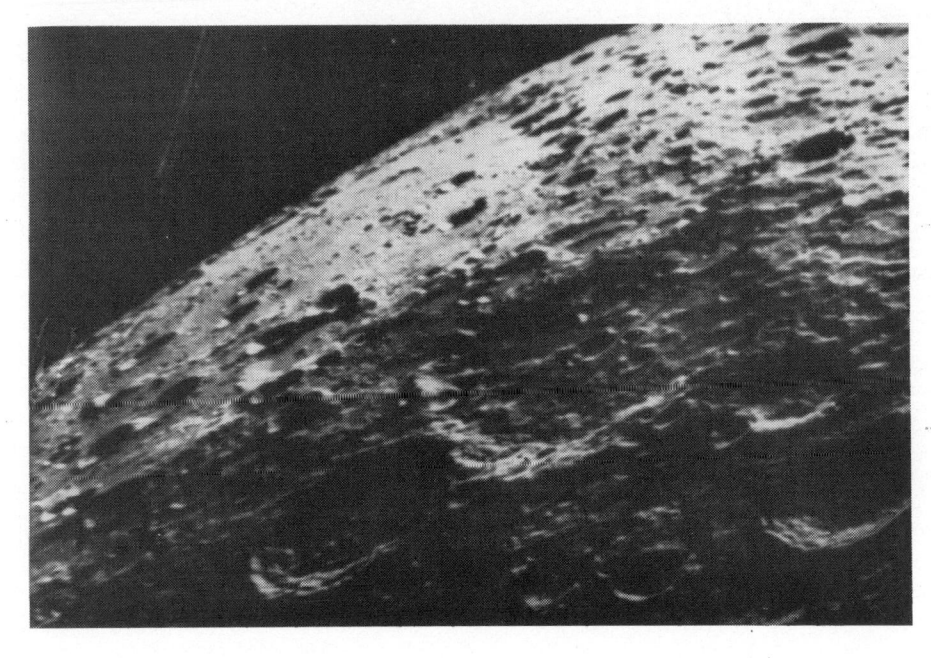

Abb. 33

Der Nord- und Nordwestrand des Beckens Korolev

Ausschnitt aus: Orbiter V 32 MR

Apollo 11 – Schrägaufnahme 11-6247

Abb. 31

zeigt am Horizont ein Bergmassiv, das als Rest des dritten Rings um Korolev interpretiert wird. Die einschlagmorphologische Serie um den frischen Krater Crookes in Bildmitte ist gut zu sehen. Sekundärkrater von Crookes im Innern von Korolev.
Zur Interpretation vergl. *Abb. 32.*

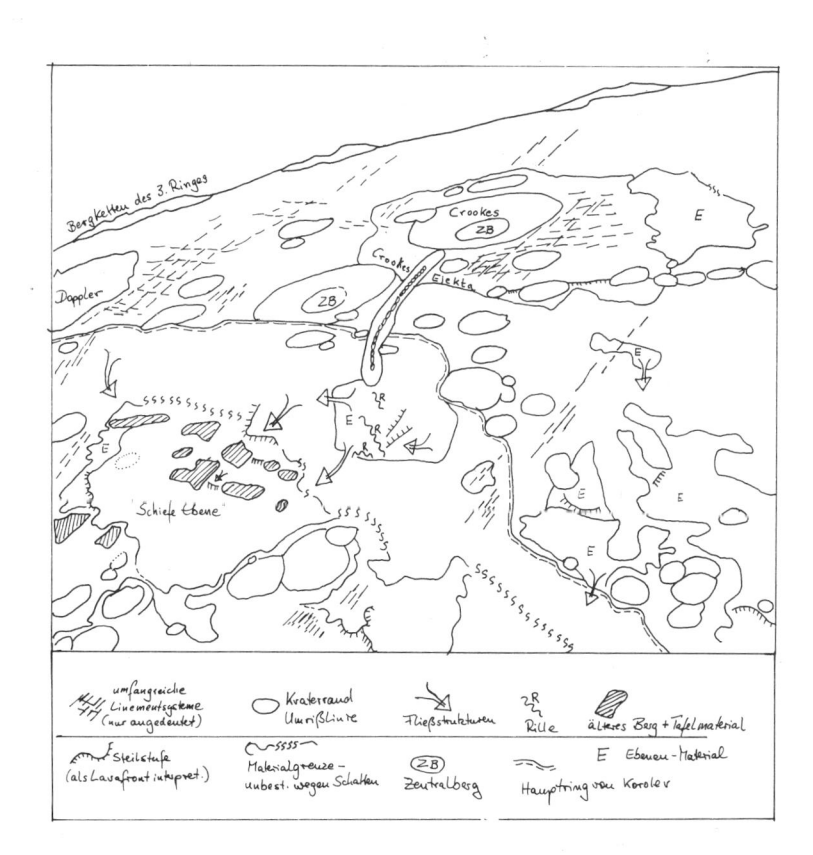

Abb. 32

Interpretationsskizze zur Apollo 11 Schrägaufnahme in Abb. 31.

65

Abb. 34

Der Westrand von Korolev Bild: AS8-2058. 1 : 1;13 Mill.
Steilabfall, Westterrassen, Westebenen, Sekundärkraterhäufung von Crookes.
vergl. Interpretationsskizze, Abb.: 35

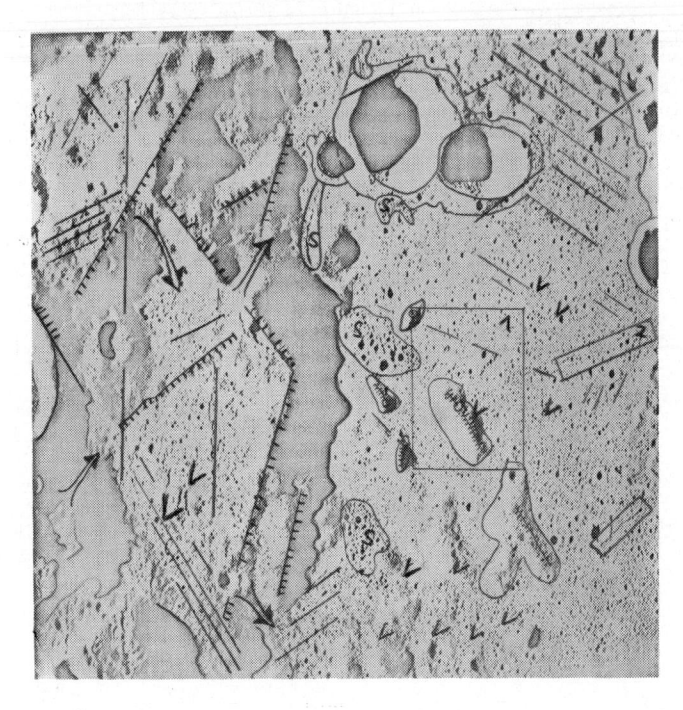

Abb. 35

Interpretationsskizze zu Abb. 34

S Sekundärkraterfelder

V V-Formen der einschlagmorphologischen Serie und Kraterreihen aus Sekundärkratern von Crookes

Steilstufen

Fließrichtungen des Auffüllungsmaterials

| 1 | Ausschnitt der farbkodierten Vergrößerung Abb. 47 |
| 2 | Kraterreihe und Lineament aus der Mitte von Abb. 45 |

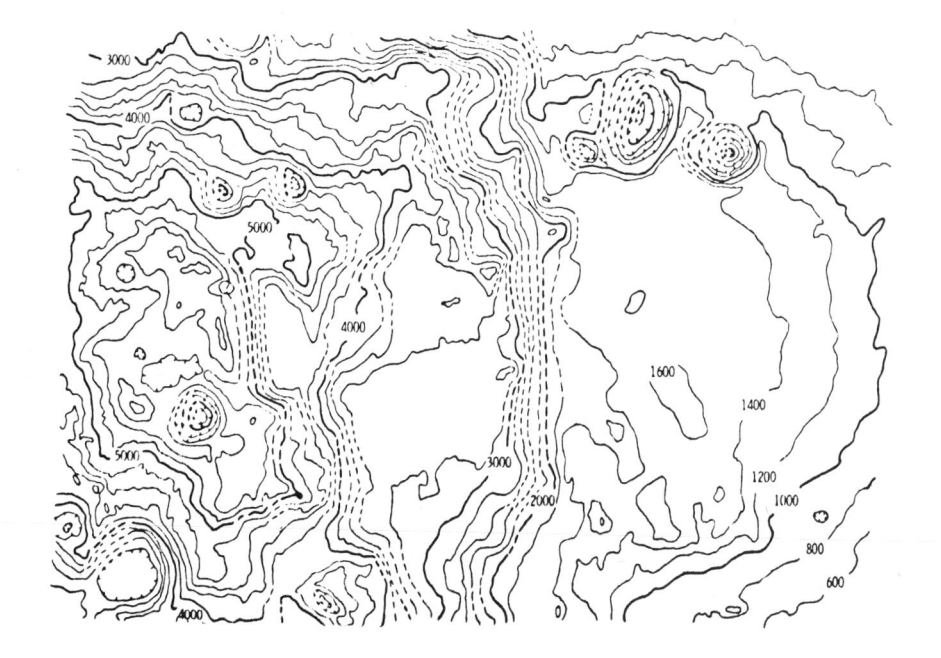

Abb. 36

Höhenliniendarstellung des Westrandes aus dem Stereomodell der Bilder 2057–2059. Höhenangaben in Neigung der Westebene nach Osten: 30 m auf 1 km

aus: NASA-SP-201, S. 64
ca. 1 : 810 000

Abb. 37

Auswurfmaterial und Aufhellung um die zwei jüngsten Krater im 10 km Durchmesser-Bereich, südwestlich von Ermoshino.
Orbiter I 38 MR, Ausschnittvergrößerung
Breite eines Framelets: 43 km.

Beispiele für Einschlagkrater, die sich aufgrund der einschlagmorphologischen Serie von der Umgebung deutlich abheben, finden sich in der Region Korolev in allen Größenordnungen und Abtragungsstadien. Als Beispiel seien zwei sehr junge Krater SW von „Breido" und „Ermoshino" angeführt, die trotz des Sonnenstandes von nur 11 Grad einen markant ausgeprägten hellen Auswurfhof zeigen. Die Helligkeit im Auswurfbereich dieser beiden Krater ist ungewöhnlich, da ein solcher Reflexionsgrad sonst erst bei Sonnenhöhen über 40 Grad erreicht wird. In Bildern mit noch höherem Sonnenstand, in denen dann kein Schattenwurf mehr vorhanden ist, heben sich selbst kleinste, nicht mehr einzeln aufgelöste Krater aufgrund des hellen Auswurfhofes extrem gut gegen den Hintergrund ab. Von Korolev liegt leider kein Bild bei einem solchen Sonnenstand vor, so daß sich die Häufigkeit dieser kleinen, frischen Einschlagkrater nicht bestimmen läßt. Als Beispiel zur Methode und für den Einsatz von Äquidensiten zur Zählung solcher Krater und zur kleinräumigen Differenzierung ist daher in *Abb.: 53* die Aufnahme Apollo 8-2135 angeführt (s. Faltblatt).

Die Erleichterung der genauen Bestimmung der Grenze des Auswurfbereichs und der Erfassung linearer Elemente auch bei hohen Sonnenständen mit nur wenig oder keinem Schattenwurf, kann mit Hilfe von Äquidensiten an einem Beispiel aus dem Gebiet des Landeplatzes von Apollo 16 gezeigt werden, (*Abb.: 51*). Die *Abb.: 49* und *50* zeigen deutlich die Schwierigkeiten der Reliefkennung, sobald der Schattenwurf zurücktritt. Da kleine Grautonunterschiede dann aber mit Hilfe von Äquidensiten doch noch erkannt und interpretiert werden können, ist damit ein wertvolles Hilfsmittel gewonnen. Kapitel 6 geht auf die Methoden und Ergebnisse der photometrischen Analyse näher ein.

Der Ostrand von Korolev

Der Ostrand von Korolev ist in den Detailaufnahmen von Orbiter I nicht erfasst, und von den nachfolgenden Apollo Flügen gibt es nur wenige Aufnahmen, die bei sehr niedrigem Sonnenstand gemacht wurden. Nur in Orbiter V Bild 30 HR$_3$ liegt eine Schrägaufnahme vor, die zusätzliche Informationen liefert.

Deutlich wird, daß der Ostrand mit geringeren Böschungswinkeln und kleinerem relativen Höhenunterschied eine andere Struktur audweist als der Westrand. Die Interpretation der Orbiter V 30 HR$_3$ Aufnahme (*Abb.: 38*) legt nahe, daß hier verstärkt und in größerem Umfang als im Westen Material von außen her eingeflossen ist und zur Auffüllung des Beckens beigetragen hat. Eine Erklärung dafür ist möglicherweise in einer regionalen Kippung der ganzen Region zu sehen, wie sie durch die Laser-Höhenprofile (S. 55) nahegelegt wird.

Daß in dieser Region des großen topografischen Tiefs, das auf 180 Grad W zentriert ist, gewaltige Materialbewegungen stattgefunden haben müssen, wird an einem anderen Bild deutlich. Abb.: 39 zeigt auf über 60 km Länge bei einem Sonnenstand von über 30 Grad die Front einer solchen Materialwoge, die sämtliche älteren Formen überlagert.

Ein solch umfassender, großräumiger Materialtransport, der bisher nur vom dunklen Mare-Material der Mondvorderseite her bekannt war (zum Beispiel Oceanus Procellarum) war für das Terra-Material bisher unbekannt und auch nicht vermutet worden. Damit wird die Aufrechterhaltung der Unterscheidung zwischen Terramaterial und Mare-Material auf morphologisch-colorimetrischer Basis schwierig, da schon durch die Einführung des Begriffs „Helles Mare-Material" für die Ebenheiten der Region Korolev eine Verschiebung vorgenommen wurde. Da es sich im Fall der Abb.: 38 jedoch nicht um ein großflächige Ebenheiten bildendes Material handelt, wird vorgeschlagen, die Bezeichnung Terra-Material vorläufig beizubehalten und den Begriff helles Mare-Material nur auf die Ebenheiten innerhalb der Ringbecken anzuwenden.

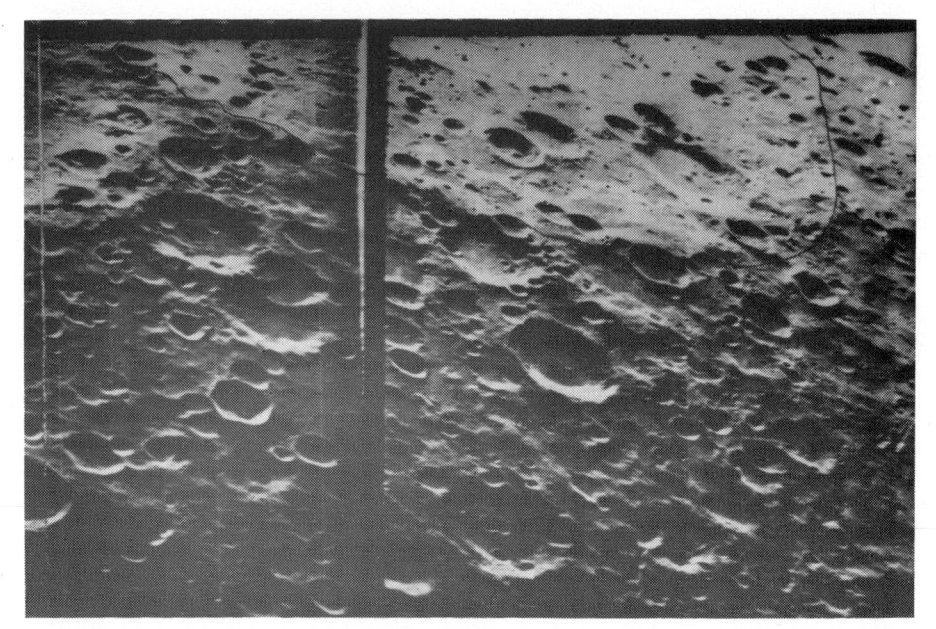

Abb. 38

Der Ostrand von Korolev mit radialen Bruchstrukturen von Hertzsprung und Materialeinfluß ins Becken von außen her.

Ausschnitt aus: Orbiter V 30 HR

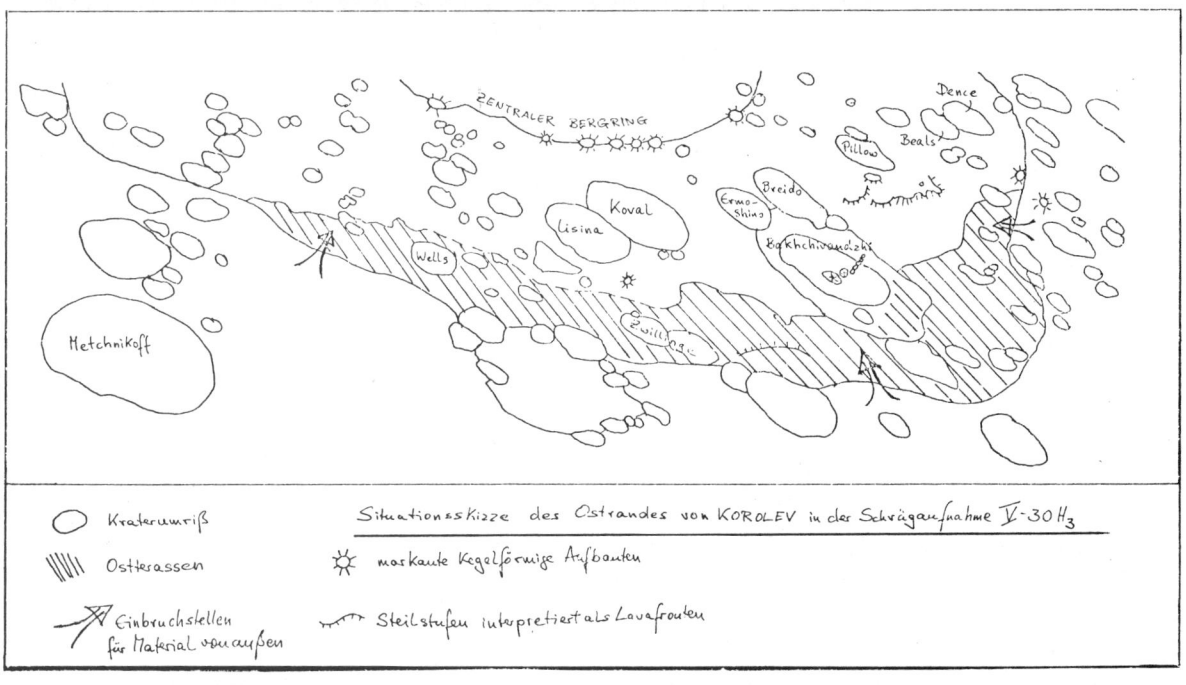

Abb. 39

Materialwoge mit Steilstufe im Terramaterial
Bild: Apollo 8-20 77, 180° W, 9° S, 1 : 300 000.

KAPITEL 6

Zusammenfassung

Fotometrische Analyse
Die Analyse der Dichtestruktur (Schwärzungsverteilung)

Die verschiedenen Methoden der Dichtemessung in fotografischen Negativen werden gegenübergestellt und im Hinblick auf ihre Anwendung für morphologisch-geowissenschaftliche Fragestellungen verglichen. Quantitative Dichtemessungen sind mit dem Agfacontour-Film bei Benutzung eines guten Graukeils möglich. Die densitometrische Untersuchung von Apollo 8 Aufnahmen zeigt allerdings, daß das vorliegende Material der 4. Generation für quantitative Bestimmungen nicht geeignet ist, da die charakteristischen Kurven zu sehr verschoben isnd.

Im Anwendungsbereich wird die Erhöhung der Detailerkennbarkeit hervorgehoben, wobei auf die Empfindlichkeit des Auges im Kontrast- und Frequenzbereich hingewiesen wird. Drei Methoden des Einkopierens von Äquidensiten in ein Original werden unterschieden, wobei mit dem optischen Einkopieren mittels eines Stereoskops die besten Erfahrungen gemacht wurden.

Am Beispiel von Aufnahmen aus dem Landegebiet von Apollo 16 wird die Bestimmung unterschiedlicher Reflexionscharakteristiken an Kraterhängen zur Erfassung von Altersunterschieden und die Erfassung der Grenze von Auswurfmaterialien gezeigt. Lineare Strukturen und Albedodifferenzierungen lassen sich mit Hilfe von Äquidensiten auch in Bildern mit sehr hohem Sonnenstand besser erfassen. An Hand von farbkodierten Apollo 8 Aufnahmen aus der Region Korolev werden Äquidensiten als Hilfsmittel zur Beschreibung von Detailstrukturen herangezogen.

Fotometrische Analyse
Die Analyse der Dichtestruktur (Schwärzungsverteilung)

Ausgehend von den Überlegungen zur quantitativen Erfassung der Textur und der Aufbereitung der Bildinformation soll in diesem Kapitel untersucht werden, mit welchen Vor- und Nachteilen das Agfacontour Material im Vergleich zu anderen Methoden für geowissenschaftliche Fragestellungen bei der Analyse der Dichtestruktur eines Bildes eingesetzt werden kann. Als Beispiele sollen Anwendungsbereiche aus dem Gebiet der Mondforschung herangezogen werden, wobei nicht ausschließlich auf die Region Korolev eingegangen werden soll. Auf die Analyse der Ortsfrequenz- und Richtungsstruktur, die hier gleichrangig neben die Dichtestruktur gestellt wird, wird in Kapitel 7 eingegangen.

Die verschiedenen Methoden der Dichteanalyse in fotographischen Bildern sind in *Tabelle 7* zusammengefaßt.

Tabelle 7

Hilfsmittel zur fotometrischen Analyse

A) Optisch-fotometrische Methoden:

1) Punktmessung: einfaches Fotometer
2) Eindimensionale Profilmessung: registrierendes Fotometer
   (Meienberg, 1966; Fürbringer, 1968; Witmer, 1967; Akca, 1970)
3) Zweidimensionale Profilmessung: kodiert – registrierendes Fotometer (Isodensitracer); (Rifaat, 1966; Musgrove, 1969; Wildey, 1970; Haefner, 1972)

B) Elektronische Methoden durch Abtastung einer Fotografie mit TV Kamera und Ausgabe variabel als:

1) Zweidimensionales Bild einer Äquidensite vorgegebenen Bereichs nach Analogrechnung (Gahm, 1972);
2) Zweidimensionales Bild einer Äquidensite nach digitaler Umrechnung (Kritikos, 1972);
3) Speicherung der Daten von 1) und 2) auf Magnetband oder Platte;
4) Eindimensionale Messung einer Fernsehzeile als Intensitätskurve
5) Flächenmessung und Zählung einzelner diskriminierter Schwärzungsbereiche (Gahm, 1972);
6) Farbkodierung variabler Dichtebereiche;

C) Fotografische Methoden zur Herstellung von Äquidensiten:

1) Positiv-Negativ Kombinationen
2) Sabattier-Effekt (diffuse Nachbelichtung), (Högner, 1969; Breido und Ermoshino, 1969; Gilliam und White, 1970)
3) Agfacontour-Film: (zwei Gradationskurven in einer Emulsion), Ranz und Schneider, 1970); Wieczorek, 1972; Franke und Gumtau, 1972).

D) Spezielle Methoden, die keine allgemeine Anwendung gefunden haben:

1) Thermoplastische Verfahren (Elliot, 1970);
2) Dunkelfeldbeleuchtung, u. a., (Lau und Krug, 1968).

Die Literatur zu den Methoden unter C) und D) ist am besten bei Lau und Krug (1968) zusammengefaßt, auch wenn dort das Schwergewicht der Darstellung auf den fotografischen Methoden mittels Sabattier-Effekt liegt.

Eigene Versuche wurden zu den unter A) und C) sowie B) angeführten Methoden durchgeführt, um Erfahrung im Umgang mit den unterschiedlichen Verfahren zu gewinnen und Kriterien für die Beurteilung der jeweiligen Ergebnisse zu haben. Dazu wurde u. a. Vergleichsmaterial in Zusammenarbeit mit den jeweiligen Institutionen bearbeitet, bei denen die entsprechende Methode sehr weit entwickelt, bzw. am sichersten beherrscht wurde.

        Hierzu erfolgte Zusammenarbeit mit:
           Universitätssternwarte München: Methode A 2
           Observatoire de Paris, Meudon: Methode A 3
           Fa. Zeiss, Oberkochen: Methode B 1,5
           International Imaging Systems, USA: Methode B 2,6
           Karl-Schwarzschild Observatorium, DDR: Methode C 2
           Fa. Agfa-Gevaert, Leverkusen: Methode C 3

Die optisch-fotometrischen Methoden der Fotometrie werden in allen Wissenschaftszweigen angewandt, die sich mit fotografisch gesammelten Daten beschäftigen. Sie sind insbesondere in der Astronomie zu höchster Präzision entwickelt (Hiltner, 1962). Dort finden insbesondere Mikrofotometer Anwendung, die bei der Analyse sehr kleiner Objekte unübertroffen von anderen Methoden sind. Die Datenausgabe kann inzwischen auch hier digitalisiert zur weiteren Verarbeitung auf dem Rechner erfolgen.

Für erdwissenschaftliche Fragestellungen wurden vereinzelt registrierende Fotometer angewandt, so zur Texturdifferenzierung von Meienberg (1966), Akca (1970), oder zur Korrelation von Warven (Fürbringer, 1968); aber auch zweidimensional kodierend zur Bestimmung von Wassertiefen in Satelliten-Bildern (Musgrove, 1969). Die Schwierigkeiten dabei sind, daß aus der einfachen Profilmessung auf die zweidimensionale Bildstruktur zu schließen langwierig und ungenau ist und für die korrekte Bedienung der sehr störanfälligen kodierenden Fotometer eine lange Einarbeitungszeit notwendig ist. Für die Umsetzung der Kodierung in Äquidensiten oder Isophoten (Linien gleicher Objekthelligkeit) ist zudem eine weitere manuelle Verarbeitung notwendig.

Ein Vergleich der Wassertiefenbestimmung in der Galvaston Bay durch Musgrove (1969, nach Methode A 3) mit den farbkodierten Bildern der *Tongue of the Ocean, Bahamas*, durch Ross (1969, nach Methode B 1) und Gierloff-Emden (1971, nach Methode A 3) zeigt deutlich die Nachteile der traditionellen Methode, da das Auge die Punkt-Strich Kodierung bei einer komplexen Struktur mit wechselnden Gradienten nicht mehr erfassen kann.

Haefner (1972) stellt die zur Verfügung stehenden kodierenden Fotometermodelle vor und Akca (1970) geht auf die Meßschwierigkeiten bei größeren Bildelementen näher ein.

Die eigenen Versuche, Bilder der Mondoberfläche mit dem *Isodensitracer* im 60 mm Format der Apollo-Aufnahmen zu bearbeiten, mißlangen, da die Einarbeitungszeit zu kurz war. (Methode A 3, am Observatoire de Paris). Es konnten jedoch an Hand von Aufnahmen der Sonnenkorona eigene Vergleiche zwischen Methode A 3) und C 3) gezogen werden. Die weitere Bearbeitung dieser Bilder erfolgt zur Zeit durch Prof. Dollfus, Meudon. Da nach Methode C 3) keine zeilenförmige Auflösung erfolgt, bleibt die Struktur des Originals auch innerhalb der einzelnen Äquidensite bis hinab zu Größenordnungen der Filmkörnigkeit erhalten und ist dadurch viel leichter zu erfassen. Darüber hinaus liegt jede Äquidensite einzeln als Bildauszug vor und kann ohne Schärfeverlust sehr stark vergrößert werden.

Zur didaktischen Veranschaulichung oder Erzeugung von Konturen im kontinuierlichen Grauverlauf für die subjektive Interpretations- und Meßerleichterung kann die Äquidensite zudem in das Original einkopiert werden.

Dabei ist zu unterscheiden zwischen dem
    a) fotografischen Einkopieren (Wiezcorek, 1972)
    b) optischen Einkopieren (diese Arbeit, S. 79)
    c) elektronischen Einkopieren; zum Beispiel mit Zeiss-Videomat (Gahm, 1972)

Die Bedeutung von Konturen für die psychologischen Faktoren der Bildinterpretation und Verarbeitung im Gehirn kann gar nicht überschätzt werden. Es sei nur verwiesen auf Ratliff, (1972) und Schreiber (1967). „...*it is well known that dark outlines drawn between different areas have a large effect on contrast of the areas, even when viewed from distances at which the contours themselves are not perceived,*" (Schreiber, S. 324). (Vergl. auch Abb. 53, Kurve zur Abhängigkeit der Detailerkennbarkeit vom Kontrast).

Ein quantitativer Vergleich von Äquidensiten mittels *Isodensitracer* mit solchen durch Sabattier-Effekt (Methode A 2) mit C 2) wurde von Breido und Ermoshino (1969) durchgeführt und zeigte, daß die fotografische Methode gleichwertig ist. Der daraufhin hier durchgeführte Vergleich zwischen Sabattier-Äquidensiten (Methode C 2, Karl-Schwarzschild Observatorium, Tantenburg, DDR) mit Agfacontour-Äquidensiten (Methode C 3, Agfa-Gevaert, Leverkusen) an Hand von Doppelsternaufnahmen der Universitätssternwarte München zeigt, daß C 3 Äquidensiten 1. Ordnung schon die Genauigkeit von C 2 Äquidensiten 2. Ordnung erreichen lassen.

Die Objekte von 1 mm Durchmesser in der Originalaufnahme wurden bei einem Dichteumfang von 0,53 bis 1,73 = 1,20 nach C 2) in 7 Äquidensiten aufgelöst, nach C 3) in 13 Äquidensiten.

Die *Abb.: 40* zeigt in der 1. Reihe Agfavontour Äquidensiten 1. Ordnung mit einem Dichteumfang von 0,9 (1,46 bis 1,55) und in der zweiten Reihe den vergleichbaren Dichteumfang zwischen den zwei Linien der Äquidensiten 2. Ordnung nach dem Sabattier Verfahren. Die Dichtemessung erfolgt an dem mitkopierten kontinuierlichen Referenzkeil mit einer Dichteänderung von 0,2 pro cm.

Von den Methoden der elektronischen Verarbeitung der Dichteinformation kannte hier nur am *Mikro-Videomat* der Fa. Zeiss der prinzipielle Anwendungsbereich erprobt werden. Das Gerät wird gegenwärtig auf großformatige Bilder für erdwissenschaftliche Fragestellungen umgerüstet. Es handelt sich um ein Gerät, das die Analogverarbeitung des Video-Signals einer Fernsehkamera vornimmt und im Dichtebereich von 0–2 ca. 10 Graustufen diskriminieren kann. Der große Vorteil solcher Geräte liegt in der Möglichkeit, die diskriminierten Dichtebereiche sofort nach dem absoluten und relativen Flächenanteil zu bestimmen, sowie bei komplexen Formen Umfang und Formkriterien zu bestimmen und eine automatische Zählung sowie Größenklassendiskriminierung vorzunehmen. Variable Dichtebereiche lassen sich sofort als Kontur in das Bild einblenden (elektronisches Einkopieren), wodurch eine kontinuierliche Interaktion zwischen Interpret und Bildaufbereitung erreicht wird. Andererseits ist dabei eine Farbkodierung der verschiedenen Dichtebereiche, wie sie bei einer Digitalisierung des Bildes möglich ist, gewöhnlich nicht gegeben. K r i t i k o s, (1972) hat die digitale Äquidensitenerzeugung näher beschrieben. Um einen Vergleich zu ermöglichen, wurde freundlicherweise von Dr. R o s s, (Mountain View, California) die Apollo 8 Aufnahmen No. 2057 digital farbkodiert (*Abb.: 46 c*). Es wird deutlich, daß nur die auf fotografischem Wege erzielte Umsetzung (*Abb.: 46 a*) die Auflösung des Originals beibehält und je nach Bedarf eine starke Vergrößerung erlaubt (*Abb.: 47*). Bei dem vorliegenden Bildmaßstab des Originals von ca. 1 ; 1,3 Mill. können im Negativ 4. Generation mit dem Mikroskop oder bei entsprechender Vergrößerung noch Krater bis 40 km Durchmesser gezählt und nach Relationsverhältnissen unterschieden werden. Für eine digitalisierte Umsetzung, die Detailstrukturen mit erfassen soll, wären dafür wieder umfangreiche fotografische Aufbereitungsprozesse (*pre-processing*) nötig, die alle mit Eingriffen in die Dichteverteilung verbunden sind und zusätzliche Störfaktoren darstellen.

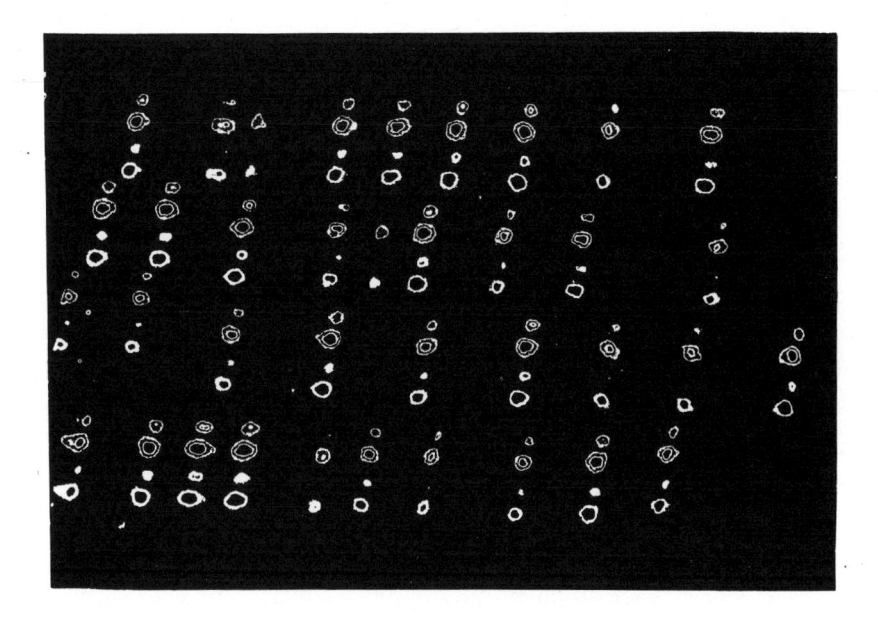

Abb. 40

Vergleich fotografischer Äquidensiten mittels Sabattier-Effekt und Agfacontour anhand von Doppelsternaufnahmen der Universitätssternwarte München.

Maximaler Objektdurchmesser im Original: 1 mm

1. Reihe: Agfacontour-Äquidensiten 1. Ordnung; 2. Reihe: Sabattier-Äquidensiten 2. Ordnung.

Umsetzung Agfacontour: Fa. Agfa-Gevaert, Labor Dr. E. Ranz;
Umsetzung Sabattier: Karl-Schwarzschild Observatorium. DDR, Prof. Richter.

Dem Vorteil der großen Flexibilität und Variabilität der elektronischen Verfahren steht andererseits der Nachteil der extrem hohen Investitionskosten gegenüber. Unter den besten Geräten sind solche mit einer Diskriminierung von 64 Dichtebereichen und einer Abtastung mit 1200 Fernsehzeilen. Sie sind jedoch so teuer, daß zur Zeit in Europa davon noch keins zur Verfügung steht (schriftliche Mitteilung: International Imaging Systems, März 1973). Andererseits werden diese Geräte für eine Automatisierung der Interpretation, Bildspeicherung und Bilddatenverarbeitung auf Großrechnern benötigt werden.

Zusammenfassend läßt sich sagen, daß fotografische und elektronische Methoden der Dichteanalyse sich ergänzen müssen, da beide ihre entsprechenden Vor- und Nachteile haben. Für geowissenschaftliche Fragestellungen jedoch, die ohne automatische Bilddatenverarbeitung auskommen läßt sich auch ohne die hohen Investitionskosten jede gewünschte Aussage auf fotografischem Wege erreichen.

Dies gilt insbesondere für die Bearbeitung prinzipieller Fragen und bei relativ geringer Bildzahl.

Die Vor- und Nachteile der einzelnen Verfahren lassen sich für eine optimale Analyse der Dichtestruktur, die den Informationsgehalt möglichst leicht und umfassend ausschöpfen will, wie folgt zusammenfassen. Unabhängig von der jeweiligen geowissenschaftlichen Fragestellung läßt sich ein optimaler Bildanalyseprozeß beschreiben, der unter Berücksichtigung der Aufbereitungsverfahren im Intensitätsbereich die gesuchte Bildinformation besser zu erfassen gestattet. Läßt sich die Fragestellung nicht sofort über Zählung und Messung im Ortsbereich beantworten, so bildet der Intensitätsbereich (unter Einschluß des Multispektralbereichs) die nächste Analysestufe. Entsprechend den dabei gemachten Erfahrungen läßt sich dann auch die Fragestellung für den Einsatz der kohärent-optischen Verfahren mit dem Ziel der Bildverbesserung planen. Grundlage bildet aber in jedem Fall die genaue Kenntnis über die Dichtestruktur im Bild in Relation zur Objektstruktur.

Ein optimaler Bildanalyseprozeß

Schritt 1 der Auswertung im Intensitätsbereich:
Mit einem normalen Fotometer wird der Dichteumfang des ganzen Bildes sowie der Dichteumfang einiger wichtiger Bildelemente, die je nach Fragestellung schon im Ortsbereich erfaßt wurden, ausgemessen. (Methode A 1 oder A 2).

Schritt 2: Entsprechend den in Schritt 1 bestimmten Absolutwerten werden dann variable Dichtebereiche mittels Analog-Äquidensiten-Umsetzung (Methode B 1) selektiert. Dies erlaubt ständige Interaktion zwischen dem Interpreten und dem Äquidensitenbild auf dem Fernsehschirm, so daß in der jeweils betrachteten Bildfläche die Dichtebereiche diskriminiert werden können, in denen die gesuchte Information am besten erfaßt ist. Durch den dabei möglichen ständigen Vergleich zwischen dem Bild und dem Äquidensitenauszug wird zudem für den Interpreten deutlich, inwieweit die genaue Ausmessung des Frequenzspektrums, zum Beispiel zur Textur-Differenzierung, bei der Lösung der Fragestellung hilft. Darüber hinaus ergeben sich Hinweise, in welcher Form über eine Digitalisierung und Speicherung des Bildes eine automatische Auswertung angestrebt werden kann.

Schritt 3: Die Dichtebereiche, die im elektronischen Verfahren als wichtigste Informationsträger erkannt wurden und gegebenenfalls zur automatischen Bilddatenverarbeitung auf Magnetband gespeichert wurden, werden dann auf fotografischem Wege isoliert. Diese können dann auf ihren Aussagewert hin quantitativ miteinander verglichen werden, wobei es hilfreich ist, daß sie unter Beibehaltung der Originalstruktur (da es reine Schwarzweiß Darstellungen sind) auf den optimalen Maßstab vergrößert und gegebenenfalls farbcodiert werden können.

Schritt 4 bedient sich dann wieder der Methoden von Schritt 2, indem die als Äquidensiten isolierten Bereiche im Analog-Verfahren automatisch gezählt, nach Formkriterien bestimmt und Größenklassen gruppiert werden können. Die Verbindung dieser Ergebnisse mit den Kenntnissen über die Frequenz- und Orientierungsstruktur in den einzelnen Dichtebereichen und dem Bild als Ganzem ergibt dann zusätzliche objektive Kenntnisse über die im Bild dargestellten Objekte, die bisher in keinem Auswerteverfahren erfaßt werden konnten.

Die Gegenüberstellung von fotografisch und elektronisch gewonnenen Äquidensiten in *Abb. 46a* und *Abb. 46c* zeigt deutlich die jeweiligen Vor- und Nachteile. Während das elektronische Verfahren die Vorteile ständiger Interaktion, Variabilität und Flexibilität aufweist, erlaubt es die langwierigere fotografische Methode, die Bildstruktur des Originals auch für alle Vergrößerungsstufen ohne Veränderungen oder zusätzliche Einflüsse beizubehalten. Zusätzlich liegen dann auch noch die einzelnen Dichteauszüge für die Einzelauswertung oder differenzierte Kombination vor. Diese Einzeläquidensiten können dann jeweils wieder für sich im kohärent-optischen Verfahren ausgewertet und interpretiert werden.

Die genannten Verfahren ergänzen sich somit sinnvoll zu einer optimalen Bildauswertung. Dies noch deutlicher als an den für diese Arbeit benutzten Beispielen aufzuzeigen, wird eine Aufgabe der nahen Zukunft sein, da diese Aspekte sich erst im Nachhinein aus der Entwicklung dieser Arbeit ergaben und hier im Hinblick auf die Anwendung auf Mondbilder nur die methodischen Grundlagen erarbeitet werden konnten. Die materiellen

Voraussetzungen zur Weiterentwicklung dieser Ansätze werden zur Zeit in München mit Unterstützung der DFG an der „Zentralstelle für Geophotogrammetrie und Fernerkungung" geschaffen.

Im Hinblick auf die weitere Anwendung der fotografischen Äquidensitometrie bildet der dabei zu benutzende Referenz-Graukeil die Grundlage für die Beurteilung der Genauigkeit der Methode. Bevor daher auf die fotometrische Untersuchung des Apollo 8 Filmmaterials und die Bildbeispiele eingegangen wird, sollen einige Hinweise auf die Graukeile gegeben werden.

Genauigkeit bei quantitativer fotografischer Dichtemessung

Die Genauigkeit quantitativer Dichtebestimmung mit fotografischen Methoden, insbesondere für die Umrechnung in Intensitäten, hängt wesentlich von der Qualität des als Referenzwert benutzten Graukeils ab. Am besten ist ein kontinuierlicher Graukeil auf Film oder Glas mit eingeätzter Skala, wie er von Högner und Richter (1966) benutzt wurde. Im Rahmen dieser Arbeit wurden alle Graukeile der Firma Agfa ausprobiert, u. a. Stufenkeile mit 0,15 und 0,1 Stufenabstand, und ein kontinuierlicher Graukeil mit 0,2 cm Dichteänderung. Da für den Kopiervorgang auf das Agfacontour Material wegen des guten Kontaktes jedoch möglichst ein Vakuum-Kopiergerät benutzt werden soll, läßt sich der Glaskeil in der Regel nicht verwenden. Wieczorek (1972) geht auf das Kopierverfahren sowie die Definition von Schwärzung, Dichte, Transparenz näher ein.

Um auch am Vakuum-Kopiergerät einen Verlaufskeil benutzen zu können, wurde ein kontinuierlicher Keil auf Film hergestellt, der jedoch nicht den gleichen gradlinigen Dichteumfang wie ein Glaskeil haben kann. Der Filmkeil weist jedoch im wichtigsten Dichtebereich zwischen 0,2 und 1,5 einen guten gradlinigen Verlauf auf. Ein Vergleich von Glas- und Filmkeil mit einem registrierenden Fotometer (Methode A 2) zeigt, daß beide Keile in dem betreffenden Dichtebereich äquivalent sind *(Abb. 41)*.

Auch bei Benutzung eines guten Stufenkeils ist die Dichte innerhalb einer Stufe unter Umständen nicht konstant, so daß nach Möglichkeit immer an der gleichen Stelle gemessen werden sollte. Variationen im Keil treten bei einer Farbkodierung des Keils oder Umsetzung in Rasteräquidensiten (Ranz, Schneider, 1972) deutlich hervor.

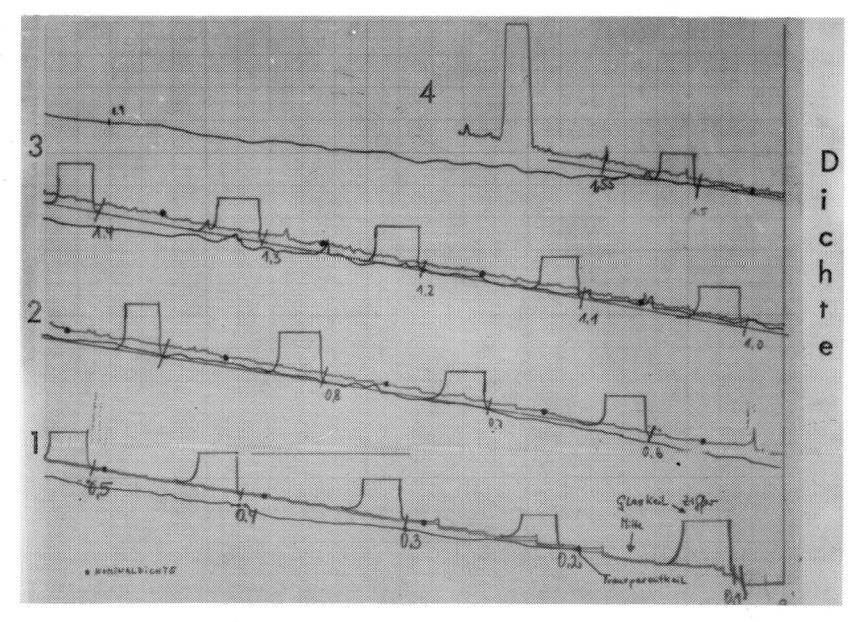

Abb. 41

Vergleich von transparentem Filmkeil und Glaskeil mit Dichteänderung 0,2/cm mittels registrierendem Fotometer (Methode A 2). Vom Glaskeil 2 Profile: einmal in Keilmitte und einmal am Rand mit Markierung (hohe Dichte). Profile 1–4 schließen aneinander an.

Soll ein international vergleichbarer Standard zugrunde gelegt werden, so empfiehlt es sich unter Umständen, den Graukeil des *US. Bureau of Standards* zu verwenden.
(Type V-1-b-Ans PH2-19-1959, 54 Dollar)

Da bei den zum Mond geflogenen Filmen densitometrische Vergleichskeile für Reflexionsmessung und Qualitätskontrolle vor und nach dem Flug aufkopiert wurden, eignen sich diese Filme für eine qualitative Beurteilung des zur Verfügung gestellten Materials. Unter Benutzung des Äquidensitenfilms und unter Umständen einer Farbkodierung kann ein solcher Vergleich auf einfache Weise, schnell und deutlich durchgeführt werden.

Als Beispiel wurde ein Keil des Magazins D von Apollo 8 benutzt.

Densitometrische Untersuchung des vorliegenden Filmmaterials von Apollo 8

Zusammen mit den Aufnahmen 2057–2060 wurde der *preflight* Referenzkeil No. 2 in Äquidensiten umgesetzt (*Abb. 43*).

Bei dem vorliegenden Film handelt es sich um eine Negativ-Kopie 4. Generation des im *World Data Center A* vorliegenden Master Negativ Films 2. Generation. Der vom Originalfilm gewonnene Positivabzug wird mit 1. Generation bezeichnet und wird im *Goddard Space Flight Center* verwahrt. Die davon angefertigten Kopien dienen als Ausgangsmaterial für alle weiteren Bearbeitungen.

Das Original des Filmtyps Kodak 3400 wurde relativ hart mit einem Gamma von 1,7 entwickelt.

Vor und nach dem Flug wurde ein transparenter Stufenkeil mit nominal 0,15 Stufenabstand auf den Film aufkopiert, so daß sich daraus die für den Film charakteristische Hurter-Driffield Kurve (Dichte im Verhältnis zum Log der Intensität) ableiten läßt. Die für das Original und den ersten Abzug gewonnenen Kurven sind in *Abb. 42* dargestellt. Zusätzlich dargestellt ist der gradlinige Verlauf der Kurve für die benutzten Kopien der 4. Generation. Es wird dabei deutlich, daß die Kurve abgeflacht und nach links verschoben ist und in ihrem Dichteumfang, der ursprünglich 2,5 umfaßte, auf 1,0 bis 1,5 eingeschränkt ist. Dadurch wurde ursprünglich auf den Dichtebereich der Stufen 4 bis 13 (Dichte 0,2 bis 2,0 im Filmoriginal) verteilte Bildinformation auf die Stufen 6 bis 11 der Originalkurve komprimiert (Dichte 0,3 bis 1,5).

Auf den einkopierten Graukeilen befindet sich in Stufe 11 ein Dreieck, dessen Spitze im Original in die aufsteigende Richtung zeigt – auf den Negativ Kopien infolgedessen in Richtung auf die Farbkodierung der jeweiligen Dichtebereiche nach der Umsetzung durch Agfacontour Film. Die Farbkodierung des gesamten Keils in Originalgröße (*Abb. 43 a*) läßt deutlich werden, daß innerhalb der einzelnen Stufen Dichtevariationen vorkommen.

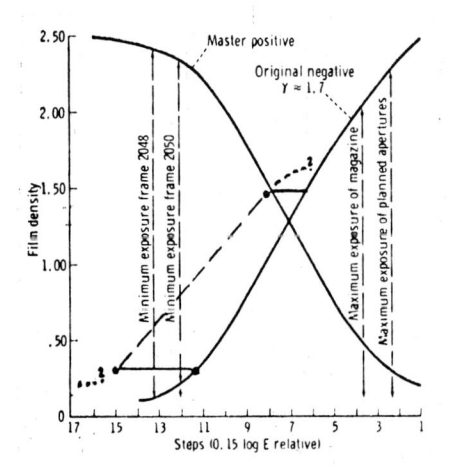

Abb. 42

Charakteristische Kurven für den Film Apollo 8, Magazin D. Kurve für das Original und die 1. Generation (Positiv und Negativ) aus: NASA-SP 201, S. 121; Gestrichelt: Kurve für das Negativ 4. Generation, gradliniger Teil, nach Äquidensitenumsetzung.

Aufgetragen ist die Filmdichte gegen die Stufen 1–17 des Referenzkeils.

Der bei der Äquidensitenumsetzung benutzte, ausgemessene Referenzkeil (Agfa, Nominalabstand der Stufen 0,15) ermöglicht die Bestimmung der relativen Lage der Äquidensite und des jeweiligen absoluten Dichtewertes. Bei einem Stufenabstand von 0,15 oder auch 0,1 kann die Äquidensite jedoch mit ihrer maximalen Einsattelung nicht genau auf die jeweilige Stufe zu liegen kommen, so daß eine exakte Bestimmung schwierig wird; im vorliegenden Beispiel u. a. zwischen 1,39 und 1,53. Ein kontinuierlicher Verlaufskeil ist daher auf jeden Fall vorzuziehen.

Die *Abb.* 43, 44, 45, 46, 47, 48 b, 51, 52 und 53 befinden sich auf dem Faltblatt.

Erhöhung der Detailerkennbarkeit durch Äquidensiten

In Bezug auf die Objektsuche, Objektansprache und Texturdifferenzierung bei der Bildinterpretation sind einige Grundgegebenheiten zu beachten, die sowohl bei der Planung von Äquidensitenumsetzungen als auch von Ortsfrequenzbestimmungen zu beachten sind. Ostheider (1972, S. 34) hat ansatzweise darauf hingewiesen. Die Leistungsfähigkeit des Auges — nicht nur in Bezug auf die relative Grauwertdifferenzierung, sondern auch auf die Erkennbarkeit kleiner Details — kann als Kontrastschwellefunktion in Abhängigkeit von der Ortsfrequenz aufgefaßt werden. Greis (1969) hat diesen Zusammenhang näher untersucht.
„Der Kontrast der Details auf dem Luftbild muß in Abhängigkeit von der Ortsfrequenz einen bestimmten Schwellenwert übersteigen, damit das dazugehörige Detail für das menschliche Auge wahrnehmbar ist" (Greis, 1969, S. 69)

In *Abb. 54* ist dieser Zusammenhang im Diagramm dargestellt.

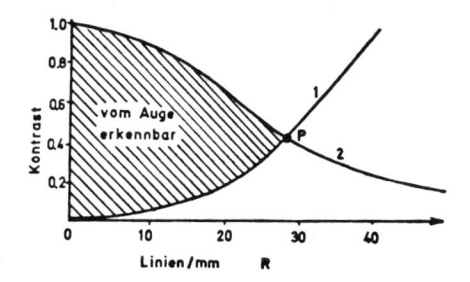

Abb. 54

Kurve 1: Kontrast-Grenzempfindlichkeit des Auges
Kurve 2: Kontrastübertragungskurve des Übertragungssystems (aus Rosenbruch, 1969)

Die Kurven zeigen, daß die Detailerkennbarkeit durch das Auge mit zunehmenden Frequenzen und abnehmendem Kontrast geringer wird. Daher wird bei den verschiedenen Methoden der Bildaufbereitung eine Kontrastverstärkung, die unter Umständen gleichzeitig eine Beseitigung hoher Frequenzen im Bild bewirkt, als subjektive Bildverbesserung empfunden. *Abb. 54* ist gleichzeitig in Zusammenhang mit der allgemeinen Frequenzempfindlichkeit des Auges zu sehen, die bei mittleren Frequenzen ein Maximum erreicht (Schreiber, 1967; Anderson, 1971), *Abb. 55*.
Der beste Empfang liegt demnach bei ca. 28 bis 70 Linien pro Bildbreite, gesehen aus normaler Sichtentfernung, die der vierfachen Bildbreite entspricht.

Die Angabe der Empfindlichkeit in Kreisen pro Grad Sichtfeld (Anderson, 1971) läßt sich in Linien pro cm Bildfläche umrechnen, da bei der o. a. Sichtentfernung 1 Kreis/Grad ca. 14 Linien über die Bildbreite darstellen. Die Angaben von Schreiber (1967) in Linien/mm auf der Retina verdeutlichen den bekannten Effekt, daß die in einem Bild vorhandenen niedrigfrequente Elemente bei einer Verkleinerung des Bildes (oder größeren Entfernung des Auges) deutlicher hervortreten, während für die Erkennung feiner Details eine

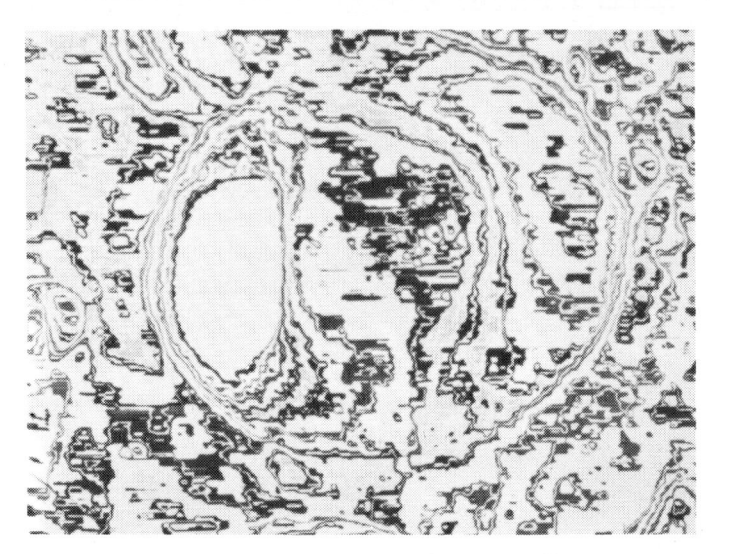

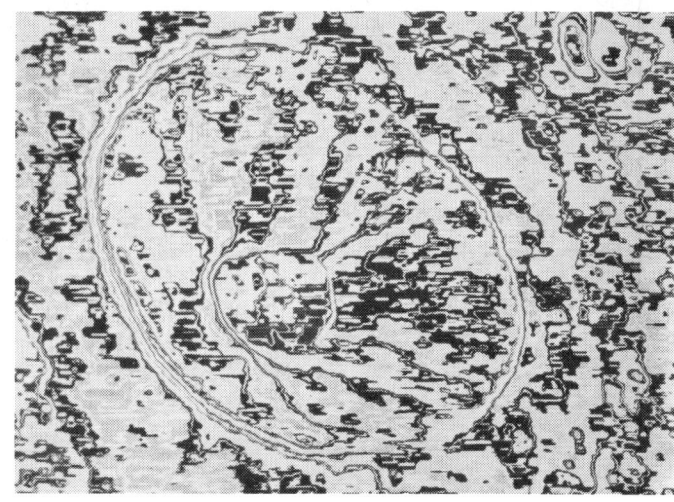

Abb. 48: Vergleich von **Isodensitracer-Äquidensiten** mit **Agfacontour-Äquidensiten**
(Methode A 3 mit C 3-farbkodiert: *vergl. Abb. 48 b)*

Die Isodensitracer-Äquidensiten (Strich -Punkt-Leerstelle- Kodierung) von zwei Kratern aus den Bildern AS-11-38-5584 links, und 11-38-5577 rechts, mit jeweils ca. 5 km ϕ verlaufen einmal stark gewölbt, einmal nahezu geradlinig vom Rand zum Kraterboden. Wenn solche Äquidensiten in größerer Zahl leicht herstellbar werden, wird sich u. U. ein Altersindex daraus entwickeln lassen, da der Verlauf der Äquidensiten dem Profil und der Reflexionscharakteristik des Innenhanges entspricht. Der Krater im rechten Bild ist frischer und entspricht in seiner Form sehr gut dem Idealmodell eines jungen Einschlagkraters als abgestumpfter Kegel. Bilder aus: Wildey, 1971.

Abb. 48 a (Faltblatt):
Ausschnittvergrößerung der Agfacontour Farbkodierung von Bild AS-14-9525 vom North-Ray Krater aus dem Landegebiet von Apollo 16 (Descartes Region – Terra Gebiet mit hellem Mare-Material) *(vergl. auch Abb. 51)*. Der Nordkrater hat im Gegensatz zu dem SW davon gelegenen Kiva Krater, einen geraden Verlauf der Äquidensiten, die ihn damit als jünger ausweisen. Das Auswurfmaterial des Nordkraters überlagert Kiva. Die Auswertung des gesamten Bildes (Abb. 51) zeigt, daß Material des Südkraters bis in dieses Gebiet gelangt ist. Lineamente und kleine Krater, die in Vergrößerungen des Originals (Abb. 49) kaum sichtbar sind, werden betont.

Abb. 49: →
Landegebiet von Apollo 16 mit hellem Mare-Material (links), Cayley Formation, und Terra-Gebiet, Descartes Formation, rechts.
Bild der Panorama Kamera AS-16-Pan-4563, bei 15° Sonnenhöhe. Zur Kamera und Technik vergl.: McCash, 1973.

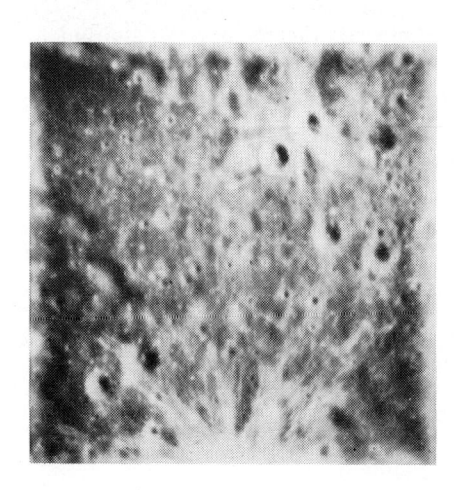

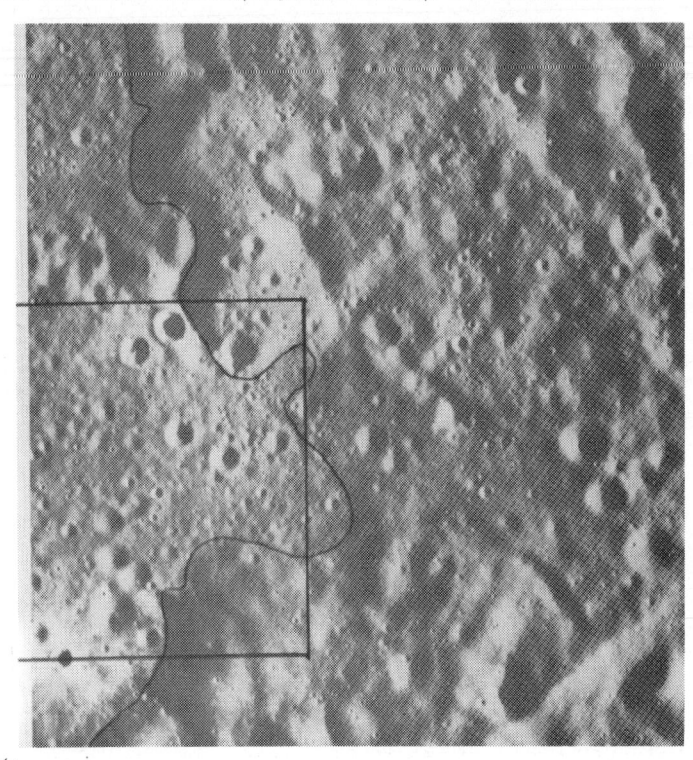

← *Abb. 50*
Bild: AS-14-9525, Maßstab 1:222000, Sonnenhöhe ca 58°. Aufnahme wurde schon im LogEtronic-Dichteausgleichsverfahren zur Reduzierung der Vignettierung aufbereitet; (durch IGN, Paris).
Die in der Farbkodierung dieser Aufnahme (Abb. 52) identifizierten lokalen Lineamente wurden durch die Apollo 16 Aufnahmen bei niedrigem Sonnenstand später bestätigt. Es lassen sich somit kleinmorphologische Strukturen auch in Aufnahmen mit höheren Sonnenständen mit Hilfe von Äquidensiten identifizieren.

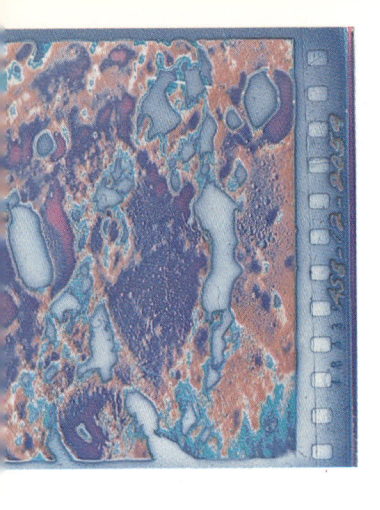

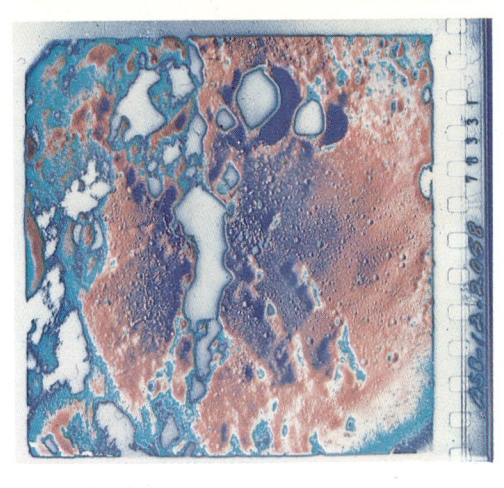

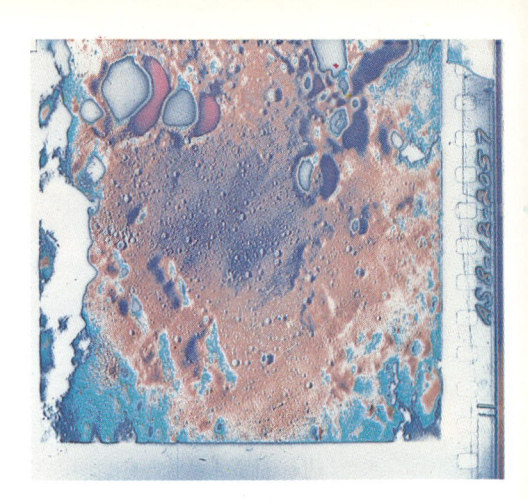

Abb. 46 a/b:

Agfacontour Farbkodierung der Bilder Apollo 8 2057 und 2058.

...en am Westrand von Korolev und

Farbkodierung des
...s für die Umsetzung.

...ichteabstand für die
...r Keile: 0,15.

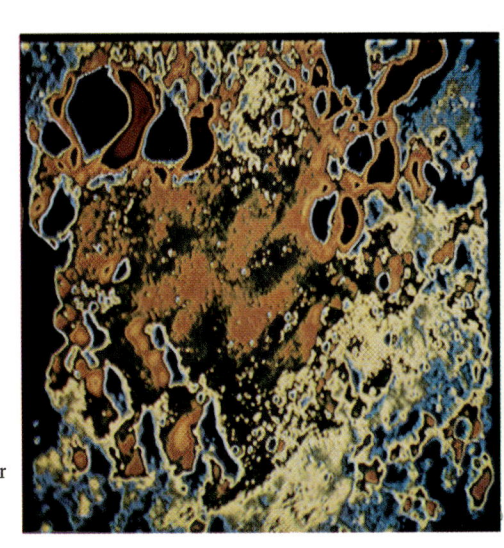

Abb. 46 c:

Elektronisch digitalisierte Farbkodierung von Bild 2057 durch Dr. Ross, Mountain View, Calif.

Westkomplex mit Auswurfmaterial und Sekundärkratern des Kraters Crookes. Steilstufen des Westhanges und Hügel-Reste des Prä-Mare-Materials. Maßstab: 1:1,3 Mill.

Der Vergleich der fotografischen und elektronischen Farbkodierung zeigt, daß die große Flexibilität des elektronischen Verfahrens den Nachteil der geringen Auflösung und Störung durch die Zeilenstruktur aufweist.

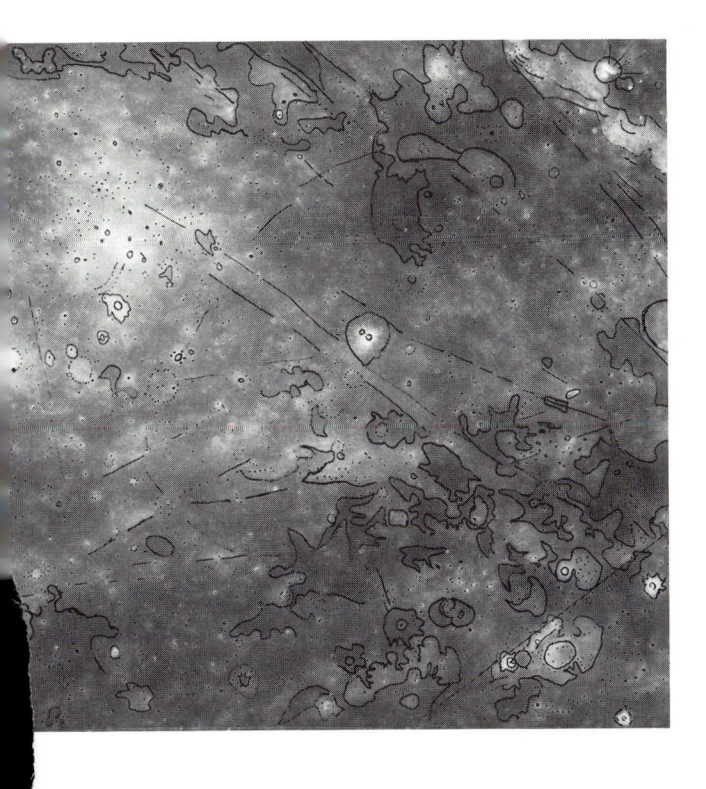

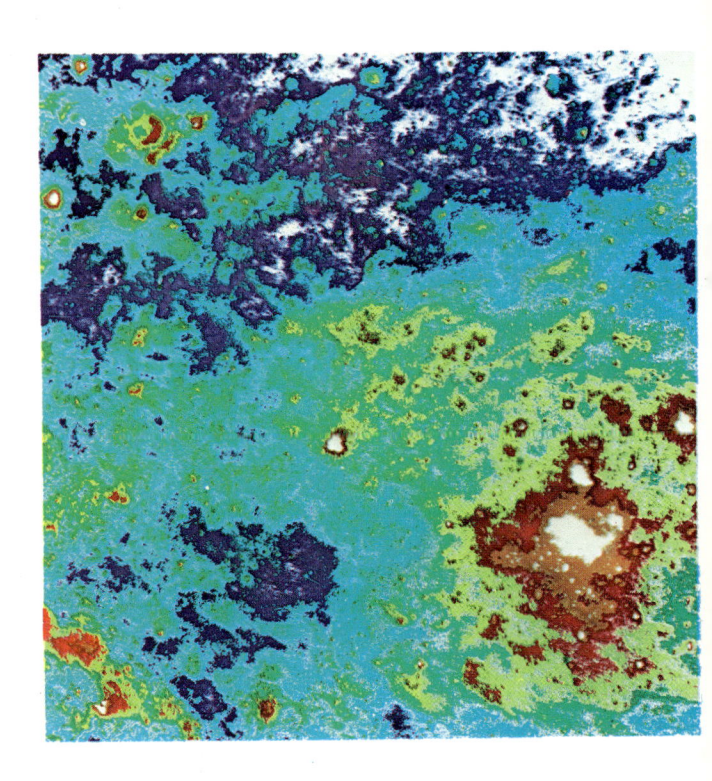

...kennung von Albedodifferenzierungen und linearen Strukturen bei einem Sonnenstand von 88 bis 90 Grad, bei dem die Topogra-
...hie ganz zurücktritt. *Links:* Hervorhebungen im Original, *rechts:* Farbkodierung mit Agfacontour. In der SW Ecke des Bildes inten-
...ve Reflexion am Sonnenfußpunkt entsprechend der fotometrischen Funktion der Mondoberfläche. Aus: Franke, Gumtau,
...972. Bild: AS-8-2135, 12° S, 120° E.

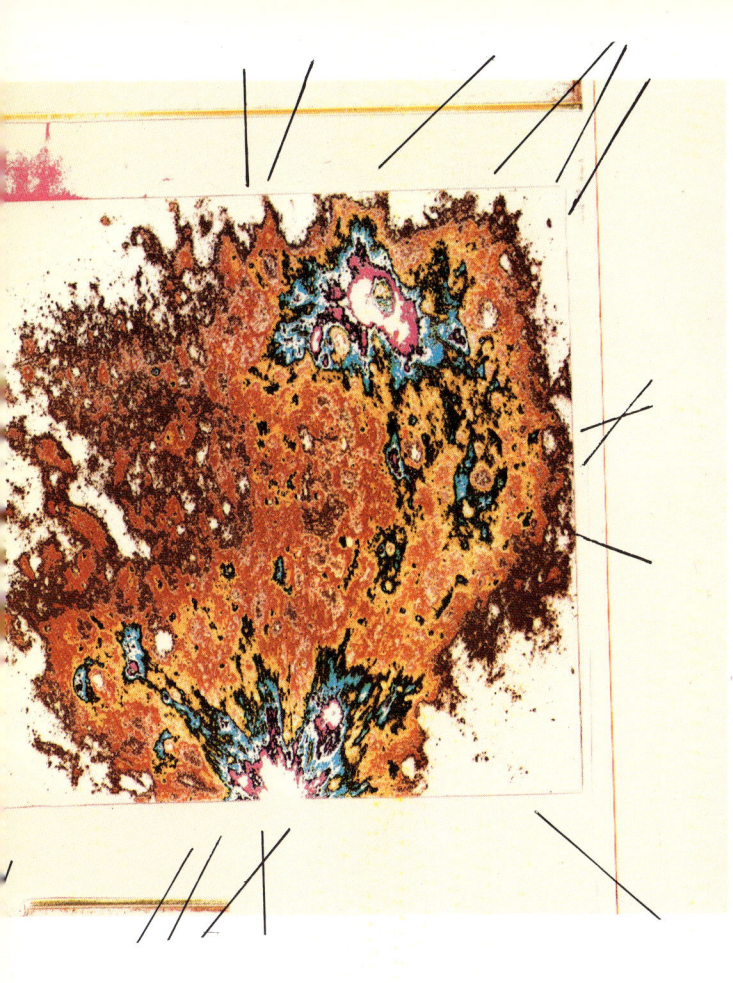

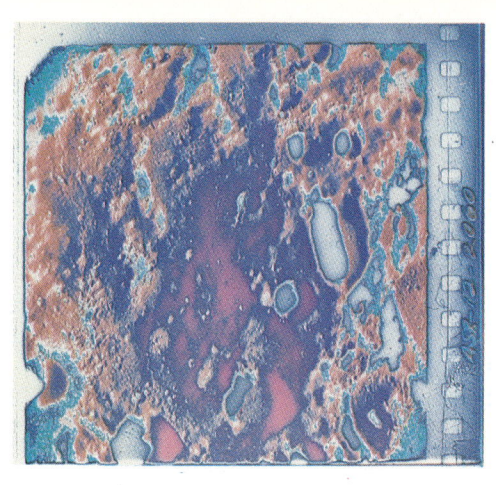

Abb. 44 a/b:

Agfacontour Farbkodierung der Bilder 2059 und 2060 mit Steilstu[fen?] Sekundärkratern des jungen Kraters Crookes.
Vignettierung durch Linseneinflüsse überlagert die Bildstruktur.
Maßstab: 1: 1,3 Mill.

Abb. 43 a:

Agfacontour Farbkodierung des Referenzkeils Apollo 8 Magazin D, No. 2, Preflight.

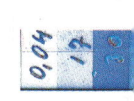

Abb. 43 b:

Agfacontou[r] Referenzkei[l]

Nominaler [...] Stufen beid[e]

d besser als im Original unterscheiden, ebenso wie die Abgrenzungen der hem Sonnenstand wurde bisher noch nicht versucht.

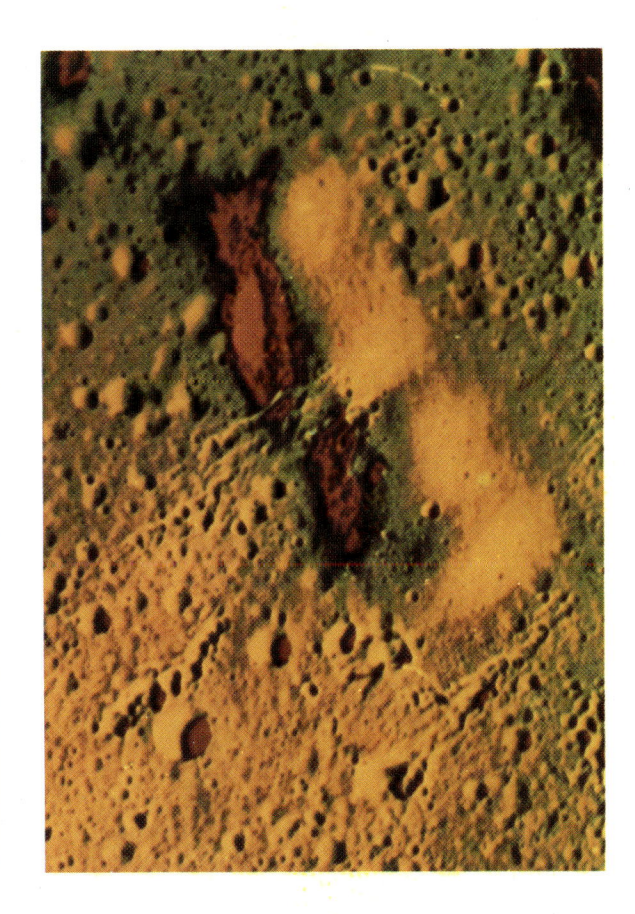

800 m hohen Bergrückens aus der Zeit vor der Auffüllung des Beckens. rad Sonnendifferenz von einem Bild zum nächsten läßt geringe Neigungs-

raterketten werden betont.

Abb. 45:

Detailvergrößerung der Farbkodierung aus Abb. 46 a, b. (vergl. auch Abb. 35) Geringe Reflexionsunterschiede durch schwache Hangneigungsänderungen, lokale Lineamentsysteme und Schlagschattenbegrenzung wird betont. In der unteren Bildhälfte, besonders im linken Bild betont, durchzieht ein stärkeres Lineament unabhängig vom lokalen System den Bildausschnitt. Zahlreiche Kraterketten aus Sekundärkratern sind auf Crookes ausgerichtet.

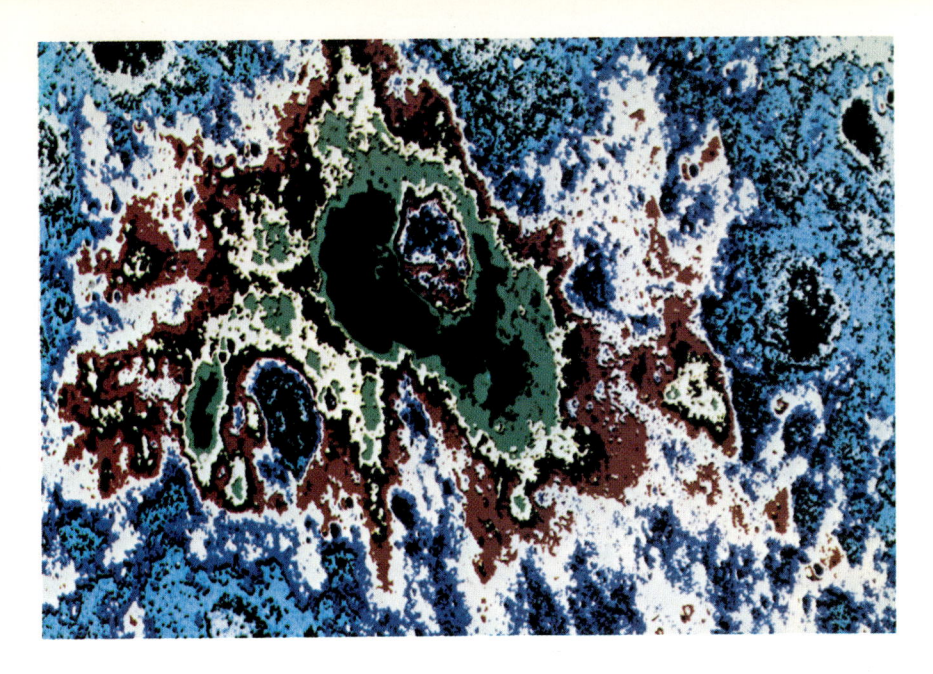

Abb. 48 a: vergl. Text S. 78

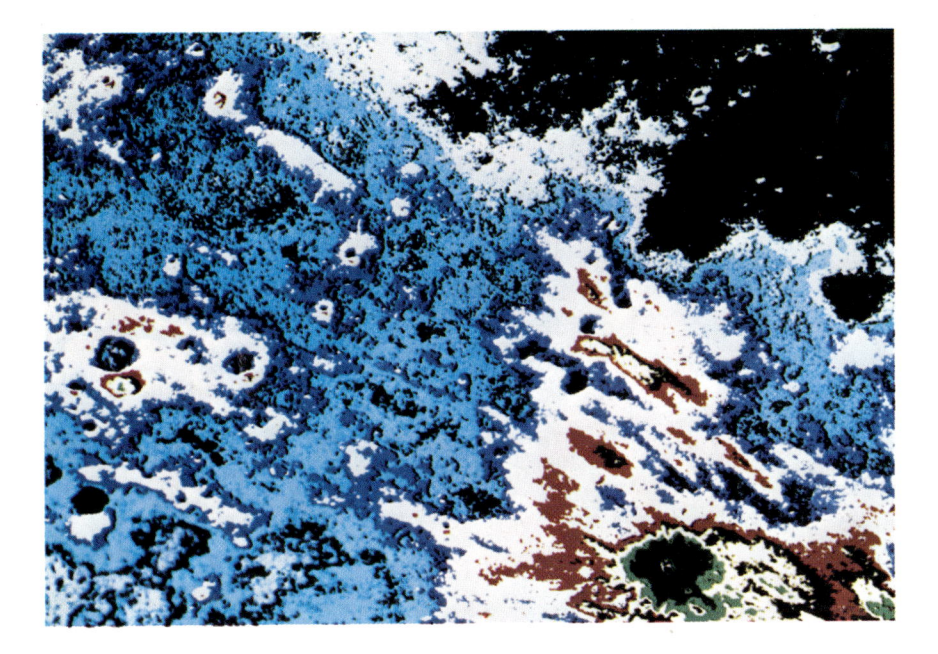

Abb. 51: ← N

Detailvergrößerung aus der farbkodierten Aufnahme von AS-14-9525, Abb. 52.
Der Baby-Ray Krater als jüngster Krater im Gebiet, φ 250 m, nahe dem linken Bildrand, überlagert mit seinem Auswurfmaterial das Material des Südkraters, das bis in Landegebiet und zum Nordkrater reicht. Der zusammenhängende Auswurfhof beträgt hier das Sechsfache des Kraterdurchmessers.

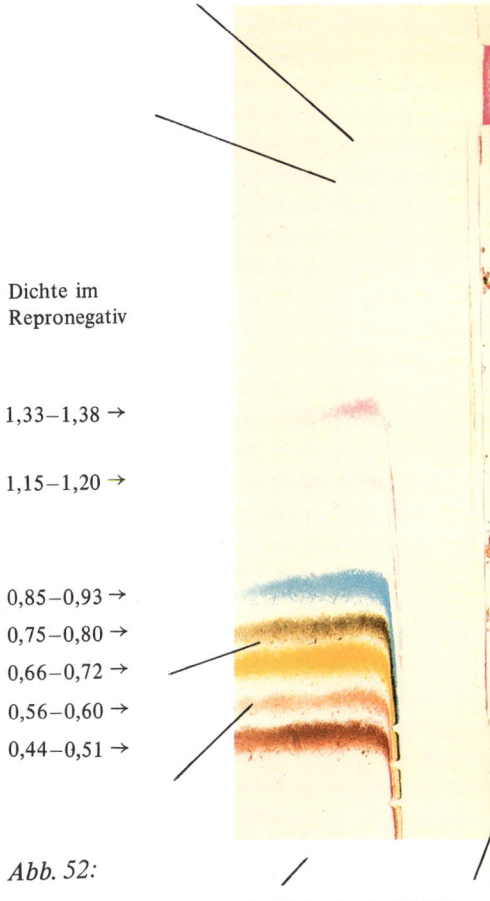

Dichte im Repronegativ

1,33–1,38 →

1,15–1,20 →

0,85–0,93 →
0,75–0,80 →
0,66–0,72 →
0,56–0,60 →
0,44–0,51 →

Abb. 52:
Farbkodierung von Abb. 49, Maßstab: 1:200 000.
Lineare Strukturen lassen sich bei hohem Sonnenstar
Auswurfbereiche. Kartierung von Lineamenten bei ho

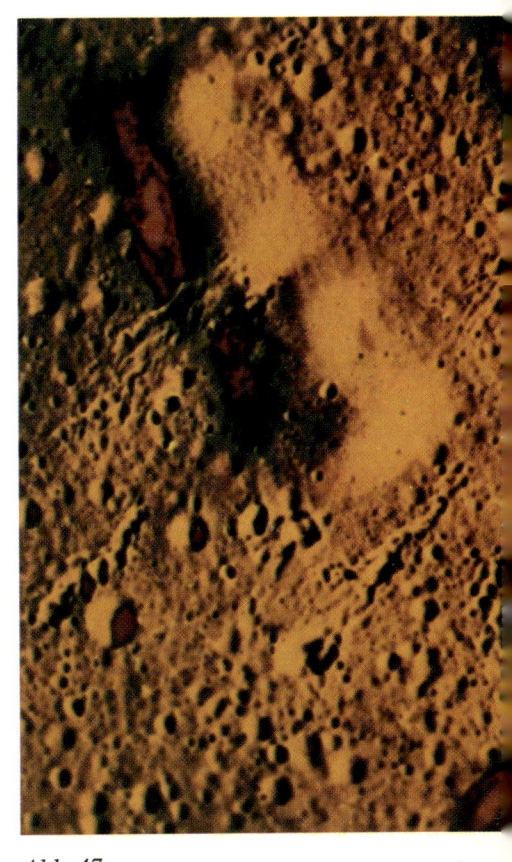

Abb. 47:
Detailvergrößerung eines ca. 12 km langen und 500–
Ausschnitt aus Bild 2057 und 2058 (Stereo). Zwei C
unterschiede im Kuppenbereich deutlich werden.
Lokale Lineamentsysteme, V-Formen und Sekundärl
Maßstab: 1:170 000. Vergl. auch Abb. 56.

Abb. 55

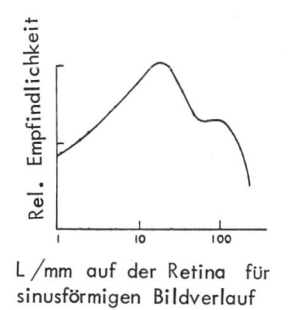

Frequenzempfindlichkeit des Auges aus: S c h r e i b e r, 1967

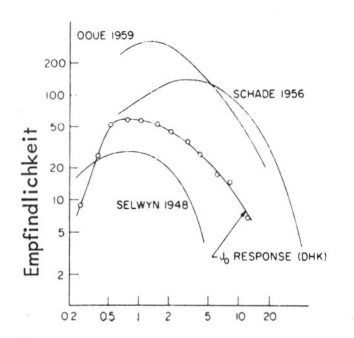

Frequenzempfindlichkeit des Auges aus: A n d e r s o n, e. a., 1971, S. 137.

Vergrößerung notwendig ist. Als Schwierigkeit kommt jedoch noch hinzu, daß bei der Detailsuche in einem größeren Umfeld andere Probleme auftreten: „Beim Absuchen eines Testfeldes nach bestimmten Details, die oberhalb der (Erkennbarkeits)schwelle liegen, spielen nicht nur physikalische, sondern vor allem auch psychologische Parameter eine Rolle. Selbst Objekte mit hohem, weit über der Schwelle liegendem Kontrast, werden leicht übersehen, wenn sie gut in ihrer Umgebung verborgen sind. Wenn aber die Anpassungs- und Suchschwierigkeiten überwunden sind, wird die Erkennbarkeit durch das Verhältnis der spektralen Energiewerte bestimmt." (G r e i s, 1968, S. 81)

Um hier die subjektive Anpassung des Auges zu erleichtern, können Äquidensiten eingesetzt werden, die zum Beispiel als Einzeläquidensite oder Äquidensitenkomposition in ein Original einkopiert werden. Dadurch wird eine Kontrasterhöhung bestimmter Elemente, die den jeweiligen Grauton aufweisen, erreicht. Die Breite der Äquidensite ist dann Indikator für den jeweiligen Gradienten, der dadurch quantifizierbar wird. Die spektrale Verteilung der Bildelemente bleibt ungestört, jedoch werden Bildelemente, die die gleiche Richtung und den gleichen Gradienten aufweisen, besonders betont. Dies läßt sich für die leichtere Bestimmung linearer Elemente, wie in *Abb. 53*, anwenden.

Die so erkannten Elemente lassen sich dann hinsichtlich ihrer Richtungs- und Frequenzverteilung quantifizieren oder auf dem Wege der Herausfilterung störender Bereiche betonen (vergl. hierzu S. 83 ff).

Im Verlauf der hier durchgeführten Untersuchungen an Mondbildern wurden die besten Erfahrungen bei der Anwendung von Äquidensitenumsetzungen zur Detailerkennung mit der Methode des sogenannten „*optischen Einkopierens*" von Äquidensiten in ein Original mit Hilfe eines Stereoskops gemacht. Die *Abb. 56* zeigt die Ausschnittvergrößerung eines Höhenrückens in der Westebene von Korolev aus der Aufnahme AS-8-2057, die auch farbkodiert in *Abb. 47* vorliegt. In diese Aufnahme lassen sich die im rechten Bildteil zusammenkopierten schwarz-weiß Äquidensiten mit einem *Old Delft Scanning Stereoscope III* einblenden. Durch Zukneifen jeweils eines Auges kann dann jeweils ein Bild, ähnlich wie bei einem Blinkkomparator (Universitätssternwarte München), für sich allein betrachtet werden. Bei Benutzung des Zeiss-Jena „Interpretoskop"-Gerätes lassen sich dabei sogar Maßstabsunterschiede der Bilder ausgleichen. Durch die einkopierten Äquidensiten in *Abb. 56* wird die Geländeplastik insbesondere am sonnenbeschienenen Hang deutlicher. Einzelne kleine Stufen, die auf Rutschungen hinweisen, werden deutlich sichtbar und Krater, die im Original nur durch geringe Grautonunterschiede angedeutet sind, werden durch schwarze Punkte markiert, da die entsprechende Dichtestufe als schwarze Äquidensite kopiert ist. Im Bereich des beschatteten Hanges wird deutlich, daß die durchschnittliche Hangneigung von 13—16 Grad nur an einer kleinen Stelle überschritten wird. In diesem Bereich des eigentlichen Kernschattens, der erst durch die Äquidensite (weiß kopiert) erfaßt werden konnte, scheint ein Steilabfall vorzuliegen. Etwas nördlicher des Kernschattens wird durch eine Äquidensite ein Hangknick betont, der dadurch im Original eindeutig identifiziert werden kann. Der Höhenrücken weist in seiner Mitte eine deutliche Einsattelung auf, von der ausgehend sich eine Häufung von Kratern und Lineamenten nach NE erstreckt. Da diese eine V-förmige Struktur aufweisen, die genauso wie ähnliche Elemente in der Umgebung auf den Krater Crookes als Zentrum ausgerichtet sind, werden sie als Sekundärkrater von Crookes interpretiert.

In der Ebene nordöstlich des Höhenrückes (vergl. hierzu Bild und Höhenliniendarstellung in *Abb. 36*) können bis auf die Sekundärkraterketten, Primärkrater von Sekundärkratern nicht unterschieden werden.

Der Hangfuß des Höhenrückens ist relativ scharf ausgeprägt und in allen Einbuchtungen durch das die Ebene bildende Material begrenzt. Nur an wenigen Stellen, zum Beispiel am Südhang, ist durch einen Bergrutsch Hangmaterial weiter in der Ebene transportiert worden. Dies zeigt, daß die Höhenrücken in diesem Bereich des Westkomplexes von Korolev die topographisch höchsten Teile dieses Gebietes vor der Auffüllung des Bekkens mit hellem Mare-Material waren. Sie sind daher älter als die umliegenden Ebenen. Die geringere Kraterdichte auf den Hängen spricht nicht dagegen, da die abtragende Wirkung von Mikrometeoriten auf den Hangflächen viel stärker wirkt.

Die feine Lineamentstruktur, die sowohl die Höhenrücken als auch die Ebene unabhängig von den Stufenbildungen am Beckenrand überlagert, ist später entstanden. Sie wird insbesondere auch in den Farbkodierungen dieses Bildausschnittes (*Abb. 47*) deutlich und ist charakteristisch für die Oberflächen aus hellem Mare-Material. Diese Tatsache war bisher noch nicht bekannt. Im Einzelnen wird darauf weiter unter eingegangen (vergl. S. 135 ff). Die Lineamente stellen eine topographische Feinstruktur dar, die in Bildern mit Sonnenhöhen über $10°$ in der Regel nicht mehr erkannt werden kann. Sie wurden erst mit Hilfe von Äquidensiten eindeutig identifiziert. Es stellte sich jedoch die Frage, ob es sich bei kleinmorphologischen Elementen um strukturgeologisch relevante Phänomene oder unter Umständen um statistisch verteilte, durch die Beleuchtung hervorgerufene Effekte handelt. Zur Beantwortung dieser Frage wurden neben den Äquidensitenumsetzungen ansatzweise die in Kapitel 7 dargestellten Methoden der Untersuchung der Frequenz- und Richtungsverteilung herangezogen. Da diese Methoden in der geographisch-morphologischen Untersuchung bisher praktisch noch nicht angewandt wurden, – zumindest nicht auf optischem Wege für die Bildauswertung –, mußten die Grundlagen aufgearbeitet werden.

Wegen der Zeitbegrenzung und der nur kurzfristigen, gastweisen Benutzung der dazu notwendigen Geräte, insbesondere am *Institut Francais du Petrole* und dem Institut für Nachrichtentechnik, TU München, konnte die Anwendung noch nicht zur Auswertung des gesamten Bildmaterials herangezogen werden, sondern mußte sich auf den methodischen Ansatz mit einigen vorläufigen Ergebnissen konzentrieren.

Abb. 56

Ausschnittvergrößerung aus Bild Apollo 8-2057 und einer Äquidensitenkomposition von diesem Bild in Schwarz-Weiß Darstellung zum optischen Einkopieren mittels Stereoskop. Vergl. auch Farbkodierung dieses Gebietes in *Abb. 46*.
Maßstab: 1 : 170 000

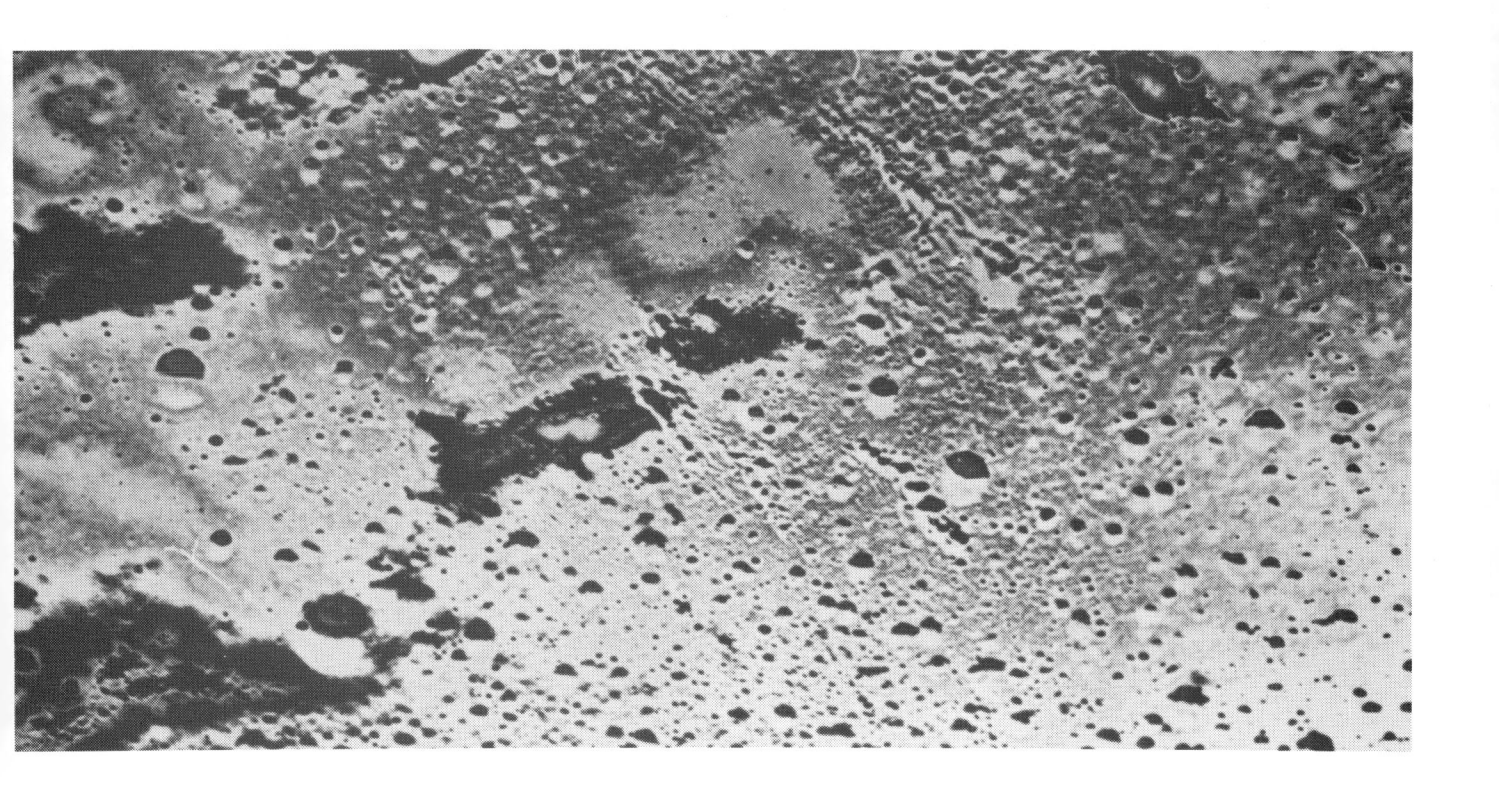

KAPITEL 7

Zusammenfassung

Ortsfrequenzstruktur und kohärent-optische Filterung

Die Grundlagen des Verfahrens und des Versuchsaufbaus werden vorgestellt, wobei die Arbeitsweise an einfachen Mustern wie Linienstruktur erläutert wird. Dabei wird auf die Anwendungsmöglichkeit zur Texturdifferenzierung hingewiesen und auf eine Literaturübersicht zur geowissenschaftlichen Anwendung im Anhang verwiesen. Die Fehlerquellen im kohärent-optischen Verfahren werden untersucht und der beim optischen Einkopieren auftretende Pseudo-Stereoskopische Effekt erklärt. An Hand von Kontrollfilterungen einfacher terrestrischer Bilder mit bekannter Interpretation aus dem Lehrbuch von Schmidt-Thome (1972) wird eine Überprüfung der Auswirkungen von Eingriffen in die Ortsferquenzverteilung vorgenommen. Das natürliche und künstliche Defizit in der Ortsfrequenzverteilung von Mondbildern wird mit dem in terrestrischen Aufnahmen verglichen. Die Untersuchung von hochgezeichneten Lineamenten aus dem Original und Äquidensitenumsetzungen zeigt, daß mit Äquidensiten die großräumigen Lineamente besser erkannt werden können. Die Filterungen von Apollo Aufnahmen aus dem Innern von Korolev zeigen, daß die nur schwach sichtbaren lokalen Lineamente in Übereinstimmung mit den regionalen Lineamenten stehen und auf die Becken und Großkrater der Umgebung ausgerichtet sind. Beispielhaft wird an Bildern des Kraters Aristarchus der Einfluß eines Großkraters auf sein Umland untersucht, wobei durch Bildverbesserung deutlich gemacht werden kann, daß die im Kraterrand angelegte Polygonalität sich in der Struktur der gesamten Umgebung fortsetzt.

Kohärent-optische Bildverarbeitung
Ortsfrequenzstruktur und kohärent-optische Filterung

Durch einen Vortrag von A. Fontanel (*First European Earth and Planetary Physics Colloquium, Reading, 1971*) wurde Verf. mit diesem Bereich der optischen Informations- und Bildverarbeitung bekannt und hatte im April 1972 unter Anleitung von A. Fontanel am *Institut Francais du Petrole* Gelegenheit, die praktische Anwendung auf Bilder der Mondoberfläche zu erproben.

Aufgrund der Literaturstudien über Anwendungsbeispiele im geowissenschaftlichen Bereich (vergl. Exkurs im Anhang) versprach die Methode eine bessere Erfassung der Lineamente auf der Mondoberfläche sowie eine genauere Untersuchung der Form einzelner Krater in Abhängigkeit von diesen Lineamenten und Bruchsystemen.

Da es sich in diesem Bereich der Bildaufbereitung für die Interpretation und Auswertung um eine Methode handelt, die noch nicht allgemein bekannt ist, soll hier kurz zusammenfassend auf einige methodische Grundlagen eingegangen werden. Für die mathematischen Grundlagen dieses Berichtes sei auf die im Literatur Verzeichnis angeführten Standardwerke verwiesen. Greis (1968) stellt sie in seiner Untersuchung zur Detailerkennbarkeit in Bildern kurz zusammenfassend dar. Die Methode basiert prinzipiell auf der Eigenschaft einer konvexen Linse, bei der Durchstrahlung mit ebenen kohärenten Lichtwellen das Ortsfrequenzspektrum eines in den Strahlengang gebrachten Bildes durch eine Fourierzerlegung darzustellen. Dies war grundsätzlich schon seit Ende des letzten Jahrhunderts bekannt, seit Abbe zur Erklärung der Bildentstehung im Mikroskop Manipulationen in der Frequenzebene vornahm.

Bekanntlich ist jede optische Abbildung als Prozeß einer Signalübertragung aufzufassen, wobei das abbildende System als Frequenzfilter wirkt und durch eine Modulationsübertragungsfunktion beschrieben werden kann. Eine einfache Darstellung dazu findet sich bei Röhler (1967). Die Modulationsübertragungsfunktion beschreibt die Veränderung der Objektstruktur auf dem Wege zur Bildstruktur (*vergl. Abb. 19*). Jede weitere Aufbereitung des Bildes im Zuge der Interpretation, wobei zwangsläufig und beabsichtigt Informationsverlust oder Informationsunterdrückung mitwirkt, ließe sich prinzipiell in einer solchen Funktion erfassen.

Erst durch die schnelle Entwicklung der Laser Technik in den letzten Jahren wurde der Bereich der optisch-kohärenten Datenverarbeitung, der ursprünglich ein Spezialgebiet von Elektroingenieuren, Kommunikationswissenschaftlern und Optikern war, so weit erschlossen, daß er inzwischen auch dem anwendungsorientierten Einsatz in den Erdwissenschaften zugänglich ist. Allerdings sind noch keineswegs alle Probleme der Interpretation der Daten sowie der Beseitigung von Fehlern und Störquellen behoben. Die spezielle Forschung in diesem Bereich konzentriert sich auf die automatische Formerkennung, insbesondere auf Ziffern und Buchstaben.

Grundlage und Erklärung einiger Begriffe

Ein fotografisches schwarz-weiß Bild stellt einen *dreidimensionalen Informationsspeicher* dar, der die aufgenommene Energie (I) an den Lagekoordinaten x und y speichert. Die Konzentration der Silberkörner in der jeweiligen Emulsion (Schwärzung) steht über die charakteristische Kurve der Emulsion in Beziehung zur aufgenommenen Energie und bildet das sogenannte → *Schwärzungsgebirge*. Dieses kann, wie oben dargestellt, mit Äquidensiten in seine Intervalle zerlegt werden. Die Aufeinanderfolge und Konzentration der Bildpunkte mit den jeweiligen Gradienten der Zu- und Abnahme der Schwärzung bildet die **Bildstruktur**. Befindet sich ein solches Bild auf einem transparenten Untergrund, so spricht man von der **Dichtevariation** in der Bildstruktur. Wird mit einem registrierenden Fotometer (Methode A 2, S. 70) ein Profil durch dieses Bild gemessen, so wird die Dichtevariation eindimensional als Kurve dargestellt. Ist sie sinusförmig, so wird der Abstand der einzelnen Maxima auf dieser Kurve in Analogie zur Zeitfrequenz-Kurve als **Ortsfrequenz** definiert.

$$f_r = \frac{1}{d}$$

Dies gilt auch zweidimensional in der Fläche für den Abstand bestimmter Objekte, Lineamente, Schwärzungsmaxima und andere, wobei zusätzlich noch eine **Differenzierung** nach der **Größe** und der **Orientierung** dieser Elemente vorgenommen werden kann. Dies ist insbesondere mit der **zweidimensionalen Fourier-Zerlegung** aller in dem Bild enthaltenen Frequenzen möglich. Eine sehr komplexe Funktion kann durch Fourier-Zerlegung eindeutig in die Reihe ihrer sinusförmigen Bestandteile zerlegt werden. Diese gleichförmigen Anteile sind dann leichter zu messen, zu integrieren und zu identifizieren; dies gilt für Zeitfunktionen ebenso wie für Ortsfunktionen.
Die Erfassung der in einem Bild enthaltenen gleichförmig repetitiven Bestandteile oder Bildpunktkonzentrationen in einer ebenfalls zweidimensionalen Darstellung wird als Fourier-Transformation des Bildes oder **Ortsfrequenzspektrum** bezeichnet. Die Erzeugung des Ortsfrequenzspektrums eines Bildes ist auf **digitalem Wege** in einem großen Rechner möglich, aber ebenso auch in dem viel leichter zu handhabenden und schnelleren kohärent-optischen Verfahren. Der Versuchsaufbau dazu wird weiter unten näher beschrieben.
Eine konsequente Weiterentwicklung aus der leichten Erzeugung des Ortsfrequenzspektrums besteht darin, Eingriffe in das Spektrum vorzunehmen, um damit **eine Veränderung der Bildstruktur** zu erreichen. Die einfachste Form dieser Veränderung stellen Eingriffe mittels **Blenden** dar, wodurch bestimmte Bereiche der auf der optischen Bank im Lichtkanal übertragenen Information abgeblockt, das heißt **herausgefiltert** werden können. Da aus dem Spektrum durch die Umkehrung des Prozesses das Bild wieder rekonstruiert werden kann, wird bei der **Rekonstruktion** eines begrenzten oder gefilterten Spektrums ein in seinem Frequenzumfang begrenzten oder in seiner Richtungsstruktur defizitäres Bild erzeugt. Ist durch diese Filterung unwichtige Bildinformation beseitigt, so daß die für den Interpreten wichtige Information hervortritt, beziehungsweise vom Auge leichter erkannt werden kann, so wird von einer **Bildverbesserung** gesprochen; (*vergl. S. 50*). Dies kann noch nicht von allen für diese Untersuchung hergestellten Aufnahmen gesagt werden, da es mit darauf ankam, das dem Verfahren inhärente Potential und seine Grenzen zu erforschen; jedoch zeichnen sich Tendenzen eines weiteren zukunftsträchtigen Einsatzes in den Erdwissenschaften ab.

Erzeugung des Ortsfrequenzspektrums, Analyse und Eingriffe

Ein paralleles kohärentes Lichtbündel, das auf einen Spalt oder ein Gitter fällt, wird gemäß der Gitterkonstanten gebeugt. Ein transparentes Bild kann dabei als sehr komplexes Gitter aufgefaßt werden. Jeder Schwärzungspunkt wirkt dabei als Beugungszentrum und alle zusammen können im Brennpunkt einer Linse abgebil-

Abb. 57

Versuchsaufbau zur Ortsfrequenzanalyse und optischen Filterung am Institut Français du Pétrole, Paris.
Vergl. Text.
aus: Filtre Optique FO 100, IFP, 1966.

det werden. Die Ebene durch diesen Brennpunkt wird **Transformationsebene** oder Frequenzauswahlebene genannt.

In *Abb. 57* ist der Versuchsaufbau am IFP zur Erzeugung des Spektrums dargestellt. Auf der optischen Bank stehen von rechts nach links; 1: der Laser (6328 A), 2: Sammellinse und Lochblende zur Erzeugung einer ebenen Welle für die gleichmäßige Ausleuchtung des Bildes, 3: Filmhalterung im Format 4 cm × 4 cm mit Flüssigkeitstank (Decahydronaphtalin), um einen für die Abbildung ebenen Film zu erzeugen und Beugungen durch Unregelmäßigkeiten der Schichtoberfläche auszuschalten, 4: Sammellinse zur Abbildung des Beugungsbildes, in diesem Fall zwei Linsen zur Verkürzung der Brennweite, 5: Halterung für Blenden zur Filterung im Frequenzbereich; 6: Fernsehkamera mit in den Strahlengang einklappbarem Spiegel zur Beobachtung der Filterungsergebnisse bei Rekonstruktion des Bildes, 7: Kamera zur Aufnahme der Bildrekonstruktion oder des Spektrums.

Für Messungen der Intensitätsverteilung im Spektrum muß statt der Kamera ein Photomultiplier mit angeschlossenem Schreiber benutzt werden. Nyberg (1971) hat darüber unter dem Namen „Wiener Spektrum" Näheres berichtet. Die Aufzeichnung kann als Kurve im rechtwinkligen Koordinatensystem erfolgen oder auch durch Auftragung der gemessenen Werte in Form eines Rosendiagramms.

Die Prinzipskizze zum Strahlengang aus Platzer (1972), *Abb. 58*, zeigt den Versuchsaufbau schematisch und verdeutlicht auch die Stellung der Rücktransformationslinse zur Rekonstruktion des durch Eingriffe in der Frequenzebene gefilterten Bildes. Es muß beachtet werden, daß das Spektrum im Vergleich zum Bild um 90° rotiert abgebildet wird, daß im Bild senkrechte Elemente im Spektrum in Waagerechten auftauchen. In *Abb. 59* ist das Prinzip der Richtungsfilterung verdeutlicht. Das Eingangsmuster (a) besteht zur einfacheren Darstellung aus mehreren, sich überlagernden Geradenscharen. Das Spektrum (b) dieses Bildes zeigt, daß es insgesamt vier Geradenscharen sind, die sich unter bestimmten, jetzt leicht ausmeßbaren Winkeln kreuzen. Um das näher zur Senkrechten liegende Überlagerungsmuster zu beseitigen, müssen in der Frequenzauswahlebene zwei kleine Blenden, oder wie im Beispiel, eine waagrecht liegende 90° Blende, angebracht werden.

Die Rekonstruktion des Bildes zeigt die erhalten gebliebene Richtung 1 und 4 klarer als im Original. Allerdings tritt an den Kreuzungspunkten der Linien in der Rekonstruktion eine Veränderung ein, da durch die die Filterung hier auch Bildinformation beseitigt wurde. Der Abstand der Linien in jede Richtung ist nicht konstant, das heißt in jeder Richtung sind unterschiedliche Frequenzen vertreten. Dies wirkt sich in einer Intensitätsvariation an den entsprechenden Stellen im Spektrum aus. Für hohe Frequenzen, das heißt, bei kleinen Abständen im Bild ist die Beugung stärker, so daß das Beugungsbild vom Zentrum des Spektrums aus gesehen, weiter außen abgebildet wird. Die Entfernung vom Zentrum ist proportional zur Höhe der Frequenz, so daß sich über ein Vergleichsgitter bekannter Frequenz die in einem Bild enthaltenen Frequenzanteile auch quantitativ erfassen lassen. Das relativ einfache Bild der Geradenscharen kann man sich auch dreidimensional als eine komplexe Oberfläche vorstellen, in der sich verschiedene Trends und Einflüsse überlagern, wobei man die Formen dieser Fläche in Höhenschichtlinien oder auch in der Dichtevariation des Schwärzungsgebirges einer fotografischen Schicht darstellen kann. Wie in der Übersicht zu den Dimensionen der Bildanalyse (S. 51) ausgeführt, läßt sich diese komplexe Oberfläche dann genauso in ihre Frequenzanteile unterschiedlicher Richtung aufschlüsseln.

Der zentrale Teil des Spektrums enthält den **Gleichanteil**, beziehungsweise die **Nullfrequenz**, das heißt, die Energie, die an den transparenten Bildstellen ohne Beugung hindurchgeht. Form und Größe des zentralen Bereiches lassen sich so zu Form und Größe der transparenten Bildstellen in Bezug setzen.

Die statistische Verteilung der Beugungsbilder zweiter, dritter und höherer Ordnung im Spektrum werden bei genauer Ausphotometrierung miterfaßt, ihr Intensitätsunterschied im Vergleich zur ersten Ordnung ist jedoch so gering, daß sie bei Aufnahmen des Spektrums auf fotografischem Film bei komplexen Strukturen in der Regel nicht miterfaßt werden können. In der *Abb. 60* sind die höheren Beugungsordnungen durch Punkte zum Teil mit angedeutet. Die Abbildung zeigt schematisiert den Zusammenhang zwischen einfachen Bildmustern (Texturen) und den dazugehörenden Spektren wie sie beim Abfotografieren entstehen.

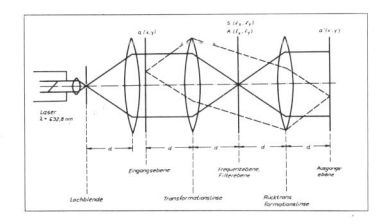

Abb. 58
Schema zur Spektrumserzeugung und Rekonstruktion des in der Eingangsebene befindlichen Bildes.
aus: Platzer, 1972.

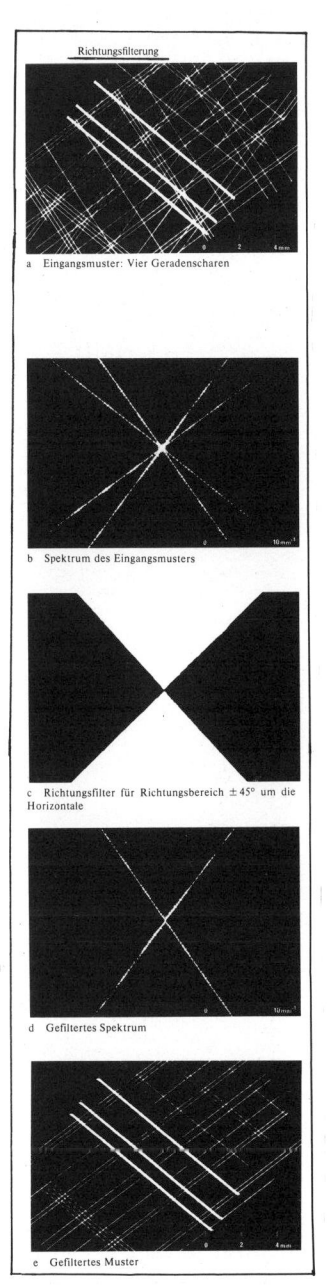

Abb. 59
Beispiel für Richtungsfilterung einfacher Muster mittels Blenden
aus: Platzer, 1972.

In den Reihen 1–3 sind einfache Linienscharen dargestellt, wobei deutlich wird, daß die Richtungsorientierung im Spektrum erhalten bleibt und die Frequenz der Bildelemente $\frac{1}{dx}$ der Frequenz im Spektrum $\frac{1}{du}$ (Abstand Zentrum zur 1. Beugungsordnung) entspricht. Gleiches gilt für die Elemente dy-dv in den Spalten 4–6. In Spalte drei verdeutlicht das Spektrum, was allerdings bei solchem einfachen Muster so zu sehen ist, daß die von links unten nach rechts oben verlaufenden Elemente eine höhere Frequenz, das heißt geringeren Abstand haben als die von rechts unten nach links oben verlaufenden Elementen Bei komplexen Strukturen, wie in Spalte 4 und 5 zum Beispiel, ist das nicht mehr so leicht, so daß das Spektrum eine wesentliche Hilfe und Erleichterung darstellt. Das Spektrum in Spalte 6 zum Beispiel zeigt, daß das vorliegende Muster eine gleichmäßig statistische Verteilung ohne irgendeine Richtungspräferenz aufweist. Wie schon oben kurz ausgeführt (S. 53), läßt sich unter Anwendung dieser Methoden, in Verbindung mit den bisher benutzten, jede Textur genau charakterisieren und quantitativ bestimmen. (Zu Diskriminatoren für die Texturanalyse vergl. S. 53).

Dabei lassen sich mittels Ringblenden die jeweiligen Frequenzanteile, beziehungsweise mit Sektorenblenden die jeweiligen Richtungsanteile bestimmen. *Abb. 62* stellt das schematisch dar.

Detailuntersuchungen dazu gehen über den Rahmen dieser Arbeit hinaus, jedoch scheint hiermit ein wertvolles Gebiet zur besseren Lösung mancher Texturprobleme, insbesondere im Hinblick auf zukünftige automatische Auswertung, erschlossen zu werden.

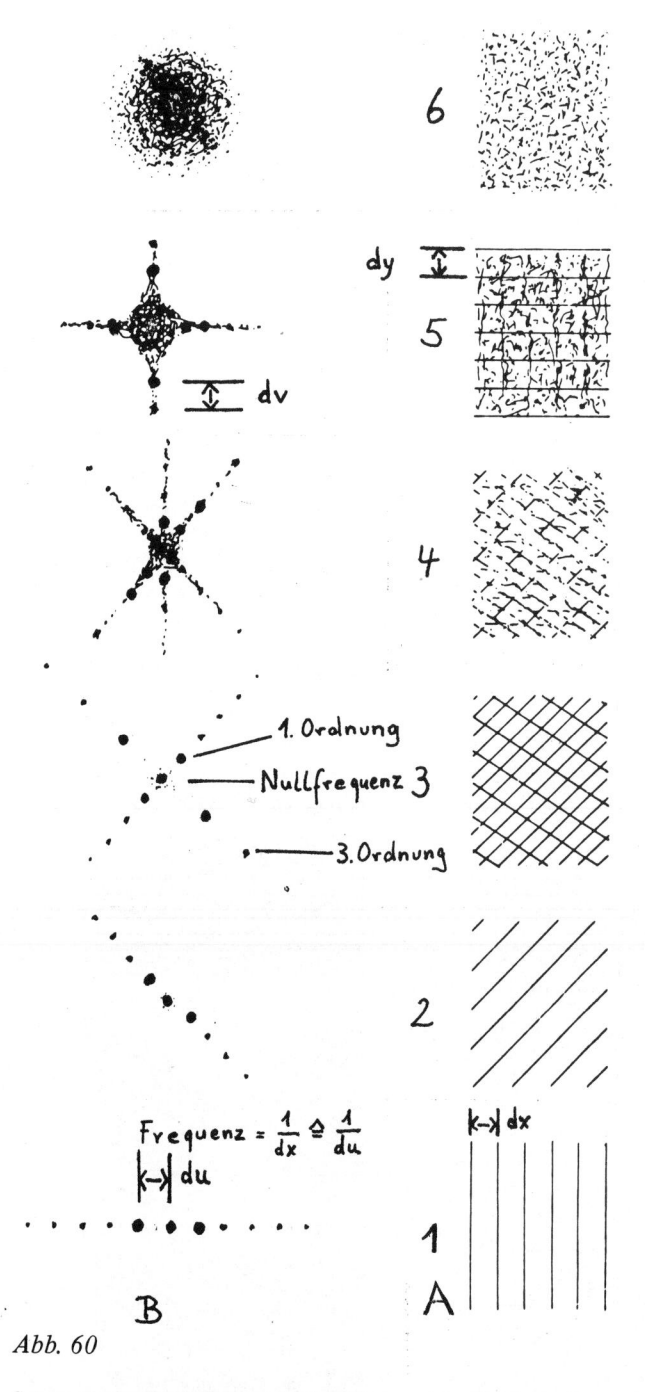

Abb. 60

Schematische Darstellungen der Beziehungen von Textur und Spektrum (A) Textur – als einfaches Linienmuster, (B) Spektrum
1–3 Abstandsidentifizierung einfacher Linienscharen, 4–6 Verdeutlichung subdominant vorhandener Strukturen durch das Spektrum.
Erg. nach McCullagh, 1972.

Colwell (1952, S. 535) hatte bezüglich der Texturklassifikation nach geschrieben:
> „...tone changes per mm within the image might permit mathematical classification of such textures. However such a classification might fail where a strong textural fabric prevailed, for two textures differing primarily because of shape or preferred orientations within the image might well be assigned the same mathematical classification."

Dies Problem wird behoben, wenn die Richtungs- und Orientierungsstruktur durch das Spektrum mit erfaßt wird.

Die Meßmöglichkeiten im Spektrum, durch die die Quantifizierung der Texturen oder auch größerer charakteristischer Bildeinheiten erfaßt wird, ist schematisch in *Abb. 62* dargestellt, wobei die Frequenzwerte durch ringförmige Blendenöffnungen in entsprechender Entfernung von Zentrum, und die Richtungswerte durch Sektoröffnungen erfaßt werden. Hier liegt noch ein zukünftiges Arbeitsgebiet.

Die Arbeit von Akca (1970) zur quantitativen Beschreibung der Textur zeigt, daß die Grundelemente des hier vertretenen methodischen Ansatzes prinzipiell bereits erkannt waren, daß er aber genauso wie Witmer (1967) noch keine zweidimensionale Differenzierung, die über verbale Beschreibungen oder Bildvergleiche hinausging, vornehmen konnte.
Es wird hier versucht, wie oben bei der Behandlung der Äquidensiten und im Folgenden zur Lineamentauswertung dargestellt, zu zeigen, daß inzwischen eindeutige Erfassung sowohl auf der Intensitätsebene (Dichteverteilung, Gradienten etc.) als auch im Frequenzbereich (Häufigkeit, Orientierung) nötig und auch möglich ist. Da, wie Akca (S. 149) betont, die „Mikrodensitometer-Aufzeichnungen photographischer Texturen sehr komplizierte Zusammensetzungen verschiedener Grautonvariationen und deren Frequenzen aufweisen, die sowohl hinsichtlich der Aufzeichnung selbst als auch ihrer rechnerischen Auswertung weitere Überlegungen erfordern", ist eine Weiterentwicklung auf diesem Sektor, durch die Anwendung der neuen Techniken mittels kohärentem Licht, überholt.

Als Anmerkung sei jedoch noch erwähnt, daß nach Shamir und Winzer (1972) auch eine direkte optische Auswertung solcher Fotometerkurven möglich erscheint. Wenn jedoch die Daten schon in zweidimensionaler Form vorliegen, wird es in der Regel nicht nötig sein, solche Kurven extra herzustelne.

Der bisher in den Erdwissenschaften behandelte Anwendungsbereich wird in einem kurzen Exkurs in Form einer Literaturübersicht vorgestellt; (Anhang). Da nach Abschluß der Filterungen und Auswertung der für diese Arbeit im Vordergrund stehenden Mondaufnahmen jedoch Zweifel an der Validität der Interpretation auftauchten, erwies es sich als notwendig, zusätzliche eigene Untersuchungen an Erdbildern vorzunehmen, um so auch einen Vergleich mit bekannteren terrestrischen Strukturen zu bekommen. Im Zusammenhang damit ist es notwendig, auf die Fehlerquellen des Verfahrens etwas näher einzugehen.

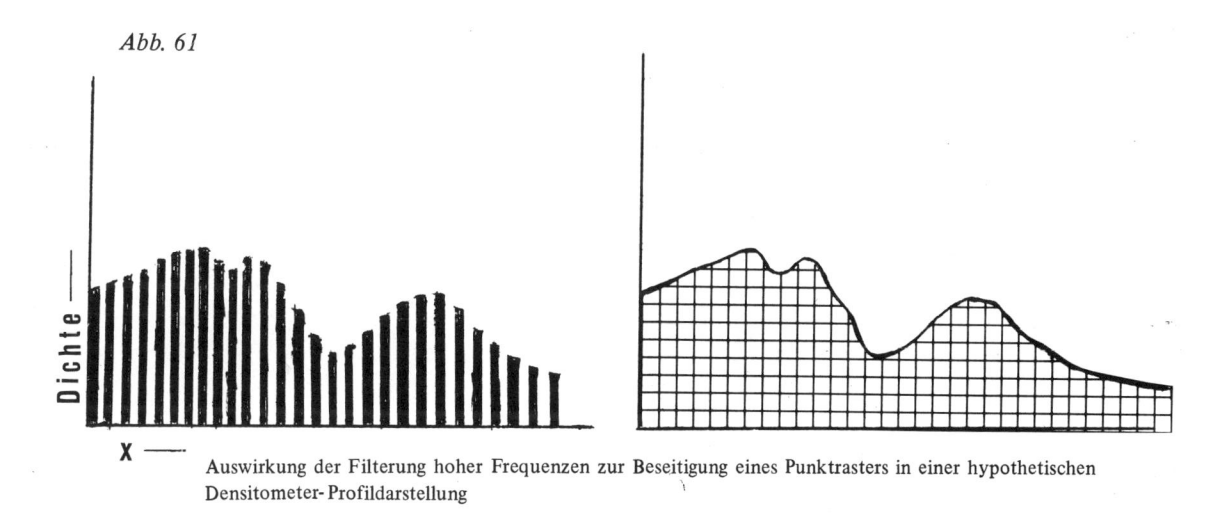

Abb. 61

Auswirkung der Filterung hoher Frequenzen zur Beseitigung eines Punktrasters in einer hypothetischen Densitometer-Profildarstellung

Abb. 62

Meßmöglichkeiten im Spektrum zur Texturdifferenzierung

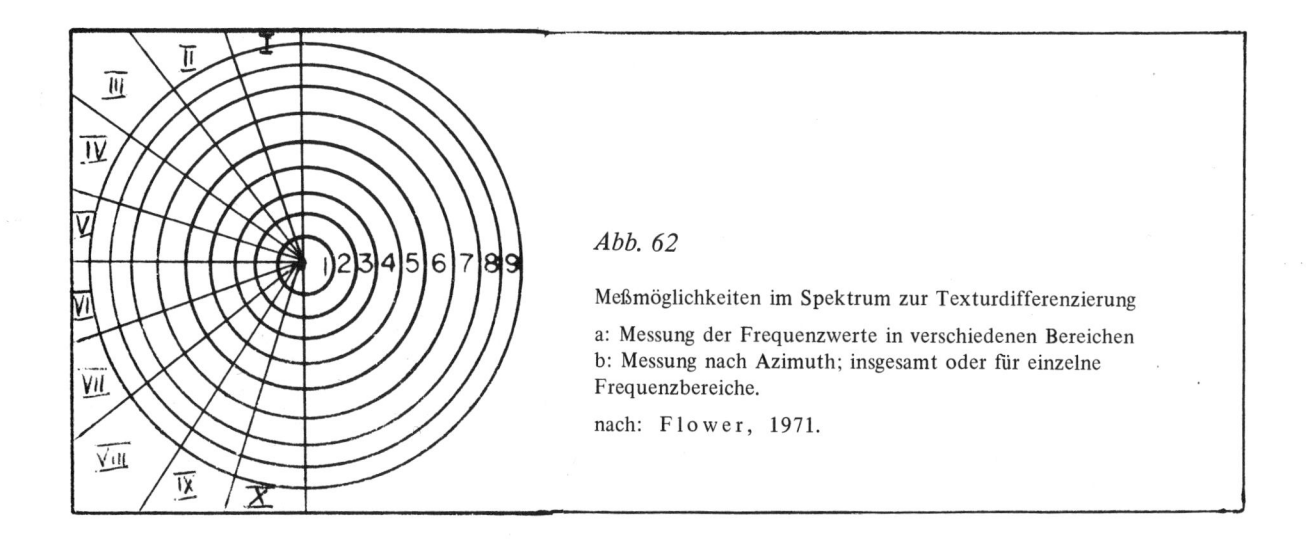

a: Messung der Frequenzwerte in verschiedenen Bereichen
b: Messung nach Azimuth; insgesamt oder für einzelne Frequenzbereiche.

nach: F l o w e r, 1971.

Abb. 63

Unterschiedliche Filter zur Einführung in den Strahlengang:
aus Metall mit scharfen Kanten – oder auf Film mit kontinuierlichem Übergang. A – Hochpassfilter – zur Unterdrückung der niedrigen Frequenzen und Erzeugung von Konturen; B – Tiefpassfilter – zur Beseitigung der hohen Frequenzen um die großräumigen Verhältnisse besser zu erkennen; C – Bandpassfilter, bei dem nur ein bestimmter Frequenzbereich zur Untersuchung erhalten bleibt; D – Richtungsfilter – zur Unterdrückung von allen Frequenzen bestimmter Richtungen.

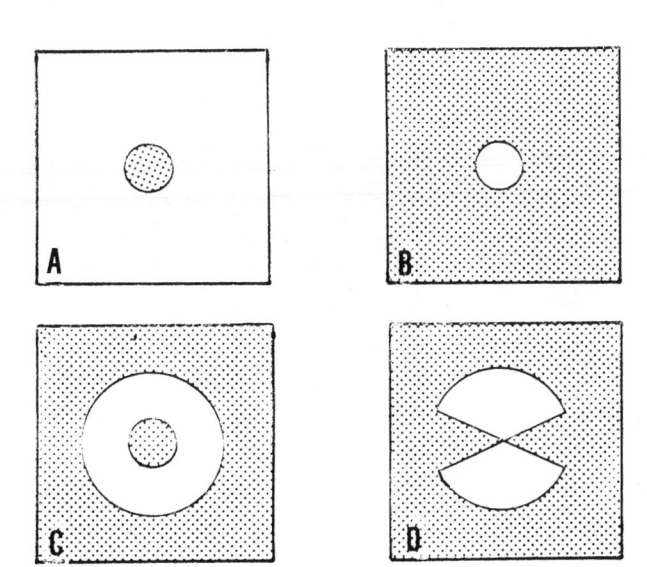

Fehlerquellen im optisch-kohärenten Verfahren

Bei allen Verfahren, die Eingriffe in eine Frequenzstruktur vornehmen, sowohl im Bereich der elektromagnetischen Wellen als auch bei der digital-optischen Bildverarbeitung, treten genauso wie bei optischen Eingriffen, charakteristische Einflüsse auf, die als Störungen bezeichnet werden können. Hierzu gehört insbesondere die Tatsache, daß bei einer scharfen Begrenzung eines Frequenzbandes ein Überschwingeffekt auftreten kann, der auch als → *impulse response* bezeichnet wird. Im optischen Verfahren wirkt er sich durch eine leichte Dichtevariation im Bereich der Filterkanten bei der Rekonstruktion eines gefilterten Bildes aus. Der Grad dieses Überschwingeffektes ist auch abhängig von der Genauigkeit der Zentrierung des Filters, da bei geringer Dejustierung insbesondere niedrige Frequenzen im zentralen Bereich des Spektrums mit durchgelassen werden und dadurch eine Verwaschung der Bildelemente eintritt. Die Überschwinger sind jedoch von geringer Intensität und können beim Umkopieren auf härteres Fotomaterial unterdrückt werden.

Breite eines Framelets:
43 km

Abb. 64

Überschwinger bei der Filterung eines Bildausschnitts aus dem Bereich der Weststufen des Ringbeckens Korolev
(Bild: Orbiter I 38 MR, seitenverkehrt durch Kopierprozesse)
Im Bild erkannte Bruchzonen, die nicht mit den Überschwingern zusammenhängen sind betont.

Statt der für diese Arbeit benutzten Metallfilter (*vergl. Abb. 63*) mit scharfen Kanten empfiehlt es sich, zukünftig Filter mit kontinuierlichem Übergang auf Film zu benutzen. Allerdings können sich dann durch den Film zusätzliche Einflüsse ergeben.

Die besten Ergebnisse lassen sich auf jeden Fall erzielen, wenn statt eines diskreten Filters das Hologramm eines solchen Filters benutzt wird, allerdings wieder erkauft durch zusätzliche Schwierigkeiten bei der genauen Registration. Van der Lugt (1968), u. a., haben diese Methode, die sich auch zur genauen Lokalisation, das heißt Objektfindung im Bild eignet, entwickelt. Dazu wird ein Korrelationssignal bei Übereinstimmung von Filter und Muster erzeugt, (Winzer, 1971). Diese Methoden konnten im Rahmen dieser Arbeit noch nicht erprobt werden.

Weitere Fehlerquellen, speziell des optischen Verfahrens, ergeben sich dadurch, daß das Originalbild auf den Durchmesser des Übertragungs- und Analysekanals, das heißt, bis maximal zum benutzten Linsendurchmesser verkleinert werden muß. Es stehen allerdings aus der Mikrofotografie Filmmaterialien zur Verfügung, die das durch die Wellenlänge des benutzten Laserlichtes begrenzte Auflösungsvermögen noch zu unterschreiten erlauben. Bei den hier durchgeführten Versuchen ließen sich Bilder bis zu maximal 4 cm Durchmesser verwenden. Durch Spiegelungen an den Linsenoberflächen, durch Staub in der Luft, Luftblasen oder Verunreinigungen in der Flüssigkeit bei Benutzung eines *liquid gate*, können zusätzliche Störquellen entstehen. Zur Beseitigung solcher Störungen ist die Entwicklung noch nicht abgeschlossen; so kann man zum Beispiel die Linsen rotieren lassen, u. a. m., (Grebowsky, u. a., 1970).

Der Einfluß der Beseitigung von Bildinformation auf die Dichteverteilung in der erhalten gebliebenen Schwärzungsstruktur läßt sich am Beispiel der Filterung eines Graukeils demonstrieren. Der Keil No. 1 zeigt einen Ausschnitt aus der ungefilterten Rekonstruktion eines versuchshalber gefilterten Bildes (*Abb. 65*). Der nominale Stufenabstand des Originalkeils betrug 0,15. Die mit 1–10 bezeichneten Stufen sind noch mit dem Auge zu differenzieren, wobei allerdings eine Verflachung durch die fotografischen Prozesse eintrat. In Stufe zwei befindet sich ein heller Fleck und weiter oben ein dunkler Fleck mit konzentrischen Ringen. Beide sind Störmuster, wobei der dunkle Fleck eine Verunreinigung in dre Flüssigkeit sein kann, die sich im Laufe der Zeit bewegt hat. In Keil 2 ist dieser Fleck nach rechts unten gewandert. Keil 2 ist die Rekonstruktion des gefilterten Bildes, wobei ein Filter von 10 Grad mit effektiver Filterung zwischen 40 und 50 Grad NE, das heißt, 130–140 Grad im Spektrum, benutzt wurde. An den oberhalb des Keils sichtbaren Bildelementen, insbesondere bei den Stufen 5, 8, 9 läßt sich der Einfluß der Filterung ablesen. Der hohe Gradient in der Objektbegrenzung rechts oberhalb von Feld 5 ist beseitigt und die nach NW orientierten Bildelemente, die erhalten bleiben, treten dem Auge deutlicher sichtbar hervor. Die Filterrichtung läßt sich aber auch an den o. a. Störquellen feststellen, da hier ein schwacher Überschwingeffekt auftritt. Er ist in der Textur der Filmkörnigkeit ganz schwach zu erkennen. In Stufe 10 ist ein fast senkrecht stehendes Störmuster zu erkennen. Die einzelnen Graustufen zeigen bis auf den Übergang von 1 zu 2 keinerlei Veränderung bei dieser Filterrichtung und sind gut zu differenzieren. Der Gradient im Übergang von einer Stufe zur nächsten verläuft hier senkrecht. Wird durch leichte Drehung des Filters um 45 Grad in diese Richtung gefiltert, so wird diese Richtung beseitigt und der Keil erhält einen scheinbar kontinuierlichen Grauverlauf. Insbesondere an Stufe 10 ist zu sehen, daß die äußere Begrenzung diffus geworden ist und das Störmuster in dieser Richtung auch mit unterdrückt wurde. Dieser Effekt des kontinuierlichen Übergangs quer zur Filterrichtung und zum entfernten Gradienten ist bei der Interpretation zu beachten. Für die Interpretation eines gefilterten Bildes wird immer die ungefilterte Rekonstruktion zum Vergleich mit herangezogen. Die identifizierten Strukturen und Elemente müssen dann, wenn das Auge sie einmal erkannt hat, auch im Original auffindbar sein. Dazu läßt sich dann insbesondere die o. a. Methode des optischen Einkopierens verwenden. Dabei tritt ein sog. *„Pseudostereoskopischer Effekt"* ein, auf den unten etwas näher eingegangen werden soll. Im Anschluß folgen Probefilterungen von terrestrischen Aufnahmen aus dem Lehrbuch von Schmidt-Thomé (1972).

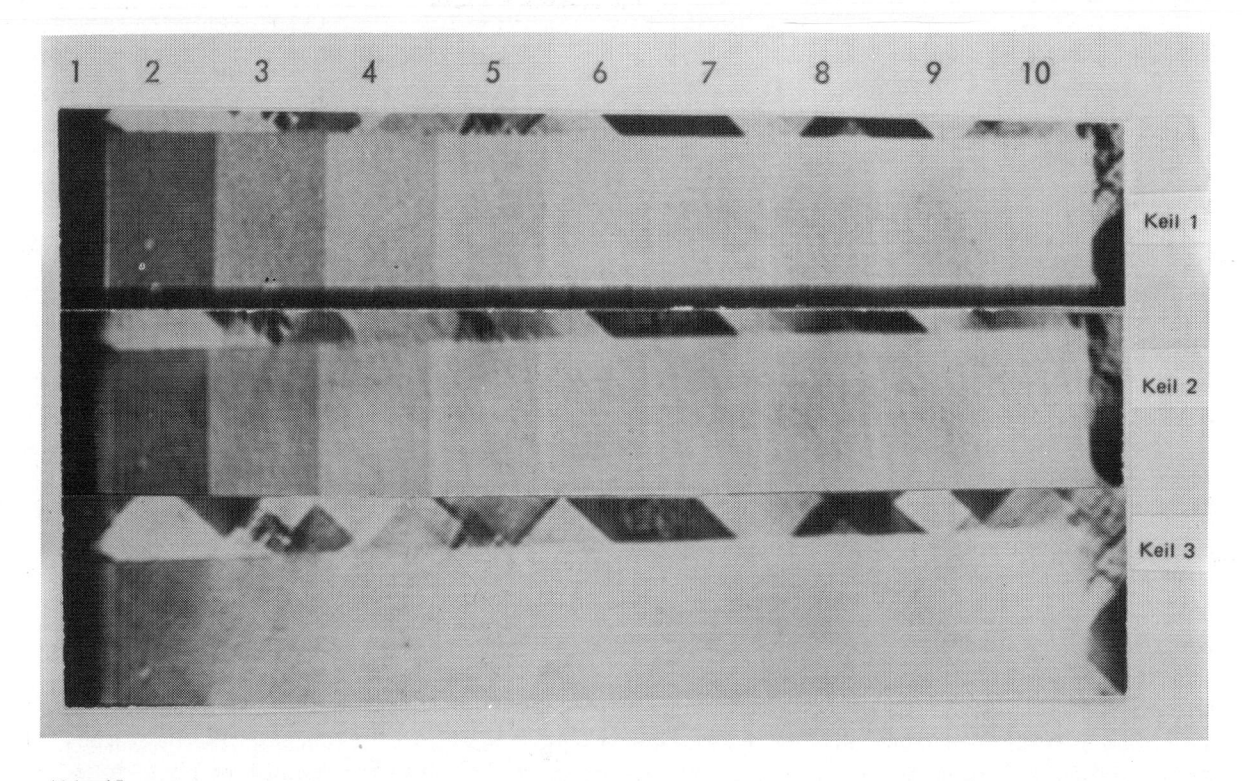

Abb. 65

Auswirkungen kohärent-optischer Richtungsfilterung im Dichtebereich
Keil 1: Rekonstruktion ohne Filterung / Keil 2: Filterung 40–50 Grad im Bild / Keil 3: Filterung jeweils 5 Grad von der Senkrechten zur Beseitigung der Gradienten zwischen den Stufen erzeugt einen kontinuierlichen Grauverlauf. Bildinformation am Keilrand beachten. (Vers. No. 17/3, 22/10, 22/12).

Die in gefilterten Bildern sichtbaren Parallelstrukturen in der Nähe der Filterkanten müssen nicht unbedingt von Überschwingeffekten herrühren, da durch die Beseitigung von Bildelementen ein Defizit eintritt, so daß das Auge beim Wiederbeginn der Bildinformation im vom Filter durchgelassenen Bereich verstärkt anspricht und diese Elemente dadurch besonders betont werden. Fällt diese Richtung mit den im Bild subdominat vorhandenen Richtungen zusammen, was das Ziel der Bildverbesserung ist, so treten diese betont hervor. Jedoch ist jeweils eine Kontrolle durch optisches Einkopieren in das Original, oder ein aufgelegtes Moiree Muster notwendig, (vergl. Cummings, Pohn, 1966; Wildey, 1966).

Auf das bei Aufnahmen natürlicher Oberflächen entstehende sogenannte → „natürliche Defizit", das insbesondere bei Mondaufnahmen auftritt, wird weiter unten eingegangen (S. 95).

Pseudo-Stereoskopischer Effekt

Werden zwei gefilterte Aufnahmen ein und desselben Bildes, oder auch eine gefilterte Aufnahme mit dem Original unter einem Stereoksop betrachtet, so erscheinen sie dem Beobachter in deutlich sichtbarem Relief, jedoch mit unsystematischen Verbiegungen des Raummodells. Der in dem gefilterten Bild eventuell vorhandene *impulse response*, der bei monokularer Betrachtung störend wirken kann, scheint dabei unter oder über dem Raummodell zu liegen, und tritt dadurch nicht mehr so deutlich hervor. Hinzu kommt, daß wie beim optischen Einkopieren von Äquidensiten durch Zukneifen jeweils eines Auges ein Bild für kurze Zeit unterdrückt werden kann, so daß die Differenzen besonders markant heraustreten. Damit kann entschieden werden, ob es sich jeweils um eine singuläre Erscheinung handelt, oder ob die in einem gefilterten Bild hervortretenden Elemente auch im Original wieder erkannt werden können.

Die Erklärung für diesen Effekt liegt darin, daß durch die Unterdrückung von Bildelementen durch die Filterung quer zu den Filterkanten liegende Gradienten abgeflacht werden und dadurch ein Verwaschungseffekt eintritt, den das Auge als Parallaxe interpretiert. Hinzu kommt ferner, daß auch in den erhalten gebliebenen Elemente durch die Herausfilterung eine Änderung in der Dichtestruktur und m. E. auch in den Umrißlinien eintritt. Zur Erklärung können ferner die Untersuchungen von Julez (1969) über das Stereo-Sehvermögen herangezogen werden. Er hat herausgefunden, daß auch in statistisch verteilten Punktmustern Tiefenstrukturen erkannt werden, und daß solche Muster selbst dann räumlich gesehen werden, wenn sie bei monoskopischer Betrachtung anscheinend keine Gemeinsamkeiten mehr haben, da sie in Frequenzumfang und Mikrostruktur so verändert wurden, daß sie nur noch 80 % gemeinsamen Informationsgehalt haben. Weller (1970) weist im Zusammenhang mit der „*Sandwich Methode*", die die Positiv-Negativ Kombinationen eines Bildes benutzt, darauf hin, daß auch dabei ein ähnlicher Effekt auftritt. Diese Methode liefert in erster Annäherung eine richtungsmäßige Betonung steiler Gradienten, ähnlich dem Pictoline-Verfahren, (Gierloff-Emden, Schröder-Lanz, 1970, S. 114). Diese Methoden sind allerdings quantitativ nicht faßbar.

Kontrollfilterungen einfacher terrestrischer Strukturen

Um den Einfluß optischer Filterung auf fotografische Aufnahmen der Mondoberfläche besser zu verstehen, wurden auch Untersuchungen zur Methode an einigen terrestrischen Aufnahmen durchgeführt. Hierzu wurden Reproduktionen von Bildern aus dem Lehrbuch der allgemeinen Geologie Band II, Tektonik (Schmidt-Thome, 1972), sowie ein Luftbild der Firma Zeiss aus West Iran herangezogen. Für die Bearbeitung konnten Geräte am Institut für Nachrichtentechnik der TU München benutzt werden.

Es handelt sich um die Abbildungen 18–54 (S. 61) „Einschariges Kluftsystem in einer flach lagernden Sandstein-Serie", Abbildungen 18–61 (S. 69) „Kluftnetz aus zwei gleichmäßig verteilten, annähernd orthogonalen, gekreuzten Hauptkluftscharen. Im unteren Teil des Luftbildes kommt eine dritte, diagonale Kluftschar hinzu" sowie Ausschnitte aus Bild 61/13F/749 West-Iran im Maßstab 1 : 20 000 (vergl. hierzu Anhang; u. S. 136). Diese Bilder wurden gewählt, da sie mit eindeutiger Interpretation als Lehrbeispiel dienen, ihnen andererseits durch den Druck ein Störmuster in Form des Rasters überlagert ist. Als ein solches Störmuster kann in den Mondbildern auch die Textur der kleinen Krater aufgefaßt werden. Es bestand der Verdacht, daß in der statistischen Verteilung dieser gerade über der Auflösungsgrenze liegenden Bildelemente in den Mondbildern durch den Filterungsprozeß eine Einregelung durch Überschwinger entsteht, so daß dadurch die Interpretation verfälscht und nicht vorhandene Richtungen betont werden. Ein solcher Einfluß kann bei den benutzten Metallfiltern nicht gänzlich ausgeschlossen werden, jedoch wurden nach den Erfahrungen mit den Kontrollfilterungen für eine Interpretation nur solche Bilder herangezogen, in denen der Überschwingeffekt minimal ist beziehungsweise mit den im Original gefundenen Richtungen übereinstimmt. Im Zweifelsfall soll dann jedoch nur die Richtung in gefilterten Bildern herangezogen werden, die in einem Winkel von mehr als 10 Grad über die Filterkanten hinaus von der Filterachse abweicht. Das Problem der Interpretation von Überschwingern ist noch nicht endgültig geklärt und sollte durch Versuche an Filtern mit weichen Kanten weiter studiert werden.

Die im Folgenden gezeigten Aufnahmen erläutern einige der Interpretationsprobleme, die durch die Filterung ja nicht behoben, sondern nur im Bestreben der Erleichterung verschoben werden können, zeigen andererseits aber auch den großen Wert der Untersuchung von Spektren dieser Bilder.

Das Spektrum des einscharigen Kluftsystems, *Abb. 66*, zeigt, daß tatsächlich ein System dominat ist, daß es jedoch eine große Streubreite aufweist. Als Neigung gegenüber der Bildhorizontalen werden Winkel zwischen 20 und 30 Grad gemessen, die die Streichrichtung angeben. Das Spektrum zeigt dann aber, daß im untersuchten Bildausschnitt die Dominanz näher an 30 Grad liegt. Im Foto lassen sich diese Winkel allerdings nicht so genau bestimmen wie durch direkte Ausmessung im Strahlengang. Zusätzlich zur dominanten Richtung zeigt das Spektrum jedoch, daß noch zwei schwache subdominante Richtungen vorhanden sind, die sich unter einem Winkel von 85 Grad schneiden. Diese sind als Strukturmerkmal im Bild nicht zu erkennen, lassen sich aber im gefilterten Bild erkennen, wenn auch noch nicht in bester Klarheit, da dafür ein breiterer Filter hätte gewählt werden müssen. Nach dieser Identifizierung lassen die Lineamentsysteme sich auch im Original finden, da das Auge jetzt weit voneinander entfernte kleine Bildelemente verbinden kann und in etwa weiß, wo es suchen soll (vergl. hierzu auch Zitat von G r e i s auf S. 79). Die nahezu senkrecht zur Kluftrichtung stehenden Elemente stehen im Zusammenhang mit der Abflußrichtung des mäandrierenden Hauptflusses. Die in der Orientierung der Mäander sichtbaren Strukturmerkmale lassen sich wiederum mit der anderen subdominanten Richtung in Beziehung setzen.

Das hochfrequente Druckraster andererseits, taucht in Relation zu den Bildfrequenzen weit entfernt vom Zentrum im Spektrum auf (Pfeil im Spektrum; durch den gewählten Ausschnitt ist nur einer der 4 Intensitätszentren sichtbar). Das Spektrum zeigt, daß es sich um ein 90 Grad Raster handelt, das geneigt ist. Durch Herausfilterung dieser Zentren läßt sich das Druckraster konstruktiv wie in *Abb. 61* schematisch dargestellt. In den vergrößerten Rekonstruktionen dieser Aufnahme ist das Druckraster schwach, jedoch eindeutig ohne Störung, erhalten geblieben. Das Spektrum des zweischarigen Kluftsystems zeigt deutlich die im Lehrbuch erwähnte dritte, subdominante Richtung, *Abb. 67*. Wird in dem Bild des zweischarigen Kluftsystems in die eine Richtung des Druckrasters gefiltert, so bleibt eindeutig die orthogonal dazu stehende Richtung betont erhalten, und es ist keinesfalls so, daß durch die Filterung die Rasterpunkte entlang der Filterkantenrichtung durch Überschwinger verbunden würden. Die Bilder sind im Anhang zusammengestellt.

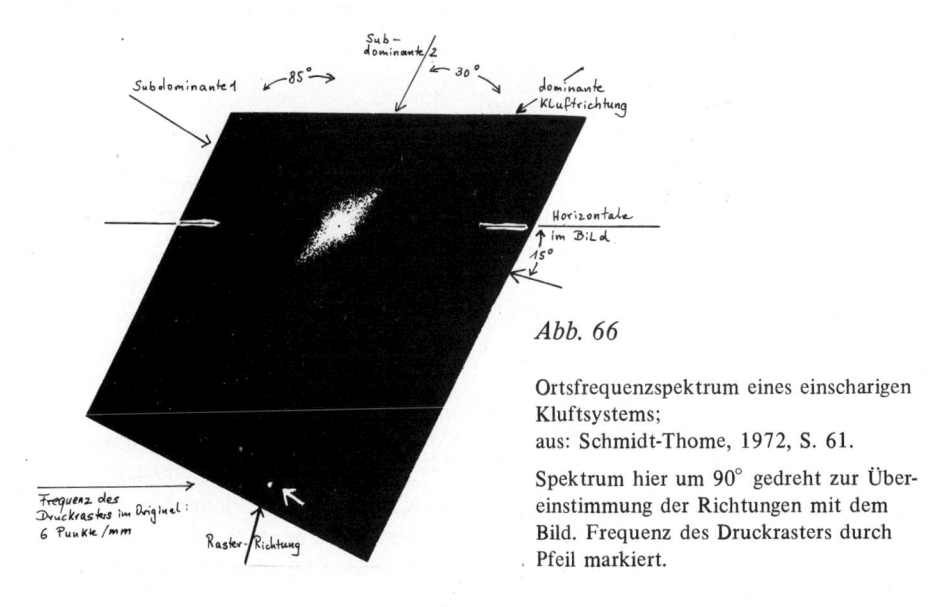

Abb. 66

Ortsfrequenzspektrum eines einscharigen Kluftsystems;
aus: Schmidt-Thome, 1972, S. 61.

Spektrum hier um 90° gedreht zur Übereinstimmung der Richtungen mit dem Bild. Frequenz des Druckrasters durch Pfeil markiert.

Abb. 67

Ortsfrequenzspektrum eines zweischarigen Kluftsystems;
aus: Schmidt-Thome, 1972, S. 69.
Eine dritte, hochfrequente Richtung wird im Spektrum sichtbar.
Frequenz des Druckrasters links und rechts außen. Frequenzen zwischen Raster und Bild ungeklärte Störeffekte.

Ergebnis aus der Untersuchung von Mondbildern

Der Anwendungsbereich kohärent-optischer Bildverarbeitung, der oben an einigen Beispielen methodisch erläutert wurde, lag bei den Mondbildern im Bereich der Bildverbesserung zur Erkennung von Lineamentsystemen.

In den Arbeiten von Strom (1964) und Fielder (1965) wurden die bisher umfangreichsten Lineamentuntersuchungen durchgeführt, die zur Entwicklung der Konzeption des sogenannten → *lunar grid*, eines globalen tektonischen Netzes, führte. Dieses Netz, dessen Hauptachsen in NW und NE Richtung verlaufen, wird interpretiert als globale Scherklüftung durch Druckeinflüsse bei der langsamen Entfernung des Mondes aus einer erdnäheren Umlaufbahn im Laufe der Geschichte. Die hier durchgeführten Untersuchungen sollten einen Beitrag zur Klärung der Frage bringen, inwieweit das nach den Vermutungen auf der Rückseite in gleichem Maß vorhandene Netz tatsächlich in Erscheinung tritt.

Als vorläufiges Ergebnis ist dabei festzuhalten, daß zahlreiche Ringbecken der Mondrückseite starke Abweichungen von der Kreisform aufweisen, und zwar derart, daß die tangentialen Elemente sich an das übergeordnete globale Netz anzulehnen scheinen. Insbesondere auch bei den kleineren Kratern im Bereich von 5 bis 30 km ⌀ scheint hier ein Einfluß vorzuliegen, der sich dann besonders auswirkt, wenn zusätzlich ein Einfluß von benachbarten Ringbecken zu vermuten ist. Dies zeigte sich bei der Untersuchung großmaßstäbiger (1 : 300 000) Aufnahmen aus der Region Korolev, wie weiter unten ausgeführt werden soll. Aufgrund der hier dargestellten Ergebnisse werden die auf den Mondbildern auszumachenden dominanten Fotolineationen als Auswirkungen „exogener Bruchtektonik" verstanden. Da für den Mond keine epirogenetischen und orogenetischen Vorgänge nachgewiesen sind und es zur Zeit auch nicht möglich erscheint, solche zu postulieren, bezieht sich der Ausdruck exogene Bruchtektonik auf die durch Meteoriteneinschläge hervorgerufenen Veränderungen der Lagerungsverhältnisse. Als Veränderungen wirken sich dabei besonders Kluft- und Bruchstufenbildung aus. Nicht vergessen sei Bülows Warnung, daß noch nicht mit großer Sicherheit aus dem bisher beobachteten Formenschatz auf die Genese dieser linearen Elemente geschlossen werden kann. „Noch fehlt eine klare Systematik der linearen Elemente. Umsomehr kommt es auf genaue Beobachtung und Beschreibung an" (Bülow, 1969, S. 109). Dies schließt aber auch die verschiedenen Arten der lunaren Rillen mit ein. Diese spielen jedoch sowohl im Terra-Material als auch im hellen Mare-Material keine Rolle und sind bisher nur in der Form gefunden worden, daß sie als Reihen von Sekundärkratern interpretiert werden können. Oberbeck (mündliche Mitteilung, 1972) hat eine systematische Untersuchung aller Rillen angefangen und Baldwin (1972) und McGill (1972) haben Grabenbrüche in Rillenform näher untersucht.

Es muß jedoch auch angeführt werden, daß häufig versucht wurde, endogene Kräfte in Form von Konvektionszellen für die Erklärung des globalen tektonischen Netzes heranzuziehen (Runcorn, 1969).

Lineationen in der Region Korolev

Das Spektrum der Orbiter I 38 MR Aufnahme der Region Korolev zeigt eine statistisch relativ gleichförmige Verteilung aller Bildelemente, mit leichter Streckung in NS Richtung. Auffällig ist jedoch ein sehr starkes Defizit in Ost-West Richtung, das als sogenanntes natürliches Defizit, welches als durch die Beleuchtungsverhältnisse hervorgerufen, interpretiert wird.

Das dominante Kreuz in der Mitte des Spektrums muß vernachlässigt werden, da es von der Objektbegrenzung durch eine quadratische Blende herrührt.

Das natürliche Defizit bildet im vorliegenden Fall einen Winkel von 45 bis 50 Grad. Dieser Winkel kann an Aufnahmen niedrigeren Sonnenstands noch größer werden, wie an Terminatoraufnahmen von Apollo 15 beobachtet wurde, (AS-15-1849, Mapping Camera; visuelle Beobachtung). Daß es sich tatsächlich um ein durch die Beleuchtungsverhältnisse hervorgerufenes Defizit handelt ist zwar plausibel, wurde aber auch dadurch bestätigt,

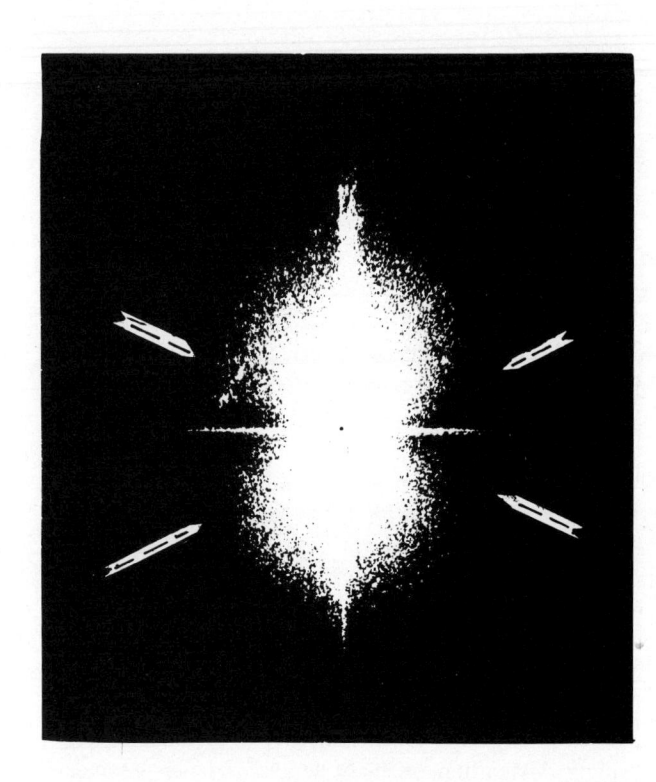

Abb. 68

Ortsfrequenzspektrum der Region Korolev nach Orbiter I 38 MR.

Spektrum um 90° in NS Richtung gedreht.
Das dominante Kreuz resultiert aus einer quadratischen Feldbegrenzung und muß vernachlässigt werden.

Das sogenannte natürliche Richtungsdefizit in E-W Richtung (zwischen den Markierungen) entsteht aufgrund der Beleuchtungsverhältnisse und des Schlagschattenwurfs.

daß sich die gleichen Verhältnisse in terrestrischen Aufnahmen niedrigen Sonnenstandes zeigen. Extreme Verhältnisse, die sich mit Einschränkungen auf die natürlichen Gegebenheiten übertragen lassen, treten zum Beispiel in Radar-Karten der Erdoberfläche auf, in denen aufgrund ihrer Entstehungscharakteristik, ähnlich wie auf dem Mond, ganz scharfer Schlagschattenwurf herrscht. Spektren dieser Aufnahmen, die sehr gut zur topografischen Charakterisierung des Geländes herangezogen werden können, zeigen eine so scharfe Begrenzung wie in einem bereits gefilterten Bild. In *Abb. 70* ist ein Ausschnitt aus der fotografischen Radarkarte von Venezuela 1 : 250 000 (No. NA-20-1, 1971) wiedergegeben. Die dominanten Strukturlinien sind am Rand hervorgehoben. Die Aufnahme soll nur zeigen, daß auch auf der Erdoberfläche, wenn auch durch andere Ursachen, jedoch im Prinzip ähnlich wie auf dem Mond, Oberflächen vorkommen, in denen sich Systeme vieler paralleler Strukturen überlagern. Bei der Herausfilterung einiger Systeme kann dann im verbleibenden Teil eine solche Dominanz paralleler Elemente zurückbleiben, daß sie dem in Filterungen ungeübten Beobachter unnatürlich erscheint. Weitere Untersuchungen mehr systematischer Art in diesem Bereich, wie zum Beispiel, zur Bestimmung des Sonnenazimuths, zur Winkeländerung des defizitären Bereichs u. a. bieten sich an.

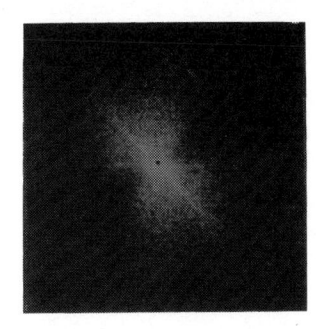

Abb. 69

Natürliches Defizit der Richtungen in einem Spektrum eines terrestrischen Luftbildes mit stark paralleler Orientierung der Streichrichtung von Schichtkämmen.
Bild: Zeiss West Iran No. 61/13F/749. Sonnenazimuth läßt sich als Winkelhalbierende des Defizits bestimmen.

Die Fotolineationen im Bereich der Region Korolev lassen sich nach praktischen Gesichtspunkten in überregionale, regionale und lokale einteilen. Lokal sollen dabei die Elemente heißen, die in Bildmaßstäben ab ca. 1 : 300 000 aufgelöst werden. Die lokalen Lineationen sind auf das Beckeninnere sowie die Beckenumgebung beschränkt und die überregionalen Elemente stehen in Beziehung zum globalen tektonischen Netz, das auch die Form einzelner Ringbecken mitbestimmt.

In der Region Korolev lassen sich die überregionalen und regionalen Lineamente in den Orbiter MR Bildern gut bestimmen. Zwar zeigt das Spektrum eines solchen Orbiter Bildes, MR 38, das die Situation gemittelt über einer Fläche von ca. 200 000 km² darstellt, daß abgesehen vom o. a. natürlichen Defizit keine eindeutig favorisierten Richtungen vorkommen, jedoch erkennt das Auge, das gleich eine Auswahl vornimmt, sehr schnell einzelne Richtungen, die die Struktur des Beckens mitbestimmen. Diese Richtungen wurden hochgezeichnet und im Spektrum in ihrer Orientierungsverteilung charakterisiert (*Abb. 72*). Ein Hilfsmittel stellen dabei Äquidensitenauszüge dar, die es erlauben, gleichmäßig ausgerichtete Gradienten in verschiedenen Dichtebereichen schnell und eindeutig zu bestimmen. Insbesondere die überregionalen großräumigen Lineamente lassen sich dabei besser erfassen. Die Richtungen 1 und 3 mit 35° NE bzw. 45° NW werden als Ausdruck des überregionalen Netzes angesehen, während die Richtung 2 mit 65° NE auf das Ringbecken Hertzsprung orientiert ist.

Das Spektrum der mit dem Auge erkannten Lineamente (*Abb. 71/2*) zeigt die Richtungen 1–3 mit einer Streubreite von ± 5° sowie die zusätzlichen Richtungen 4–6, deren Interpretation nicht eindeutig ist, die jedoch auf Einflüsse von Orientale und anderen Ringbecken zurückgehen können. Die Untersuchung der Lineamentstruktur in den Apollo 8 Aufnahmen, bei Vergrößerungen auf Maßstäbe zwischen 1 : 300 000 und 1 : 100 000, zeigt jedoch, daß auch lokale Lineamentsysteme vorhanden sind, die auf verschiedene naheliegende Großkrater sowie die Ringbecken Orientale und Hertzsprung ausgerichtet sind.
Diese lokalen Lineamente wurden zuerst auf vergrößerten Äquidensitenumsetzungen erkannt und konnten dann auch in gefilterten Bildern derart betont werden, daß sie in den Originalaufnahmen als systematische Struktur eindeutig bestimmt werden konnten.

Die Entstehung dieser lokalen Lineamente wird zurückgeführt einmal auf Kettenbildung von Sekundärkratern und zum anderen auf Kluft- und Bruchstufenbildung in Verbindung mit der Entstehung der Großkrater und Ringbecken. Die Textur von nicht mehr in Einzelheiten aufgelösten Kraterketten betont bei Sonnenhöhe bis zu ca. 5 Grad diese kleinsten Lineamente, wie zum Beispiel in den Bildern AS 8-2046-2048. Bei höheren Son-

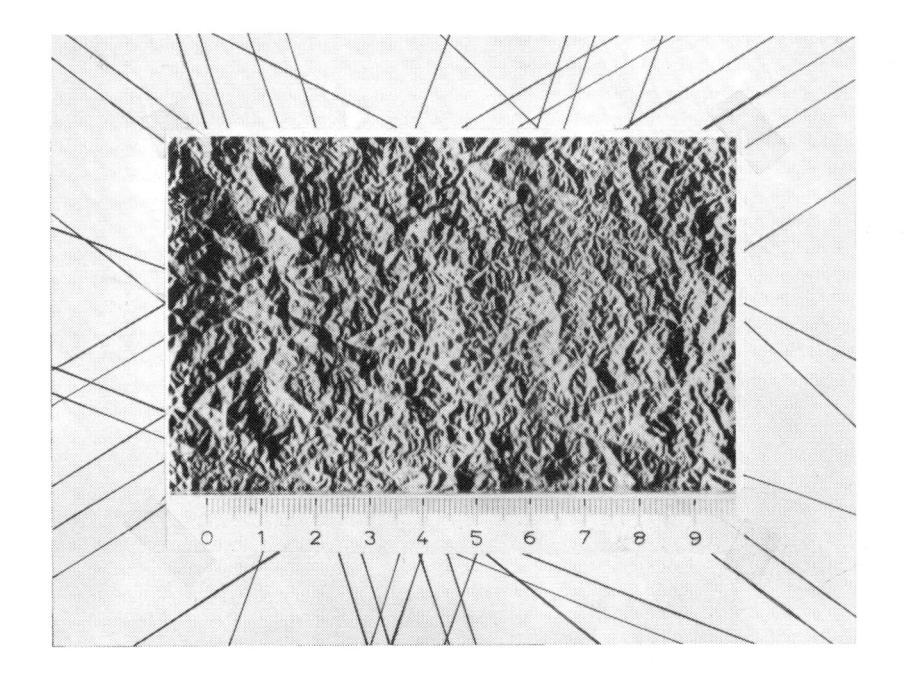

Abb. 70

Dominante und subdominante Parallelstrukturen auf einer terrestrischen Oberfläche.

Ausschnitt aus der Radar-Karte von Venezuela No.: NA-20-1, 1971.

(Durch freundliche Unterstützung von Dr. R. J. P. Lyon, Stanf. Univ., Vergl. auch: Lyon, 1972).

Das System großräumiger Lineationen in der Region Korolev (nach Orbiter I 38 MR)

Abb. 71

1: Lineationen, die aus verschiedenen Äquidensitenauszügen in 8 × 9 cm² Verkleinerung hochgezeichnet wurden.

2: Lineationen, die mit dem Auge im 40 × 50 cm² großen Original hochgezeichnet wurden.

3: Kombination beider Lineamentzeichnungen.

Die niedrigfrequenten, weiträumigen Lineamente werden durch die Äquidensiten in der Verkleinerung deutlich erfaßt. In der Originalgröße beachtet das Auge verstärkt die kleineren, hochfrequenteren Elemente.

Vergl. hierzu die Spektren dieser Zeichnungen in Abb. 72.

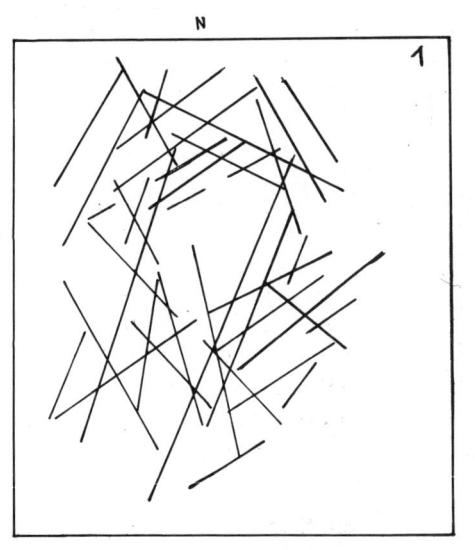

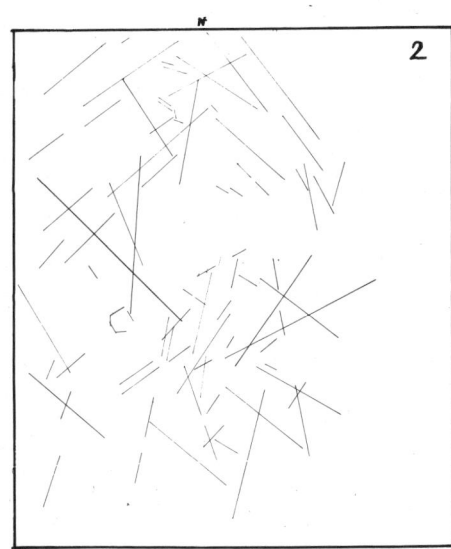

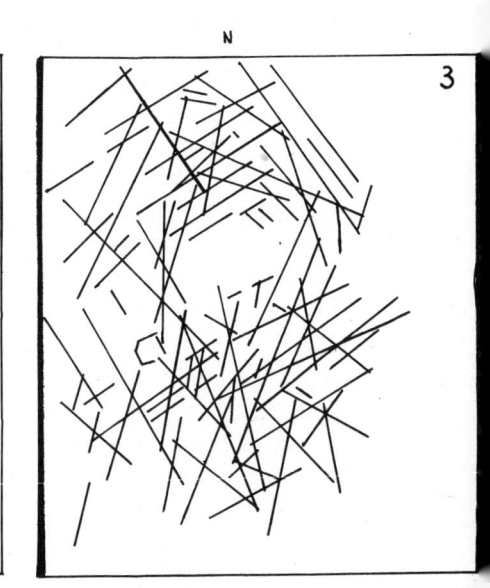

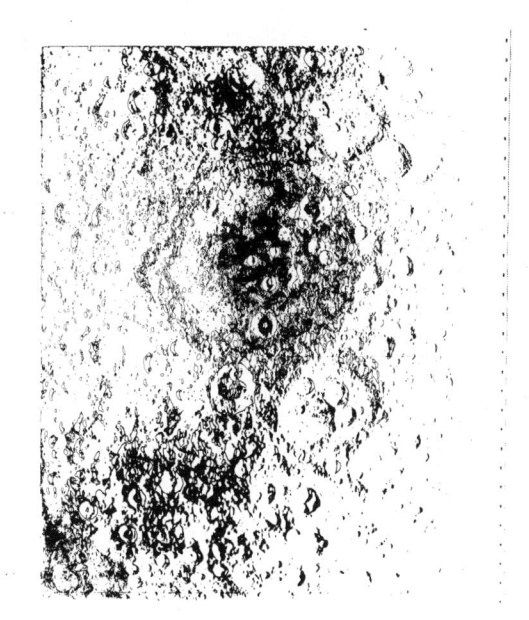

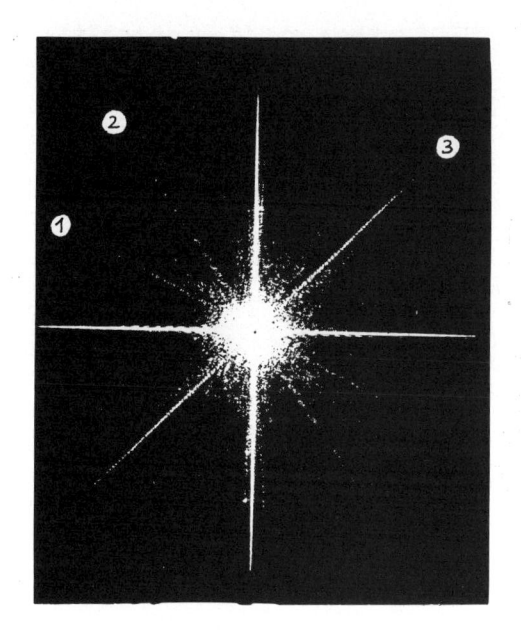

Abb. 72 a

Äquidensite 1. Ordnung mittlerer Dichtestufe, wie sie zur Identifikation der Lineamente herangezogen wurde. Rechts: Spektrum der Hochzeichnungen, Vergl. Text.

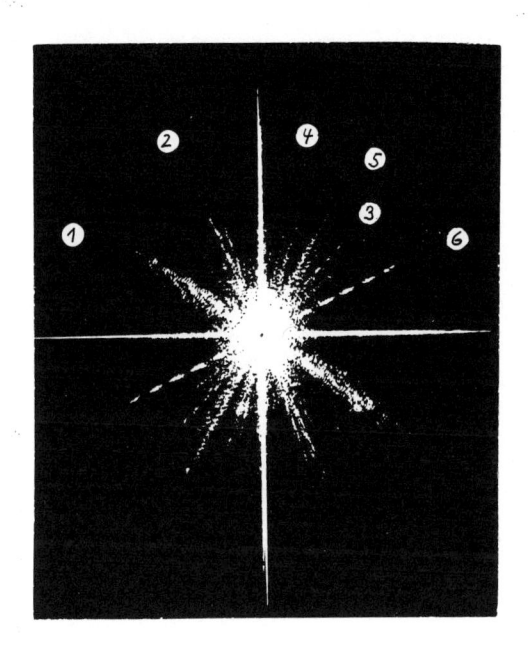

Abb. 72 b

Spektrum der mit dem Auge im Original erkannten Lineamente.
Das dominante Kreuz in allen Abbildungen muß vernachlässigt werden.

Abb. 72 c

Spektren der Kombination aller Lineamente in zwei Intensitätsstufen: 1/10 sek., 1/500 sek. Belichtung bei der Aufnahme.

Abb. 73

Bestimmung von lokalen Lineamentsystemen in der ungefilterten Rekonstruktion eines Ausschnitts aus der Apollo 8 Aufnahme AS-8-2056 / Versuch No. 20/2.
Lineamentrichtungen, die durch Filterungen (Abb. 74) betont werden konnten:

Ausrichtung auf:
1: Crookes   2: Doppler   3: unbestimmt
4: unbestimmt   5: Orientale

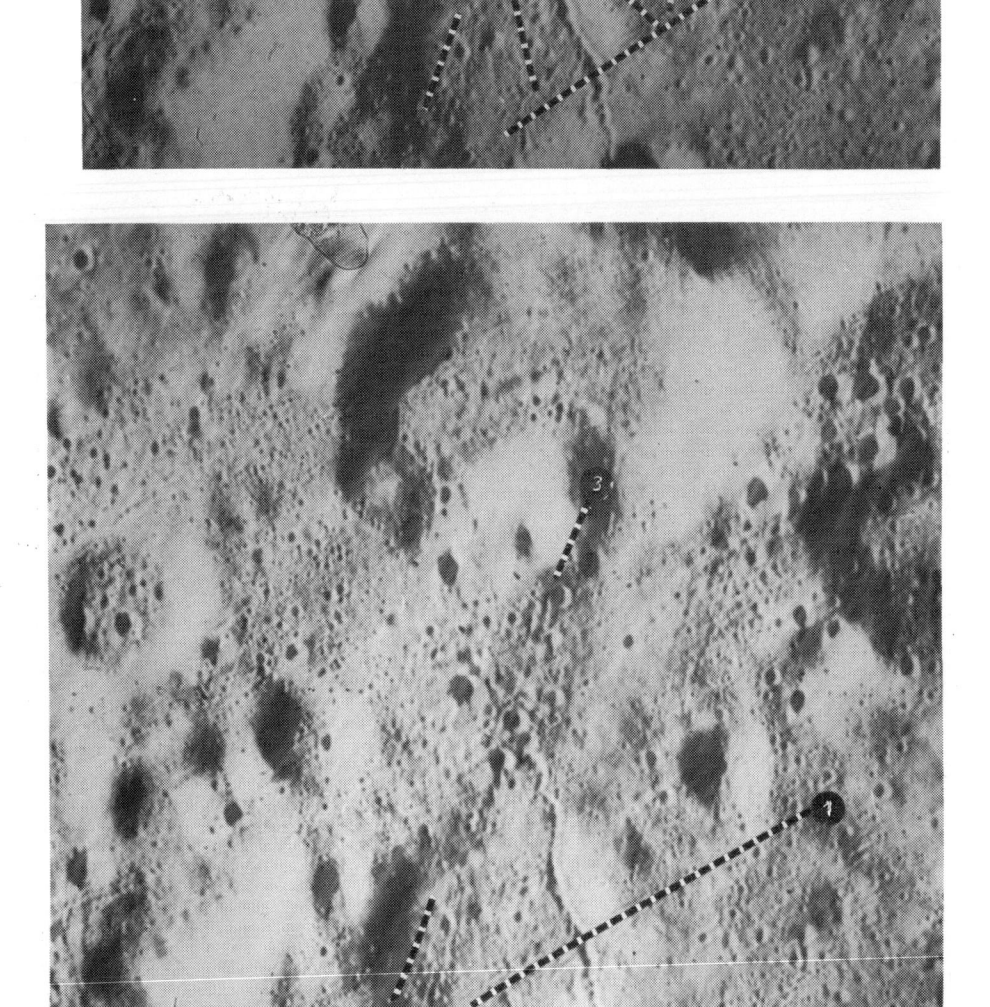

Abb. 74 a, b, c

Betonung unterschiedlicher Lineamentsysteme durch kohärent-optische Filterung mit 20 Grad Metallfilter
a) Richtung 1,3 (20/9)
b) Richtung 2,4,5 (20/12)
c) Richtung 1,2 (20/6)

99

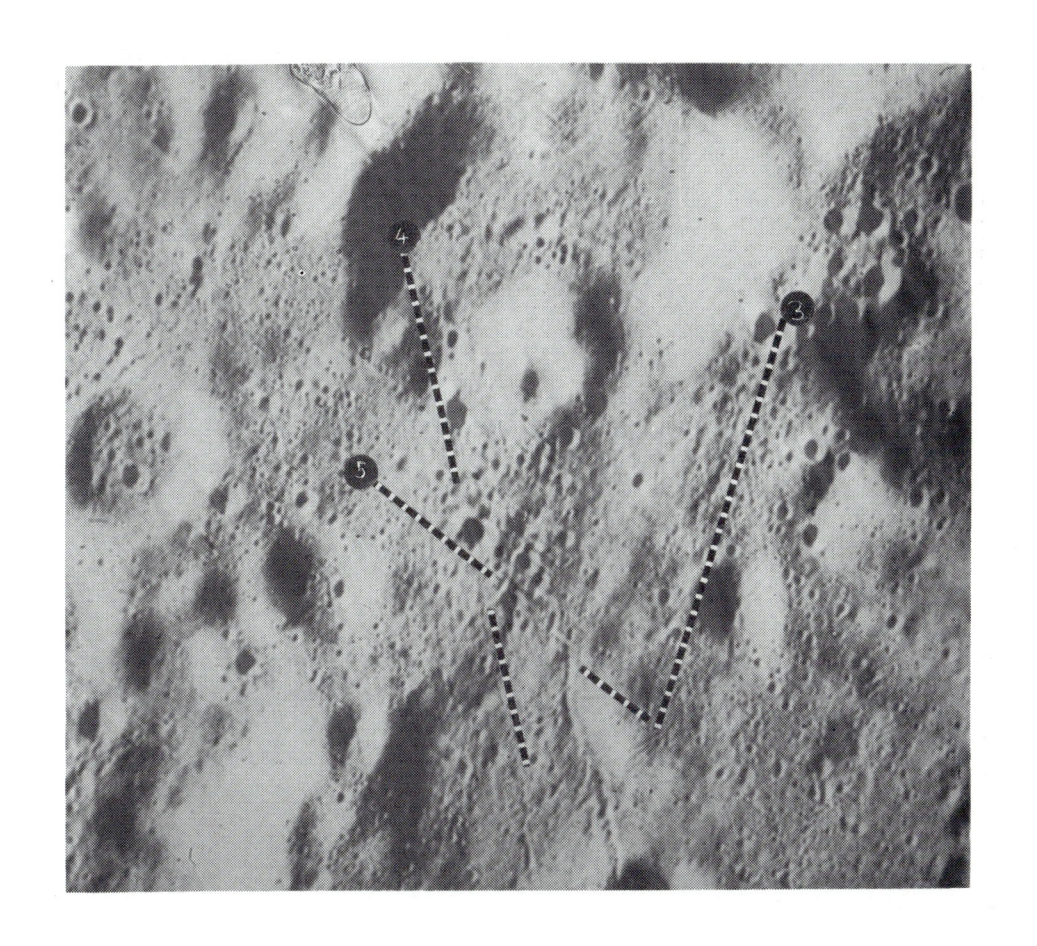

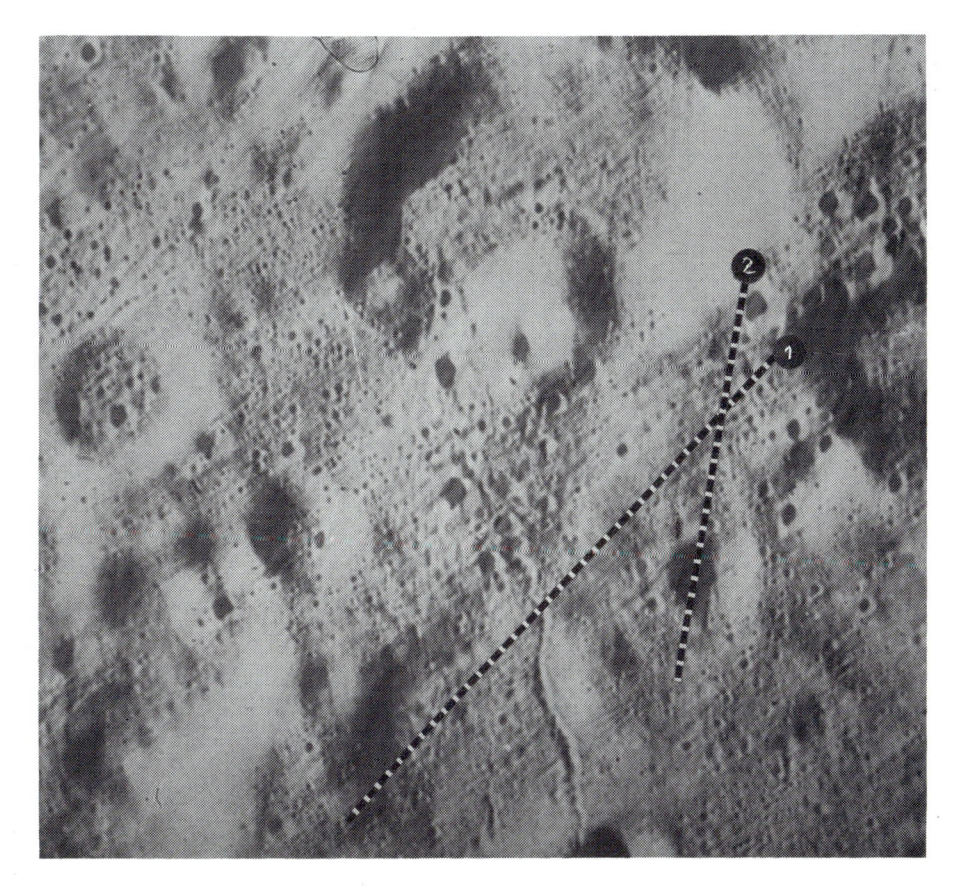

nenständen, wie in Bild 2056 mit 10—12 Grad, lassen sie sich noch als kleine Grautonunterschiede mit Äquidensiten identifizieren. Daß die durch Kraterketten und Kraterauswurfmaterial hervorgerufenen Lineationen zusätzlich auch mit dem Kluft- und Bruchsystem in Beziehung stehen, kann an einigen Beispielen verdeutlicht werden, bei denen die Form eines Einschlagkraters stark von der Kreisform abweicht oder von einer Bruchstufe durchzogen wird. Beispiele finden sich zum Beispiel in Bild 2056 zwischen der „Murray-Kraterkette" und dem Krater „Urey". Östlich von „Murray" befindet sich ein fast vollständig vollgelaufener Krater, dessen nördlicher Teil jedoch durch eine Abschiebung mit Sprunghöhe von 200—300 m absenkt ist. Das Streichen dieser Bruchstufe setzt sich nach NW in zahlreichen kleinen Lineamenten sowie Sekundärkraterketten fort. Nördlich dieser Bruchstufe befindet sich ein Krater dessen NW Seite auf 60 km völlig gerade radial zu Urey handelt, zeigen die weiter westlich davon liegenden parallelen Elemente, die schließlich tangential zu „Urey" verlaufen und die ganze obere Bildhälfte bestimmen.

Nördlich von „Urey" befindet sich ein sehr stark ovaler Krater mit nur schwach erhabenem Rand, der sich mit seiner Längsachse dem eben erwähnten Lineamentsystem anpaßt. Dieses Objekt wird als Einbruchsform interpretiert. Die es überlagernden Sekundärkrater sind von einem Primärkrater in NE gekommen. Ein lokales hochfrequentes Lineamentsystem ist in diesem Bildteil allen Objekten in NW-SE Richtung überlagert.

Das westlich anschließende Bild 2054 zeigt die Fortsetzung des „Murray Komplexes" in Sekundärkratern und Lineamenten nach NW. Die Krater werden als Sekundärkrater von Orientale gedeutet, da sich die mit ihnen assoziierten Lineamente bis über die Region Korolev hinaus in Richtung auf Orientale verfolgen lassen. Das westlich anschließende Bild 2056 zeigt „Mount Peter" (vergl. Abb. 28, S. 63) sowie den Übergang vom Westring zu den Weststufen. In der SE Ecke des Bildes ist ein kleiner Krater mit 2,5 km ϕ, von dem aus sich eine Kraterkette nach Norden erstreckt. Diese Kraterkette stellt die beste Annäherung an lunare Rillen dar, wie sie von der Mondvorderseite her bekannt sind, im hellen Mare-Material der Rückseite aber bisher noch nicht gefunden wurden. Sie unterscheidet sich von den normalen Kraterketten aus Sekundärkratern durch ihren relativ gewundenen Lauf, die relativ gleichmäßige Kratergröße sowie die fehlenden V-Formen.

Die Formen, die als typische Kraterrillen aus Sekundärkratern interpretiert werden, finden sich weiter westlich auf der Westebene. Diese Ketten sind zusammen mit der lokalen Lineamentstruktur und den V-Formen auf den jungen Großkrater Crookes ausgerichtet.

Neben anderen Bildausschnitten wurde auch die Umgebung der o. a. Kraterkette einer optischen Filterung mit einem 20 Grad Metallfilter unterzogen, *Abb. 74*. Bei allen Bildern zeigt sich, daß im Stereo-Bildstreifen gefundene durchgängige regionale Lineamentnetz sich auch in den durch die Filterung verdeutlichten Lineamenten wiederfinden ließ.

Die *Abb. 73* zeigt die ungefilterte Rekonstruktion des Bildausschnitts, wobei die mit Kratern assoziierten Lineamente bezeichnet sind, und zwar:

1: Nach NE auf Crookes orientiert
2: nach SSW auf Doppler bzw. Gault orientiert
3: unbekannte Orientierung, vielleicht Variation von 2
4: unbekannte Ausrichtung der Kraterkette und der mit ihr assoziierten Lineamente (Vergl. *Abb. 74 b*, in der ein Teil der Biegung weggefiltert ist)
5: nach SSE auf Orientale orientiert.

Das Nordende der Kette paßt sich der Richtung 5 an bzw. wird von ihr überlagert.

Der Vergleich der gefilterten Aufnahmen mit der ungefilterten Rekonstruktion zeigt, daß die in den ausgewählten Filterbeispielen betont wiedergegeben sehr stark parallelen Bildelemente tatsächlich subdominant in der Bildstruktur des Originals vorhanden sind.

Eine weitere zusätzliche Kontrolle ergab sich dadurch, daß dieses Bild in einer auf 60 cm × 60 cm vergrößerten Farbäquidensitenumsetzung vorhanden war, in der die durch die Filterung hervorgehobenen schwachen Gradienten in diesen Richtungen auch densitometrisch verifiziert werden konnten. (Verkl. reproduziert in: Gumtau, 1971 a).

Die im Bild erkennbaren Überschwinger in Filterrichtung zeigen, daß die durch die Filterung dominant gewordenen Richtungen nicht mit der Richtung der Überschwinger zu verwechseln sind, sondern daß es sich dabei um eine in der originalen Bildstruktur tatsächlich enthaltene Komponente handelt.

Großkrater in ihrer Umlandbeziehung; optische Filterung an Bildern von Aristarchus

Da auf der Westebene im Innern von Korolev auf vielfältige Weise ein Einfluß des Kraters Crookes festgestellt worden war (vergl. S. 87/88), jedoch für eine optische Filterung kein geeignetes Bildmaterial des Kraters selbst zur Verfügung stand, wurde am Beispiel des Kraters Aristarchus versucht, die Umlandbeziehungen dieser Krater, insbesondere in Form von Lineamentsystemen, näher zu erfassen*.

Die *Abb. 75* stellt eine Reproduktion des für die Filterung benutzten Kleinbildfilms der Orbiter V-197 MR Aufnahme dar. Die Tendenz zur Polygonalität am Krater Aristarchus, der eines der typischen Beispiele sehr junger Einschlagkrater ist (Durchmesser 40 km), war schon verschiedentlich beobachtet worden, ebenso wie Bruchstufen im Westen und Südwesten des Kraters. Die radialen Lineamente und die Verteilung der auf den Krater orientierten V-Formen sind insbesondere von Murray (1972) näher untersucht worden. Dabei wurde jedoch bisher noch nicht erkannt, daß sich die in der Polygonalität des Kraters angedeuteten linearen Elemente im gesamten Umland mit einem Grad hoher Parallelität fortsetzen und sich über weite Strecken verfolgen lassen. Dies läßt auf einen systematischen Zusammenhang schließen, der weiter oben (S. 36) unter dem Stickwort „tangentiale Strukturen" als Charakteristikum der Morphologie von Großkratern typisiert worden war. Die dabei mit dem sogenannten *lunar grid* und den überregionalen Lineamenten zusammenfallenden Richtungen, die NW-SE und NE-SW streichen, bewirken insbesondere an den Nord- oder Südseiten der Großkrater und Ringbecken von 90 Grad entsteht. Die Beleuchtungsverhältnisse, die die Ost- bzw. Westexponierten Kraterseiten jeweils unter- und überbelichtet erscheinen lassen, verstärken in der Regel diesen Effekt. Dies wird deutlich zum Beispiel am Südrand von Aristarchus und auch am Südrand von Korolev sowie einigen anderen Ringbecken. Bei einer Durchsicht des *Lunar Orbiter Photographic Atlas* (Bowker, 1970) wurde dieses Phänomen bei überraschend vielen Kratern gefunden. Eine nähere systematische Untersuchung scheint hier gegebenenfalls nötig.

Die in *Abb. 75* hervorgehobenen linearen Strukturelemente sollen einige der mit Hilfe von gefilterten Bildern leichter als im Original identifizierbaren Strukturelemente betonen. Die eingezeichneten Linien geben dem Auge eine Hilfe, so daß sie begleitenden die parallelen Elemente leichter erkannt werden können. Für das Studium der großen Originalaufnahmen werden dazu als Hilfsmittel Fäden benutzt, die, über das Bild gespannt, dem Auge die Verbindung weiter voneinander entfernt liegender Elemente erleichtern. Diese Methode wurde auch zur Kontrolle der in den gefilterten Bildern dominant hervortretenden parallelen Lineamente benutzt.

Einige Beispiele von Filterungen am Bild V-197-MR sind im Anhang wiedergegeben.
Im Anhang ist auch die ungefilterte Rekonstruktion, die zum Vergleich mit den Filterungen herangezogen wurde. Der Vergleich der ungefilterten Rekonstruktion mit einer frequenzgefilterten Aufnahme, in der die kleinen Details unterdrückt sind, (Anhang), zeigt, daß dabei die großräumigeren Undulationen der Oberfläche deutlicher erkannt werden können und insbesondere die NE-SW verlaufenden Tiefenzonen und Rinnen deutlicher hervortreten. Gleichzeitig mit der Frequenzfilterung wurde allerdings auch eine Richtungsfilterung mit 15 Grad Filter vorgenommen. Dieses im Gegensatz zum sogenannten natürlichen Defizit als künstliches Defizit in der Orientierungsstruktur bezeichnete Elemente ist im Spektrum des gefilterten Bildes (Anhang) deutlich zu erkennen. Die im gefilterten Bereich sichtbaren schwächeren Intensitäten sind Störeffekte, die durch die fotografischen Verarbeitungsprozesse des Bildes als niedrigfrequentes Störmuster überlagert wurden. Der Vergleich der Spektren des gefilterten und ungefilterten Bildes zeigt anschaulich den Unterschied der beiden Bilder. Die Spektren sind um 90 Grad zur Übereinstimmung mit den Bildrichtungen rotiert, das dominante Kreuz stammt von der Bildbegrenzung. Der zwischen dem natürlichen und künstlichen Defizit erhalten gebliebene Teil im Spektrum tritt dabei in der Lineamentstruktur des Bildes besonders betont hervor. Dies wird noch deutlicher in der Abbildung in der mit 40 Grad Filter in der Richtung der Bildsenkrechten gefiltert wurde, so daß u. a. auch die Bildstreifenstruktur des Orbiter-Bildes mit unterdrückt wurde. Bei dieser

---

* Diese Aufnahmen wurden im April 1972 bearbeitet. Ohne Kenntnis des Verfassers wurde das gleiche Bild auf dem Internationalen Geographentag, Ottawa, August 1972, als Beispiel für Anwendung optischer Filterung vorgeführt, (Cornell Aeronautics Lab.;). Obwohl dabei nur eine Filterung mit 10 Grad Filter zur Beseitigung des Orbiter-Bildstreifen Rasters vorgenommen wurde, traten dabei schon die NE-SW streichenden Lineamente betont hervor. (Tomlinson, 1972, S. 456). Gleichzeitig wurde ein Hinweis auf einen Vortrag von Pincus (1969) bekannt, der interessanterweise auch dieses Bild herangezogen hatte (6th Intern. Symposium on Remote Sensing, Ann Arbour, 1969, Abstract).

Abb. 75 → z

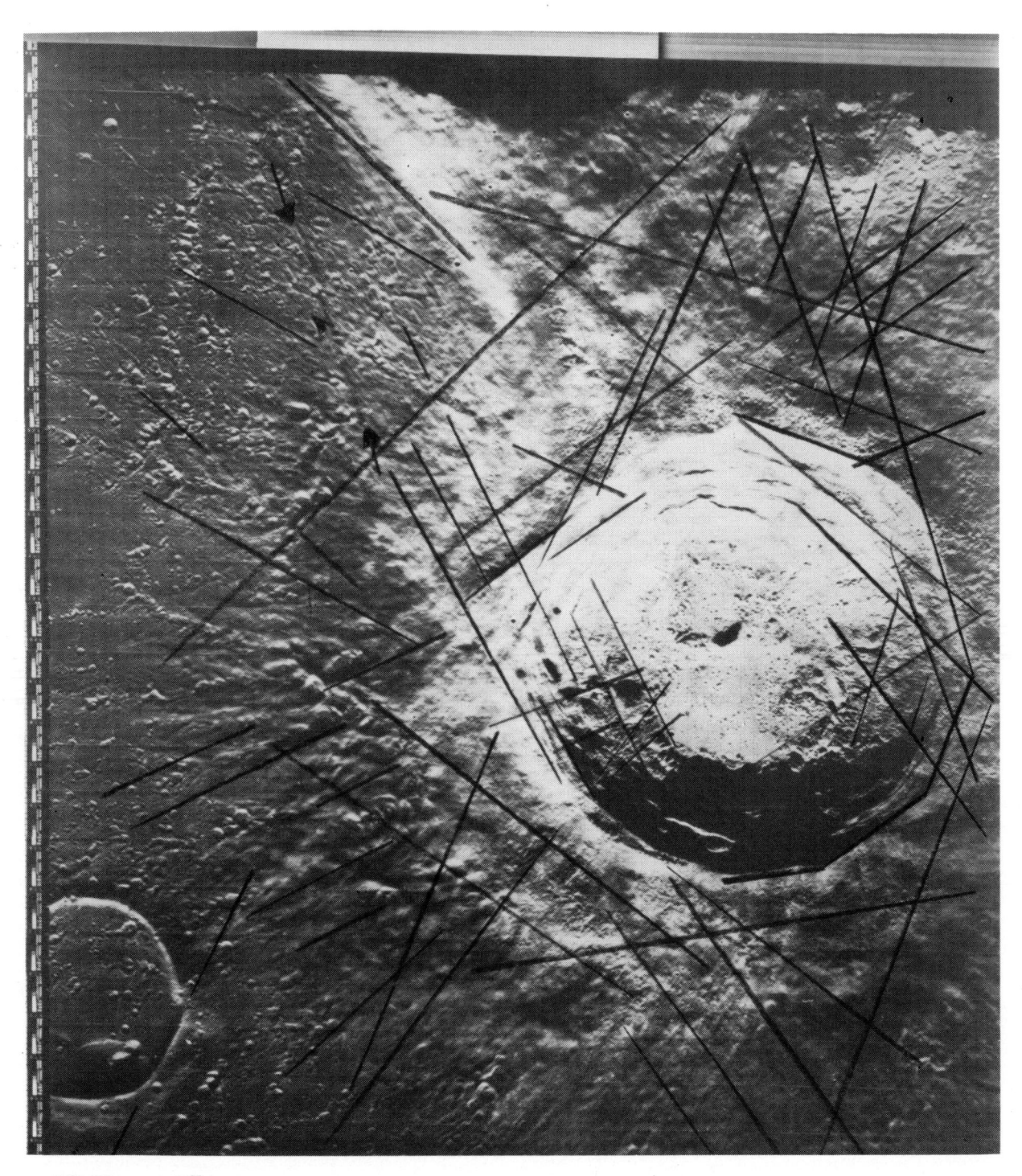

Radiale und tangentiale Lineamentsysteme um den Krater Aristarchus als Ausdruck eines präexistenten Kluft- und Bruchsystems.

Mit Hilfe von gefilterten Bildern wurden zusätzlich zu den bekannten radialen Elementen fünf Lineamentsysteme differenziert, die im Strukturzusammenhang mit der Polygonalität des Kraters stehen und auch die Ausbildung der Stufen am Innenhang beeinflussen.

Die hier betonten Strukturlinien sind von zahlreichen weiteren feineren parallelen Lineamenten begleitet.

Bild: Orbiter V 197 MR; Bildgröße im Original 40 cm x 50 cm, Verkleinerung für die Filterung auf 24 x 36 mm.
Abb. 75 ist eine Vergrößerung des für die Filterung benutzten Bildes. Vergl. dazu im Anhang die ungefilterte und gefilterte Rekonstruktion.

größeren Filterung treten allerdings auch die Überschwinger deutlicher hervor, zum Beispiel im (hellen) Schattenbreich des Kraterinnern. Das Spektrum des Bildes zeigt, daß fast 50 % der Bildinformation unterdrückt sind und die zwischen natürlichem und künstlichem Defizit erhalten gebliebenen Bildelemente trotzdem noch eine gute Aproximation des ursprünglichen Bildes darstellen, unter extremer Betonung der in ihnen enthaltenen parallel orientierten Elemente. Die im Original verifizierten Lineamente, die nicht mit den Richtungen der Filterkanten übereinstimmen, sind im Bild markiert.

Am Kraterrand des fast ganz mit dunklem Mare-Material vollgelaufenen Kraters Aristarchus F (SE Bildecke) läßt sich der Einfluß der Filterung im Vergleich der beiden Bilder gut erfassen.

Die Interpretation solcher durch die Filterung betonter Lineamentsysteme kann noch nicht abschließend erfolgen. Es liegt jedoch nahe, in ihnen ein dem Krater präexistentes Kluftnetz zu sehen, das durch den kraterbildenden Prozess des Einschlags aktiviert wurde und bei der Bildung der einschlagmorphologischen Serie alle Elemente in Form von Verwerfungen und Grabenbrüchen überlagerte. Die dabei herausgebildeten Höhenunterschiede erscheinen bei der entsprechenden Beleuchtung als Fotolineationen, und die Grabenbrüche schaffen rinnenförmige, talähnliche Hohlformen, die in Verbindung mit den durch Sekundärkrater hervorgerufenen Kraterketten und den dünenähnlichen Aufbauten der Auswurfablagerungen die komplexe Morphologie des Krateraußenhanges bilden.

Der Krater Crookes im Südwesten von Korolev (36 km ϕ) ist Aristarchus im gesamten Formenschatz sehr ähnlich. Auf den Aufnahmen AS-8-2245 und 2246, die leider nicht vorlagen, ist er mit hoher Auflösung aufgenommen worden. Die von ihm ausgehenden radialen und tangentialen Lineamente reichen weit bis in Korolev hinein, wobei insbesondere Ketten aus Sekundärkratern auf der Westebene zu finden sind (vergl. *Abb. 46*). Die sowohl mit Äquidensiten als auch durch Filterung hervorgehobene Ausrichtung dieser Lineamentsysteme auf das Zentrum von Crookes stützt die Interpretation, die auch in den anderen Lineamenten Auswirkungen und Einflüsse von kraterschaffenden Prozessen auch bei weiter entfernt liegenden Objekten sieht.

KAPITEL 8

Zusammenfassung

Terrestrische Einschlagstrukturen

Die Literaturdurchsicht zeigt, daß die Ergebnisse der Untersuchung terrestrischer Einschlagkrater einen morphometrischen Vergleich lunarer und terrestrischer Formen noch nicht erlauben. Die bisher als Einschlagkrater interpretierten Objekte wurden entsprechend ihrer geographischen Lage in einer Liste zusammengestellt und in 5 Gruppen gegliedert. Eine Übersicht über die Größenverteilung zeigt, daß 56 Objekte einen Durchmesser größer 1000 m haben und auf Bildern aus der Erdumlaufbahn auszumachen sein müssen. Es wird vorgeschlagen, diese Objekte auf ERTS (Earth Resources Technology Satellite) Bildern näher zu studieren und vor weiteren Untersuchungen die Erstellung einer umfassenden Monographie über terrestrische Einschlagkrater abzuwarten.

Terrestrische Einschlagstrukturen

Der Versuch einer Auflistung terrestrischer Einschlagstrukturen stößt auf zahlreiche Schwierigkeiten, da die bisherigen unzureichenden Zusammenstellungen nach sehr unterschiedlichen Kriterien aufgebaut wurden und nur schwer zu vergleichen sind: die Benennungen schwanken zum Teil, Größenangaben sind sehr unterschiedlich, Lagekoordinaten werden oft nicht angegeben und die Originalarbeiten sind zum Teil schwer zugänglich publiziert. Teilweise wird eine alphabetische Aufstellung bevorzugt, teilweise eine Gliederung nach Altersgruppen, nach dem Erosionsgrad (D e n c e, 1971), oder nach Ländern.

Es wird vorgeschlagen, in Zukunft eine neutrale Aufstellung von allen anerkannten und vermuteten Einschlagstrukturen entsprechend ihrer Lagekoordinaten vorzunehmen. Da in Zukunft immer bessere Satellitenaufnahmen der Erdoberfläche vorliegen werden (ERTS), auf denen höchstwahrscheinlich auch neue Strukturen entdeckt werden, bietet sich eine lagemäßige Aufstellung an, nach der die Objekte auf solchen Bildern bestimmt werden können. Auf Bildern im Maßstab 1 : 1 Mill., auf denen Objekte von 100 m Durchmesser noch auszumachen sind, lassen sich besonders die Krater größer 1 km in ihrem morphotektonischen Zusammenhang mit der Umgebung besser beurteilen. Eine Liste bisher zugänglich publizierter Luftbilder einiger Einschlagkrater ist der Liste der Einschlagkrater im Anhang der Bibliographie beigefügt.

B a l d w i n (1963) gab mit seiner Aufstellung und Bildsammlung terrestrischer Einschlagkrater den Anstoß für eine umfassende weltweite Untersuchung dieser Strukturen. F r e e b e r g (1966, 1968) stellte in einer Bibliographie die Primärliteratur zu 110 vermuteten Einschlagskonturen zusammen. Dabei konnte sie Aufstellungen wie die von B a r r i n g e r (1964) und M o n o d (1965) mit verwenden. Es sind jedoch keine Kriterien angegeben, nach denen der Grad der Sicherheit mit dem von einem Einschlag gesprochen werden kann, beurteilt wird. Zahlreiche, dort noch aufgeführte Strukturen, werden inzwischen nicht mehr als Meteoritenkrater angesprochen und sind in der hier vorgelegten Übersicht nicht mit aufgenommen *(z. B. Ellef Ringes Island, No. 26; Mellville Island, No. 29 u. a.).* S t ö f f l e r (1973) reproduzierte die Karte von F r e e b e r g (1966) unter Hinzufügung von 5 neuen Strukturen, zu denen jedoch keine Angaben gemacht werden. Die neueste Aufstellung von S h o r t und B u n c h (1968) geht nach dem einheitlichen Kriterium des Vorkommens von Stoßwellenmetamorphosen vor, die zusammen mit morphologischen Kriterien die sicherste Ansprache eines Objektes als Einschlagstruktur ermöglicht. Leider konnte diese Übersicht noch nicht beschafft werden. Unter Umständen wird sich ein interessanter Vergleich mit der hier vorgelegten Übersicht ergeben.

In der hier vorgelegten Liste im Anhang sind 79 Objekte erfaßt. Die einzelnen Objekte umfassen zum Teil mehrere Krater, wie zum Beispiel *Wabar, No. 9, (2 Krater),* oder *Sikhoto Alin, No. 15, (128 Krater).*

Zusätzlich sind die in der Literatur zum Teil unterschiedlichen Durchmesser und Tiefenangaben aufgeführt, sowie die wichtigsten Kriterien, nach denen eine Zuordnung zu den Einschlagstrukturen erfolgte.

Die Objekte sind mit einer Rangnummer entsprechend ihrer meridionalen Lage von Ost nach West versehen, so daß eine schnelle Orientierung möglich ist. Die Übersicht zur Größenverteilung dieser Krater *(Tabelle 8)* zeigt, daß die Objekte in den Bereichen 500–1000 m und 5 km–10 km unterrepräsentiert sind. Krater mit diesen Durchmessern müßten daher mit höherer Wahrscheinlichkeit noch neu zu finden sein. Von den 79 im Anhang angeführten Objekten entfallen lagemäßig auf die Großräume:

Kanada	32 (davon 17 anerkannt, vergl. S. 107)
USA	12
Afrika	9
Europa	10
UdSSR	5
Australien	7
Südamerika	2
Vorderer Orient	1
Indien	1

Kriterien für die Bestimmung von Einschlagkratern

Entscheidendes Kriterium für die Bestimmung eines Meteoriten-Einschlagkraters ist letztlich der Fund von Meteoriten-Material. Bei den Einschlagkratern größer 100 m ist dies jedoch nur in den seltensten Fällen der Fall, da einerseits wegen der physikalischen Prozesse bei der Energieumsetzung das Meteoritenmaterial verdampft oder in kleinen Bruchstücken weit gestreut wird, zum andern in der Regel nur Bestandteile von Eisenmeteoriten gefunden werden, da Steinmeteoriten schwer zu finden sind und sehr schnell verwittern. Darüber hinaus wird durch die weitgehende Abtragung und Auffüllung mit Sedimenten ein solcher Nachweis oft unmöglich gemacht. Bisher sind insgesamt nur 12 Objekte mit insgesamt 69 Kratern aufgrund von Meteoritenmaterial bestimmt worden.
Es sind dies die Nummern: /09/14/17/18/20/23/24/27/34/35/68/72/ (Anhang). Zusätzlich werden jedoch auch eine Vielzahl von Objekten als Einschlagkrater anerkannt, bei denen eine Häufung anderer Kriterien dafür spricht, daß sie wirklich von einem Einschlag herrühren.

An erster Stelle stehen die morphologischen Kriterien, die zuerst in einem Objekt einen Einschlagkrater vermuten lassen: die in der Regel **kreisrunde Form** (Kreisindex), der **aufgeworfene Randwall**, das Vorkommen von **Brekzienauswurf** oder einer Brekzienlinse über ungestörten Schichten (Bestimmung durch Bohrungen), das Vorkommen einer meist **zentralen Aufwölbung** (Zentralberg), die sich nicht vulkanisch erklären läßt. Entsprechend dem Vorkommen von Zentralbergen wird zwischen einfachen und komplexen Kratern unterschieden.

Allein nach morphographischen Gesichtspunkten läßt sich jedoch eine Unterscheidung nach Einschlag-Form oder endogener Form nicht mit Sicherheit fällen; entscheidend ist daher besonders bei älteren Objekten die Bestimmung mineralogischer und petrographischer Kriterien aufgrund der beim Einschlag stattfindenden progressiven Stoßwellenmetamorphose. Die Untersuchungen am Ries (Chao, 1966; Stöffler, 1971) haben entscheidend zur Bestimmung dieser Kriterien beigetragen. Die Hochdruckmodifikationen des Quarz (Abb. 76; Coesit, Stishovit), die nur bei Einschlagprozessen entstehen, sind dabei das sicherste Kriterium. Stöffler (1972b) hat die verschiedenen Zonen der progressiven Stoßwellenmetamorphose übersichtlich zusammengestellt *(Abb. 77)*.
Bei der Untersuchung des Mondgesteins wurden diese Stoßwellenmetamorphosen eindeutig nachgewiesen (Zusammenfassung bei: Short, 1973). Je nach Ausgangsmaterial und Abtragungsgrad sind sie bei terrestrischen Einschlagkratern jedoch oft nur teilweise nachweisbar, so daß Kriterien wie die Umwandlung von Quarz und Feldspat zu Glas bei Beibehaltung der Mineralform oder Systeme von Lamellen und Bruchbildungen in den Mineralien zur Bestimmung herangezogen werden müssen. (Short, 1965). Geophysikalische Kriterien wie Schwereanomalien und seismische Messungen kommen ergänzend hinzu.

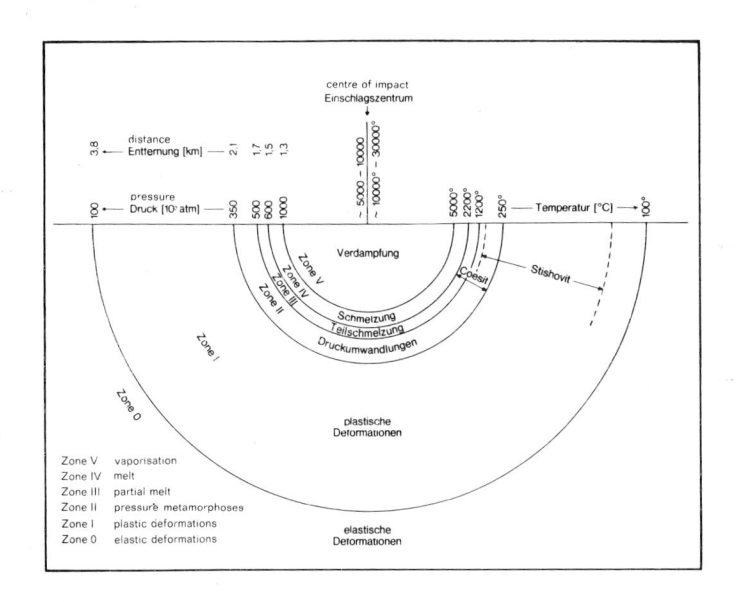

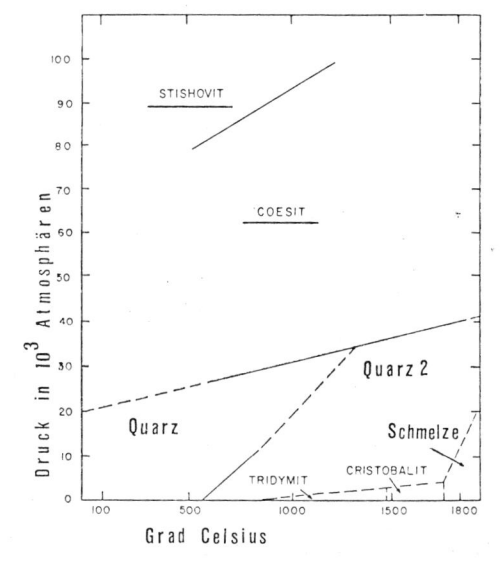

Abb. 76

Druck-Temperatur Diagramm für die SiO$_2$ Modifikationen, die für die mineralogische Bestimmung eines Einschlagkraters aufgrund der progressiven Stoßwellenmetamorphose herangezogen werden.
aus: Mutch, 1970, S. 87.

Abb. 77

Abhängigkeiten von Entfernung, Temperatur und Druck beim Einschlag eines Meteoriten und der dabei ablaufenden progressiven Stoßwellenmetamorphose.
aus: Söffler, 1972b.

Es wird vorgeschlagen, die terrestrischen Einschlagkrater entsprechend der Häufung der Kriterien, die zur Bestimmung herangezogen werden können, in fünf Gruppen einzuteilen.

Gruppe I,   umfaßt Objekte aller Altersgruppen, die aufgrund von Meteoritenfunden oder der Häufung von Einschlagkriterien als anerkannte Einschlagskulturen gelten.
Unter Einschluß aller Kleinkrater einzelner Objekte sind es ca. 200 Krater. Heide (1957), S. 16, führt noch weitere 16 beobachtete Fälle an, die jedoch nur sehr geringe Einschlagwirkung hatten.

Gruppe II, umfaßt relativ junge Objekte, für die ein Einschlag höchstwahrscheinlich ist und vulkanische Assoziationen gänzlich fehlen. Die Zuordnung erfolgt hauptsächlich aufgrund mineralogischer Kriterien.

Gruppe III, umfaßt relativ ältere Objekte, für die ein Einschlag wahrscheinlich ist, jedoch aufgrund des Abtragungsgrades nur schwer zu bestimmen ist.

Gruppe IV, umfaßt sog. Kryptoexplosionen, für die ein Einschlag vermutet werden kann, da vulkanische Assoziationen nicht nachgewiesen sind. Viele Objekte noch weitgehend unerforscht, weitere Untersuchungen sind notwendig.

Gruppe V,   umfaßt sog. Krytoexplosionen hohen Alters die stark abgetragen sind und vulkanische Assoziationen haben, so daß sie trotz intensiver Untersuchungen **sehr umstritten bleiben.**

Die in der Liste im Anhang zusammengestellten Objekte lassen sich entsprechend gliedern und sind jeweils einer Gruppe zugeordnet.
Jede neu entdeckte Struktur würde hiernach in der Regel in Gruppe IV eingestuft, falls kein Meteoriten-Material gefunden wird und bei genauer Untersuchung entsprechend ihrem relativen Abtragungsgrad in die Gruppen III oder II aufrücken, bis sie schließlich bei einer Häufung der Einzelergebnisse als anerkannte Struktur der Gruppe I gilt, oder der Gruppe V zugewiesen wird.

Diese Übersicht erhebt nicht den Anspruch einer gültigen Zuordnung aller Strukturen, da bei einer noch nicht umfassenden Literaturübersicht zu viele subjektive Entscheidungen einfließen. Die Erstellung einer Monographie über alle terrestrischen Einschlagkrater bleibt abzuwarten.

Als Beispiel für die bisher am besten nach Einschlagkratern untersuchte Region der Erde wird auf die Einschlagkrater in Kanada näher eingegangen.

Einschlagkrater in Kanada

Die Erforschung der Meteoritenkrater auf dem präkambrischen Schild Kanadas wurde besonders durch das Dominion Observatory, Ottawa, gefördert, so daß Kanada heute diesbezüglich zu den best erforschten Regionen der Erde gehört. Die 17 hier aufgeführten Strukturen wurden zwischen 1951 und 1970 offiziell als Einschlagkrater anerkannt, davon: *Pilot Lake 1966, Nicholson Lake 1966, Steen River 1966, Charlevois 1967, Sudbury* (obwohl in der Literatur zum Teil noch umstritten) *1967, Lake Mistastin 1968, Lake St. Martin 1969, Lake Wanapitei 1970.*

Auf der Übersichtsskizze (Abb. 78) ist der präkambrische Teil Kanadas, in dem sich die meisten Krater befinden (bis auf Steen River) ohne Strichsignatur gezeichnet. Als offene Kreise sind zusätzlich 15 vermutete Einschlag-Strukturen eingezeichnet, die zur Zeit näher untersucht werden. Bei keinem kanadischen Krater wurde jedoch bisher Meteoriten-Material gefunden, so daß die Beweisführung immer aufgrund der morphologisch-petrographischen Charakteristika (vergl. Abb. 80) erfolgte. Die in *Abb. 78* angeführten Altersangaben

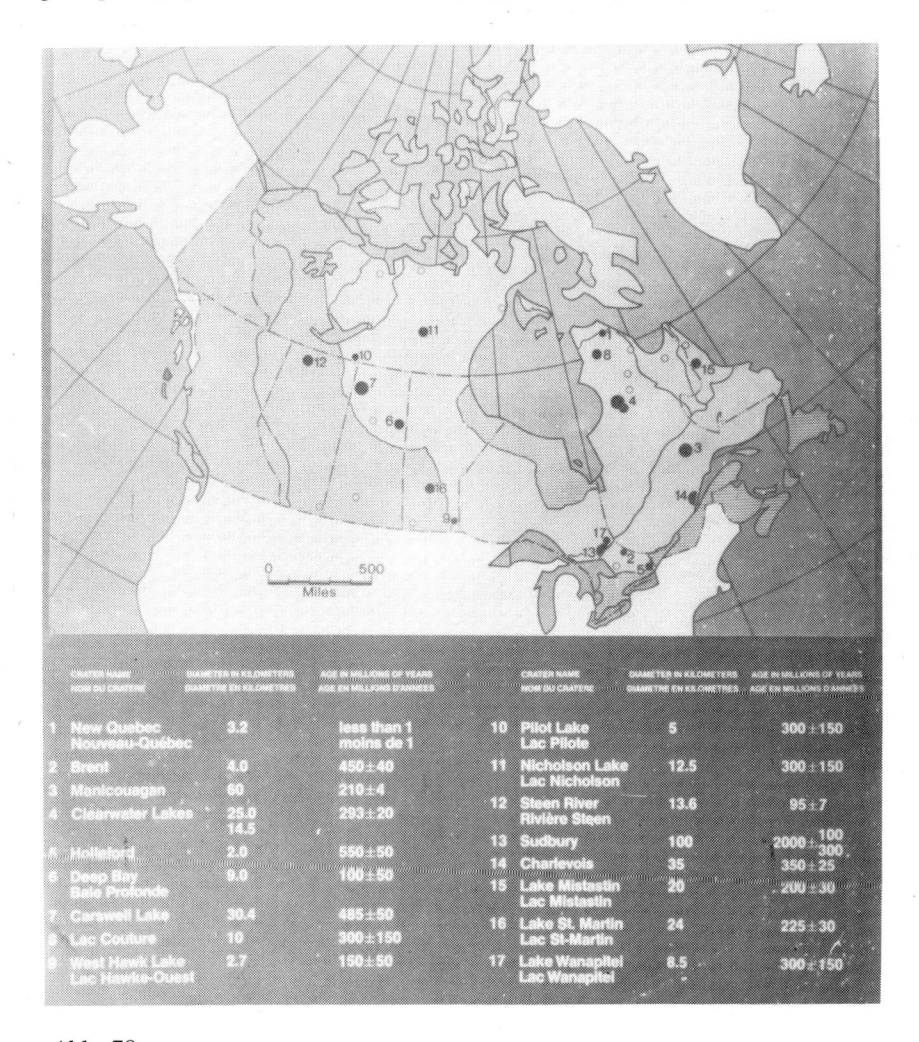

	CRATER NAME / NOM DU CRATÈRE	DIAMETER IN KILOMETRES / DIAMÈTRE EN KILOMÈTRES	AGE IN MILLIONS OF YEARS / AGE EN MILLIONS D'ANNÉES		CRATER NAME / NOM DU CRATÈRE	DIAMETER IN KILOMETRES / DIAMÈTRE EN KILOMÈTRES	AGE IN MILLIONS OF YEARS / AGE EN MILLIONS D'ANNÉES
1	New Quebec / Nouveau-Québec	3.2	less than 1 / moins de 1	10	Pilot Lake / Lac Pilote	5	300±150
2	Brent	4.0	450±40	11	Nicholson Lake / Lac Nicholson	12.5	300±150
3	Manicouagan	60	210±4	12	Steen River / Rivière Steen	13.6	95±7
4	Clearwater Lakes	25.0 / 14.5	293±20	13	Sudbury	100	2000±100 / 300
5	Holleford	2.0	550±50	14	Charlevois	35	350±25
6	Deep Bay / Baie Profonde	9.0	100±50	15	Lake Mistastin / Lac Mistastin	20	200±30
7	Carswell Lake	30.4	485±50	16	Lake St. Martin / Lac St-Martin	24	225±30
8	Lac Couture	10	300±150	17	Lake Wanapitei / Lac Wanapitei	8.5	300±150
9	West Hawk Lake / Lac Hawke-Ouest	2.7	150±50				

Abb. 78
Lage der 17 anerkannten kanadischen Einschlagkrater sowie weiterer 15 vermuteter
Einschläge (Kreise ohne Nummer).
Quelle: Department of Energy, Mines and Resources,
Ottawa, Stand: 1972; durch freundl. Vermittlung von Dr. Schröder-Lanz.

stimmt mit den Daten bei Baldwin (1971) bis auf Steen River *(No. 12 in Abb. 78)*, den er älter, auf $200 \pm 7 \times 10^6$ statt $95 \pm 7 \times 10^6$ Jahre ansetzt, gut überein. Für den jüngsten und zuerst entdeckten Krater: New Quebec (No. 1) gibt Baldwin ein Alter von $150\,000 \pm 100\,000$ Jahren an.

Zu den morphologischen Charakteristika, die in Analogie zu den lunaren Kratern auch bei den kanadischen gefunden wurden, gehören die „Zentralberge", die sich auf der Erde als flache, weitgehend abgetragene Aufwölbungen darstellen, und sich durch positive Schwereanomalien sowie im Mineralbestand durch stärkere Stoßwellenbeeinflussung von der Umgebung abheben. „Zentralberge" sind bei den kanadischen Kratern bisher überproportional häufig festgestellt worden, so bei: *Anhang No.: 55 Clearwater, 36 St.Martin, 66 Mistastin, 33 Nicholson, 26 Steen River, 31 Deep Bay.* Der Übergang von einem Zentralberg, zu einem Bergring, wie er für den Übergang vom Großkrater zum Ringbecken auf dem Mond festgestellt wurde, läßt sich für die Erde kaum nachweisen. Die beste Annäherung stellt die *„Gosses Bluff"* Struktur in Australien dar. Der Bergring, der nicht vulkanischen Ursprungs ist und in dem Suevit gefunden wurde, hat einen Durchmesser von 3–4 km. Der ursprüngliche Kraterrand wird auf einen Durchmesser von 22 km geschätzt. (Baldwin, 1969).

Abb. 79

Gosses Bluff Meteoriten Einschlagkrater in Australien, bei dem nur der zentrale Bergring erhalten ist (ϕ 3–4 km). Der Durchmesser des eigentlichen Kraters betrug ca. 22 km.
aus: ZEISS-Kalender, 1973.

Die Größenvergleiche und die morphologischen Charakteristika für die 17 als Einschlagstrukturen anerkannten Objekte sind in *Abb. 80* erfaßt. Einige in der Literatur erwähnte Objekte, für die ein Einschlag noch nicht nachgewiesen ist, sind in der Liste im Anhang mit aufgenommen.

Vereinzelt wird auch der Ostteil der Hudson Bay mit dem Nastapoka Inselbogen zu diesen Strukturen gerechnet. (Beals, Halliday, 1967). Mit einem Durchmesser von 454 km entspräche diese Struktur dann dem Ringbecken Korolev.

Abb. 80

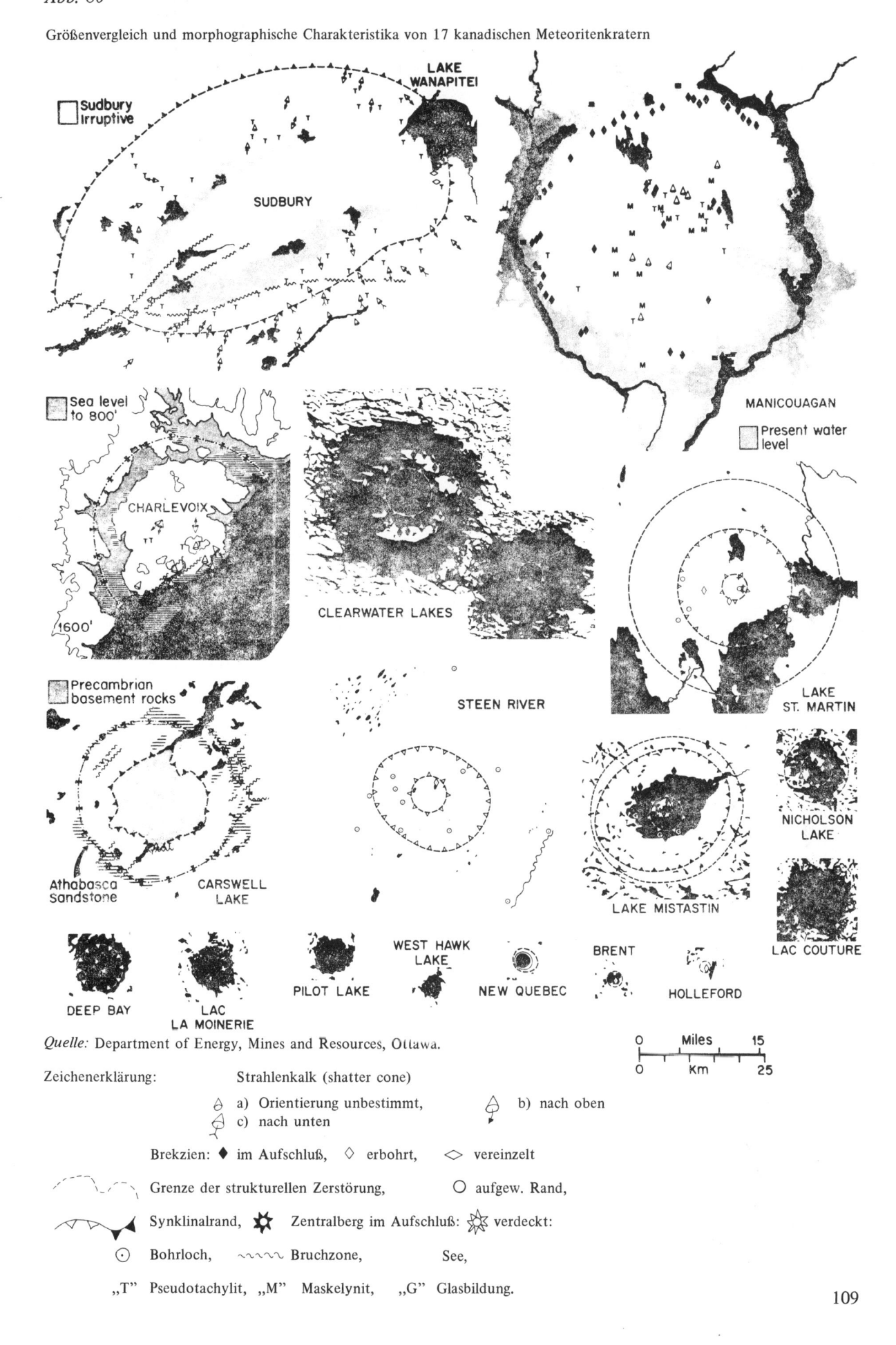

Größenvergleich und morphographische Charakteristika von 17 kanadischen Meteoritenkratern

Quelle: Department of Energy, Mines and Resources, Ottawa.

Zeichenerklärung: Strahlenkalk (shatter cone)

a) Orientierung unbestimmt, b) nach oben
c) nach unten

Brekzien: ♦ im Aufschluß, ◇ erbohrt, ◇ vereinzelt

Grenze der strukturellen Zerstörung, ○ aufgew. Rand,

Synklinalrand, ✱ Zentralberg im Aufschluß: ✵ verdeckt:

⊙ Bohrloch, ∿∿∿ Bruchzone, See,

„T" Pseudotachylit, „M" Maskelynit, „G" Glasbildung.

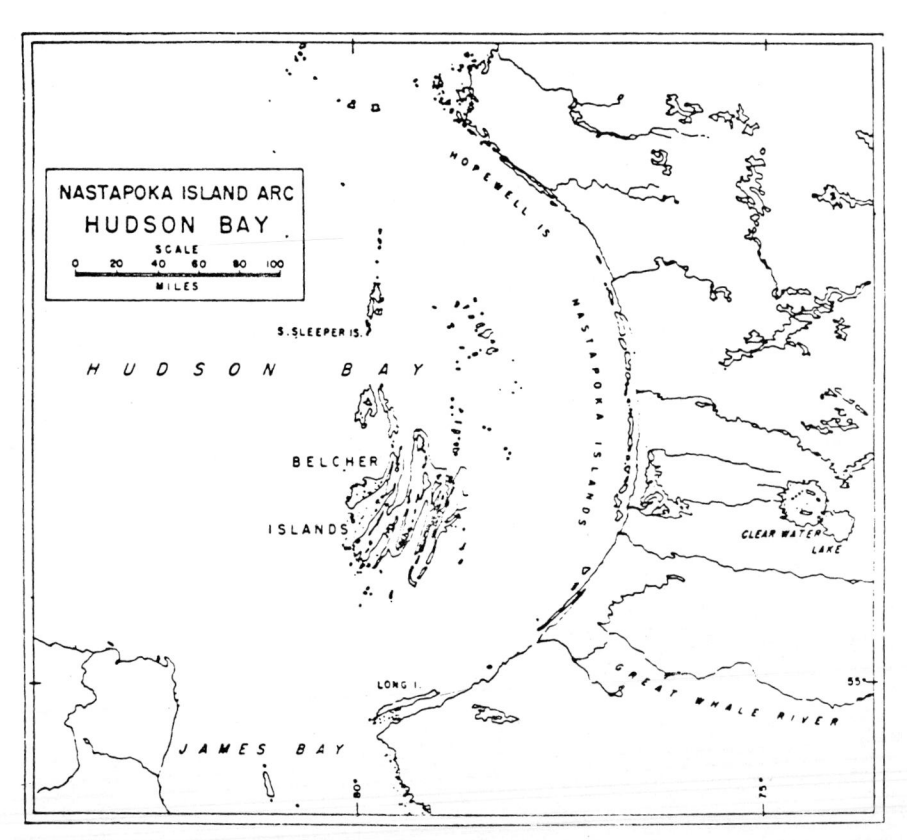

Abb. 81

Nastapoka-Inselbogen im Ostrand der Hudson Bay als Beispiel für eine terrestrische Großform von der Größe Korolevs, für die eine Entstehung durch einen Meteoriteneinschlag nicht auszuschließen ist.
Östlich davon die Clearwater Seen, die als Einschlagstruktur anerkannt sind.
aus: Beals, Halliday, 1967.

Anregungen zu weiterführenden Arbeiten

Bei der für diese Arbeit durchgeführten Literaturübersicht zu Arbeiten über terrestrische Krater wurde festgestellt, daß sehr viele Detailstudien und Einzelergebnisse weitgestreut publiziert sind, daß jedoch eine zusammenfassende Arbeit fehlt. Dazu kommt, daß auch zu den schon lange bekannten Kratern die unterschiedlichsten Angaben und Daten vorliegen. Eine kritische Monographie mit Sammlung der Literatur nach einheitlichen Gesichtspunkten wäre für vergleichende Studien der Krater von Erde, Mond und Mars sehr notwendig.

Auf der letzten Tagung der IAU, Bringhton 1970, wurde die Möglichkeit der Herausgabe eines Katalogs terrestrischer Kraterstrukturen zur einheitlichen Erfassung aller morphometrischen Daten diskutiert. F r y e r und T i t u l a e r (1970) hatten als Anregung dazu mit Unterstützung der ESRO vervielfältigte Manuskripte zu den kanadischen Einschlagkratern und indonesischen Calderen herausgebracht. Leider wurde ihr Vorschlag zur weiteren Ausarbeitung einer solchen Übersicht nicht weiter verfolgt.

Inzwischen ist jedoch durch den Start des ERTS-1 Satelliten (Earth Resources Technology Satellit), der aus einer Umlaufbahn von 900 km Höhe Multispektralaufnahmen der Erdoberfläche mit einer Bodenauflösung von optimal 100 m liefert, die Möglichkeit gegeben, einen Bildkatalog der terrestrischen Einschlagstrukturen mit Hilfe dieser Aufnahmen anzulegen.

Als Beispiel für die Qualität dieser Satellitenaufnahmen kann hier ein Bildausschnitt vom Golf von Neapel im Maßstab 1:1 Mill (Abb. 81) angeführt werden. Der Zentralkrater des Vesuv mit einem Durchmesser von 600 m ist gut zu vermessen. (Vergl. auch: Atlante International, Rom 1966, Blatt 22, 1:250000).

Am Max-Planck Institut für Kernphysik, Heidelberg, ist gegenwärtig eine deutsche Zentralstelle für Bilddaten der NASA im Aufbau, durch die Satellitenbilder von Erde, Mond und Mars gesammelt und zur Verfügung gestellt werden sollen (mündl. Mitt., Dr. B i n d e r, Juli 1973).

Für die Aufbereitung und weitere Auswertung der vom MPI Heidelberg durch die NASA zur Verfügung gestellten Aufnahmen werden die am Geographischen Institut der Universität München erprobten und in dieser Arbeit vorgestellten Hilfsmittel und Arbeitsweisen zur Bildanalyse herangezogen werden können.

Auf die konkreten weiterführenden Anwendungsbereiche ist im Verlaufe dieser Arbeit hingewiesen worden.

Abb. 82

Bildausschnitt aus ERTS-1017-09170, Kanal 5. 1:1 Mill.

Hinweis zu den bibliographischen Hilfsmitteln und zur Bildbeschaffung

Die Schwierigkeiten, die sich bei der Bild- und Literaturbeschaffung zur Bearbeitung eines Themas aus dem Bereich der *Planetary Geoscience* ergaben, lassen es als hilfreich erscheinen, einen kurzen Abschnitt mit Hinweisen zur bibliographischen Arbeit auf diesem Gebiet anzufügen.

Den hier angeführten Institutionen, die bereitwillig umfangreiches Material zur Verfügung stellten, sei an dieser Stelle nochmals gedankt.

Die Orbiter und Apollo-Bilder wurden vom

> **World Data Centre A Rockets and Satellites**
> **Goddard Space Flight Center Code 601**
> **Greenbelt, Maryland, 20771 USA**

zur Verfügung gestellt, zusammen mit den Bildkatalogen und Flugunterlagen der Apollo-Flüge 8 bis 14, sowie den Bildbedeckungs-Karten der Flüge 15–17. Bei den letzten Flügen ist das Material so umfangreich geworden, daß auch die Übersichtsmaterialien auf Mikrofilm nur gegen Kostenbeteiligung abgegeben werden können.

Umfassendste Sammel- und Verteilungsstelle aller US. Publikationen, sowohl staatlicher als auch mit öffentlichen Mitteln geförderter Institute ist das NTIS des US Handelsministerium:

> **National Technical und Information Service,**
> **US Department of Commerce, Clearinghouse,**
> **Springfield, Virginia 22151, USA.**

Die dort erfaßten Arbeiten werden in verschiedenen Besprechungsblättern bekannt gemacht und mit einer N-Jahrgangs-Einlaufnummer gekennzeichnet: z. B.

> N 66-21584, **Astrogeologic Studies**, Annual
> Progress Report, Part B, Crater Investigations,
> H. G. Wiltshire, e. a., 1965, 184 S.

Diese Arbeiten werden in der Bibliographie unter dem Verfassernamen zitiert, wobei am Ende die N-Nummer als Beschaffungsgrundlage angegeben wird. Diese sind wie Monographien und Zeitschriften hervorgehoben. Bücher und Broschüren sind als **Hard-Copy** (Papierkopien) zum einheitlichen Preis von 3 Dollar je 100 Seiten oder als Microfiche für 95 cent erhältlich.

Microfiche heißt der in der Dokumentation gebräuchliche Planfilm im 9 cm x 12 cm (o. ä.) Format, der bis zu 70 Textseiten A 4 aufnimmt. Die Versendung erfolgt nur gegen Vorauskasse oder Gutscheine.

In der BRD können alle vom Clearinghouse erhältlichen Arbeiten soweit sie sich mit Luft- und Raumfahrt oder Fernerkundung beschäftigen zum Preis von DM 1,– je Microfiche Blatt vom ZLDI, München, bezogen werden. Dazu sind Bestellformulare zu verwenden, die vorher anzufordern sind:

> **Zentralstelle für Luftfahrt Dokumentation und**
> **Information, ZLDI, 8 München 86, Postfach 880**

Dort liegen auch die Referateblätter zur Einsichtnahme aus, bzw. werden auf Wunsch von dort als „Karteikarten-Fachbibliographie" oder als „Standardprofil" zur laufenden gezielten Information versandt. Ein Standardprofil **„Morphologie der Mondoberfläche"** wurde auf Wunsch des Verfassers eingerichtet. Aufgeschlüsselt werden dort die Arbeiten aus STAR und IAA.

> **STAR-Scientific and Technical Aerospace Reports,**
> **NASA Scientific and Technical Information Division,**
> **Greenbelt, USA.**

Im STAR sind die N-Nummern angegeben. Er erscheint 14 tägig als ca. 500 Seiten dickes Buch im wöchentlichen Wechsel mit:

> **IAA-International Aerospace Abstracts, American**
> **Institute of Aeronautics and Astronautics Inc.,**
> **New York, USA.**

In den IAA, die die Arbeiten mit einer A-Einlaufnummer verzeichnen, werden auch alle die Fernerkundung- und Planetenerforschung betreffenden Zeitschriftenartikel und Universitätsschriften mit aufgeschlüsselt. Die Publikationen werden als Microfiche zum Preis von je 50 cent abgegeben, sind jedoch nicht über die ZLDI erhältlich. Für die Beschaffung dieser Universitätsschriften und Zeitschriftenaufsätze erwies sich als sehr hilfreich die Zusammenarbeit mit der

Technische Informationsbibliothek Hannover – Fernleihe –
3 Hannover 1
Welfengarten 1 B

die in der BRD als Zentral- und Reportbibliothek in diesem Bereich fungiert, und die bereitwillig Literatur, die über die normalen Fernleihbeziehungen nicht beschafft werden konnte, ankaufte. Bestellungen erfolgen gegen jeweils eine Pauschalgebühr von DM 3,–, die beim vorherigen Kauf der Bestellformulare zu entrichten ist.

Literatur, die nur mit einer NASA-SP Nummer zitiert ist, kann in der Regel nicht als Microfiche bezogen werden, und muß, soweit sie nicht über ZLDI oder TIB erhältlich ist, in den USA direkt gekauft werden; bei:

Superindentent of Documents US. Government Printing
Office Washington D. C. 20402 USA

Eine im Aufbau befindliche Bibliographie liefert als Computer-Ausdruck, bei Bestellung nach Stichwort, Autor oder Raketenstartnummer das o. a.

World Data Center A, Greenbelt, Maryland.

Für Fernerkundung und terrestrische Einschlagkrater ist sehr hilfreich:

RESORS-Canada Centre For Remote Sensing
Computer Based On-Line Document Retrieval System,

Technical Information Service,
2464 Sheffield Road
OTTAWA, Ontario,
K 1 A OE 4
Kanada

Es arbeitet für alle Geokategorien und Fernerkundungsverfahren im on-line Betrieb mit einer der Fragestellung entsprechenden Gewichtung. Ein solches Verfahren ist über den ESRO-Computer, an den auch das ZLDI angeschlossen ist, noch nicht benutzerorientiert einsetzbar.

Eine vierteljährlich erscheinende Bibliographie, die in den meisten Bibliotheken vorhanden ist, erscheint in der Zeitschrift **ICARUS**, ist jedoch in Bezug auf die NASA Publikationen nicht sehr umfangreich. Eine laufende bibliographische Übersicht enthält ferner die jetzt im vierten Jahrgang erscheinende Zeitschrift MOON.

Wertvolle Arbeiten erscheinen weiterhin regelmäßig an leichter zugänglichen Stellen in den Zeitschriften:
Science Nature, Sky and Telescope, Sterne und Weltraum, Umschau in Wissenschaft und Technik, Naturwissenschaftliche Rundschau, Journal of Geophysical Research sowie **Aviation Week & Space Technology, Meteoritics.**

Literaturverzeichnis

Im Anschluß an das Verzeichnis folgt eine Zusammenstellung wichtiger Autoren zu den Untersuchungsbereichen: „Mondforschung", „Auswerttechniken", „Äquidensitometrie", sowie „Kohärent-optische Bildverarbeitung und -Filterung".

Auf die „Hinweise zu den bibliographischen Hilfsmitteln" sei als Erläuterung zu diesem Literaturverzeichnis verwiesen.

Abkürzungen:
AAS – American Astronomical Society
AGARD – NATO Advisory Group for Aerospace Research and Technology
AW & ST – Aviation Week and Space Technology
Comm. LPL – Communications of the Lunar and Planetary Laboratory, Univ. of Arizona, Tucson.
EOS – Transactions of the American Geophysical Society
IEEE – Institute of Electrical and Electronical Engineers
NSSDC – National Space Science Data Center, Greenbelt
P.E. – Photogrammetric Engineering
SuW – Sterne und Weltraum
USGS – United States Geological Survey
BuL – Bildmessung und Luftbildwesen

ADLER, I., e.a., 1972, Apollo 16 Geochemical X-Ray Fluorescence Experiment, **N 72-27880.**

ADLER, J. E., SALISBURY, J. W., 1969, Circularity of Lunar Craters, **Icarus,** 10, 37–52.

AKCA, A., 1970, **Untersuchung zur Identifizierung einiger Objekte auf Schwarz-Weiß Bildern durch quantitative Beschreibung der Textur,** Dissertation, Freiburg, WS 69/70.

AKIMOV, L. A., 1972, (russ.), Möglichkeiten zur automatischen Bestimmung statistisch morphometrischer Charakteristika der Mondoberfläche, Kiev, **A-72-21833.**

ALLIED RESEARCH ASS., 1971, **Projekt Famos,** Proposal for Fourier Transform Analysis of Sea Ice Structure in Satellite Imagery, **Doc. 4313.**

ANDERSON, T. A., 1971, Lunar Orbiter Photographic Support Data, **NSSDC-71-13.**

ANDERSON, G. B., e.a., Piecewise Fourier Transform for Picture Bandwidth Compression, **IEEE Trans. Comm. Techn.,** Com. 19-2, 133–140.

–, 1971b, Frequency Domain Image Errors, **Pattern Recognition,** 3, 185–196.

APOLLO 8, 11–16, 1969–1972, NASA-SP (Special Publications), Superindentent of Documents, Washington, **Apollo Preliminary Science Reports.**

APOLLO 8, **NASA-SP-201**

APOLLO 11, **NASA-SP-214**

APOLLO 12, **NASA-SP-235**

APOLLO 14, **NASA-SP-272**

APOLLO 15, **NASA-SP-289**

APOLLO 16, **NASA-SP-315,** im Druck.
Die in diesen Sammelbänden aufgeführten Arbeiten sind nicht einzeln bibliographiert, da sie alle als grundlegendes Material mit heranzuziehen sind.

AGARD, 1970, Opto-Electronics Signal Processing, **AGARD-Conference Proceedings,** CP-50. **(ZLDi)**

ASHGIREI, G. D., 1963, **Strukturgeologie,** Berlin.

ARTHUR, D. W., 1963–1966, The System of Lunar Craters, **Comm. LPL.,** Bd. 2, No. 3, Bd. 3 No. 4, Bd. 4 No. 5, Bd. 5 No. 7o.

ARTHUR, D. W., WHITAKER, E. A., (eds.), 1960, Supplement to Lunar Photographic Atlas: **Orthographic Atlas of the Moon,** Tucson, 67 Tafeln.

BALDWIN, R. B., 1949, **The Face of the Moon,** Chicago.

–, 1963, **The Measure of the Moon,** Chicago.

–, 1969a, Ancient Giant Craters and the Age of the Lunar Surface, **Astron. Journal,** 74, 570–571.

–, 1969b, Absolute Ages of the Lunar Maria and Large Craters, **Icarus,** 11, 320–331.

BALDWIN, R. B., 1970a, Ages of Lunar Maria and Large Craters II, The Viscosity of the Moon's Outer Layers, **Icarus**, 13, 215–225.

–, 1970b, Summary of Arguments for a hot Moon, **Science**, 170, 1297–1300.

–, 1971, On the History of Lunar Impact Cratering: The Absolute Time Scale and the Origin of the Planitesimals, **Icarus**, 14, 36–52.

BALL, G. H., 1969, Pattern Recognition, in: MEETHAM, e. a., (eds.), **Encyclopedia of Linguistics, Information and Contol**, Oxford, 349–358.

BARABASHOV, N. P., e. a., 1961, **An Atlas of the Moon's Far Side**, Lunik III, New York.

BARRINGER, R. W., 1964, Meteorite Impact Structure **Meteoritics**, 2, 169 ff.

BASSETT, K. A., 1971, An Experiment in Terrain Filtering to Identify and Represent the Components of Erosional Terrain, **AREA**, 3, 78–91.

–, 1969, Filter Theory and Filter Methods in Geographic Research, **Univ. of Bristol Seminar Paper**, A-20.

BAUER, A., e. a., 1967, An Application of Optical Filtering in Coherent Light to the study of Aerial Photographs of Greenland Glaciers, **J. of Glaciology**, 6, 781–793.

BAZ, El, F., 1970, Lunar Igneous Intusions, **Science**, 167, 49–50.

–, 1973, Astrogeology, **Geotimes**, Jan. 73, 16–17.

BEALS, C. S., 1972, Lava Filled Craters in the Thermal History of the Lunar Surface, **Nature**, 237, 226–227.

BEALS, C. S., e. a., 1963, Fossil Meteorite Craters, in: MIDDLEHURST, B., (ed.), **The Solar System IV**, 235–284.

BEALS, C. S., Halliday, I., 1967, Terrestrial Meteorite Craters and their Lunar Counterparts, **Intern. Dictionary of Geophysics**, Vol. 2, London, 1520–1530.

BEELER, M., 1969, Lunar Orbiter Photographic Data, **NSSDC**, -69-05.

BENTLY, R. D., e. a., 1970, A Probable Impact Type Structur Near Wtumpka, Alabama, **EOS**, 51, 342.

BLACKMAN, R. B., Tukey, J. W., 1959, **The Mesurement of Power Spectra** – From the Viewpoint of Communications Engineering, New York.

BODECHTEL, J., Gierloff-Emden, H. G., 1969, **Weltraum-Bilder der Erde**, München.

BOWELL, E. L. G., 1971, Astronomy of the Earth-Moon System, in: GUEST, J., (ed.), **The Earth and its Satellite**, London, 17–21.

BOWKER, D. E., Hughes, J. K., 1971, **Lunar Orbiter Photographic Atlas**, NASA-SP-206.

BOYCE, R. R., Clark, J. A., 1964, The Concept of Shape in Geography, **Geographical Review**, 54, 561–572.

BÜLOW, K. v., 1965, Das lunare Lavaplateau Aristarch-Herodot, **SuW**, 4, 38 ff.

–, 1969, **Die Mondlandschaften**, Mannheim.

BUNCH, T. E., Short, N. M., 1968, A Worldwide Inventory of Features Characteristic of Rocks Associated with Presumed Meteoritic Impact Structures, in: FRENCH, B. M., SHORT, N. M., (eds.), **Shock Metamorphism of Natural Materials**, Baltimore, 255–266.

BREIDO, I. I., Ermoshino, K. P., 1969, Derivation of Isophotes for Extended Celestial Objects by Photographic Equidensitometry Method, **Soviet Astronomy**, 12, 686 ff.

BRYSON, R. E., e. a., 1967, The Variance Spectra of Certain Natural Series, in: GARRISON, W. L., e. a., (eds.), **Quantitative Geography**, Bd. 2, Evaston.

Mc CALL, J., 1966, The Concept of Volcano Tectonic Undation in Selenology, in: ORDWAY, F. I., (ed.), **Avances in Space Science and Technology**, Vol. 8, New York, 2–64.

CARLSON, R. H., Jones, G. D., 1965, Distribution of Ejecta from Cratering Explosions, **J. Geophysical Res.**, 70, 1897–1910.

Mc CASH, N. N., 1973, Apollo 15 Panoramic Camera, **P. E.**, 43, 65–79.

CASSIY, W. A., 1971, A Small Meteorite Crater, Structural Details, **J. Geophys. Res.**, 76, No. 17, 3896 ff.

Mc CAULEY, J. F., Holm, E. A., 1971, Lunar Terrain Mapping and Relative Roughness Analysis, **USGS Prof. Paper 599-G**.

Mc CAULEY, J. F., 1967, Surface Evidence Relating to Planetary Evolutions, in: RUNCORN, S. K., (ed.), **Mantles of the Earth and Terrestrial Planets**, London, 430–460.

–, 1969, The Domes and Cones in the Marius Hills Region, **Moon**, 1, 133 ff.

CHAO, E. E. C., 1966, Ries and Progressive Stages of Impact Metamorphism, **Fortschr. Mineralogie**, 44, 139–140.

CHAPMAN, C. R., e. a., 1970, Lunar Cratering and Erosion from Orbiter V Photographs, **J. Geophys. Res.**, 75, 1445–1465.

CHENOWTH, P. A., 1962, Comparison of the Ocean Floor with the Lunar Surface, **Geol. Soc. Am. Bull.**, 73, 199–209.

CHORLEY, R. J., 1962, Geomorphology and General Systems Theory, **USGS Prof. Paper 500-B**.

CIHLAR, J., Protz, R., 1972, Perception of Tone Differences from Film Transparencies, **Photogrammetria**, 48, H. 4.

COLWELL, R. N., 1952, Photographic Interpretation for Civil Purposes, in: Am. Soc. Photogrammetry, **Manual of Photogrammetry**, Washington, 535–602.

Mc CORD, T. B., 1969, Color Differences on the Lunar Surface, **J. Geophys. Res.**, 74, 3131 ff.

CRAWFORD, B. H., 1969, Visual Perception, in: MEETHAM, A. R., e. a. (eds.), **Encyclopedia of Linguistics, Information and Control**, Oxford, 373–388.

Mc CULLAGH, M. J., Davis, J. C., 1972, Optical Analysis of Two-Dimensional Patterns, **ASS. American Geographers Ann.**, 62, 561–579.

CUMMINGS, D., Pohn, H. A., 1966, Application of Moireé Patterns to Lunar Mapping, USGS Ann. Report 65/66, **N 67-31951**.

CURRIE, K. L., 1968, Mistastin Lake, Labrador, A New Canadian Crater, **Nature**, 220, 777.

–, 1970, A New Canadian Cryptoexplosion Crater at Lake St, Martin, **Nature**, 226, 839–841.

CUTRONA, C. J., 1966, Recent Developments in Coherent Optical Technology, in: TIPPET, J. T., e. a., (eds.), **Optical and Electrooptical Information Processing**, New York.

DANES, Z. F., 1970, Isostatic Processes on the Surface of the Moon, **EOS**, 51, 210.

DARLING, E. M., e. a., 1968, Pattern Recognition from Satellite Altitudes, **IEEE SC-4**, 38–47.

DAVID, E., 1969, Das Ries als physikalischer Vorgang, **Geologica Bavarica**, 61, 350–378.

DAVIES, M., 1924, die erklärende Beschreibung der Landformen, Berlin.

DEMONTE, F., e. a., 1970, Filtering and optimal Threshold Finding Procedutes for Automatic Processing of Bidimensional Lineal Patterns, in: **AGARD**, CP-50.

DENCE, M. R., 1965, The extraterrestrial Origin of Canadian Craters, **New York Academy of Sciences, Annals**, 123, 941–969.

–, 1971, Impact Melts, **J. Geophys. Res.**, 76, No. 23, 5552 ff.

DENNIS, J. D., 1971, Ries Structure: A Review, **J. Geophys. Res.**, 76, No. 23, 5394-5307.

DIETZ, R. S., e. a., 1969, Richat and Semsiyat Domes, Mauretania, Not Astroblems, **Geol. Soc. Am. Bull.**, 80, 1367–1372.

DOLKE, G. W., 1969, Implementation of Pattern Recognition Techniques as Applied to Geoscience, NASA-CR-101755, **N 69-30697**.

McDONALD, T. L., 1931, On the Determination of Relative Lunar Altitudes, **J. British Astr. Ass.**, 41, 367–379.

DOLLFUS, A., (ed.), 1967, **Moon and Planets**, Amsterdam.

DONALDSON, J. R., 1969, The Lunar Crater Dawes, **P. E.**, 35, 239–245.

DORN, van, W. G., 1968, Tsunamis on the Moon?, **Nature**, 220, 1102 ff.

DOVERSPIKE, G. E., e. a., 1965, Micodensitometer Applied to Land-Use Classification, **P. E.**, 31, 294–336.

DUDA, R., e. a., 1971, A Survey of Pattern Classification and Scene Analysis, **AD-71-8380**.

DURY, G. H., 1969, Perspectives on Geomorphic Processes, **Am. Ass. Geogr.**, Resource Paper 3.

–, (1972), Some Current Trends in Geomorphology, **Earth Science Reviews**, 8, 45–72.

EFRON, E., 1968, Image Processing by Digical Systems, **P. E.**, 1058 ff.

EHMAN, W. D., Morgan, J. W., 1970, Twin Terrstrial Impact Craters, **Nature**, 225, 255.

ELLIOT, A., 1970, A Photographic Method for Recording Lines of Constant Optical Density in a Negative, **J. Photog. Sci.**, 181, 68 ff.

ENZMANN, R., 1965, Ballance of Endogenic and Exogenic Energy in the Crust of the Moon, **New York Acad. Sci. Ann.**, 123, 532 ff.

–, 1968, Geomorphology – Extended Theory, in: FAIRBRIDGE, R. W., (ed.), **Encyclopedia of Geomorphology**, New York, 404 ff.

FAIRBRIDGE, R. W., (ed.), 1967, **Encyclopedia of Atmospheric Science and Astrogeology**, New York.

–, 1968, **Encyclopedia of Geomorphology**, New York.

FECHTIG, H., e. a., 1972, Laboratory Simulations of Lunar Craters, **Naturwissenschaften**, 59, 151–157.

FEZER, F., 1971, Photointerpretation Applied to Geomorphology, A Review, **Photogrammetria**, 27, 7–53.

FIELDER, G., 1961, **Structure of the Moon's Surface**, London.

–, 1965, **Lunar Geology**, London.

—, 1971, Evidence for Volcanism and Faulting on the Moon, in: FIELDER, G., (ed.), **Geology and Physics of the Moon**, Amsterdam.

FIELDER, G., Fielder, J., 1971, Lava Flows and the Origin of Small Craters in Mare Imbrium, in: FIELDER, G., (ed.), **Geology and Physics of the Moon**, Amsterdam.

FIELDER, G., e.a., 1972, Lunar Crater Origin in the Maria from Analysis of Orbiter Photographs, **Phil. Trans. Royal Society**, 271, 161–409.

FINCH, W. A., e.a., 1972, Earth Resources Technology Satellite – Symposium Proceedings, Sept. 1972, **NASA-X-650-73-10**.

FISHER, R. W., Waters, A. C., 1969, Bed Forms in Base-Surge Deposits: Lunar Implications, **Science**, 165, 1349–1452.

FLOWER, D. W., 1971, A Note on the Automatic Generation and Recognition of Textures, **NASA-TN-D-5933**.

FONTANEL, A., e.a., 1967, Methode d'etude et depoullement des photographies aeriennes par diffraction de la lumiere coherente issue d'un laser, **Actes du IIe Symp. Intern, de Photointerpretation**, Paris.

FONTANEL, A., Grau, G., 1968, Traitement Optique de l'information en geophysique et dans le domaine de la photographie aerienne, **Onde electrique**, 48, 1–10.

FRANKE, H. W., Gumtau, M., 1972, Neue Auswerttechnik von Mondbildern, Korolev-Bilder, **Bild der Wissenschaft**, H. 3, 270–275.

FREEBERG, J. F., 1971, Bibliography of the Lunar Surface, NASA-PB-194206, **N 71-14287**.

—, 1965, Bibliography on Terrestrial Impact Structures, **USGS Bull.**, No. 1220.

FRENCH, B. M., Short, N. M., (eds.), 1968, **Shock Metamorphism of Natural Materials**, Baltimore.

FRENCH, B. M., Hargraves, R. B., 1971, Bushveld Igneous Complex; Absence of Shock-Metamorphic Effects, **J. of Geology**, 79, 616–620.

FRENCH, B. M., Lowman, P. D., 1970, A Glossary of Terms Related to Shock Metamorphism and Lunar Geology, **N 70-30031**.

FRENCH, B. M., 1970, Tenoumer Crater, Mauretania, Age and Petrologic Evidence for Origin by Meteorite Impact., **J. Geophys. Res.**, 75, 4396–4406.

FRANCON, M., 1972, **Holographie**, Berlin.

FRYER, R. G., 1971, Origin of Lunar Craters, in: G. FIELDER, (ed.), **Geology and Physics of the Moon**, Amsterdam.

FRYER, R. G., Titulaer, C., (eds.), 1970, **Catalogue of Terrestrial Crateriform Structures**, Part II, Indonesia, Umdruck, Meudon.

FUDALI, R. F., Melson, W. G., 1970, Secondary Craters as a Clue to Primary Crater Origin on the Moon, **Meteoritics**, 4, 273 ff.

FÜRBRINGER, W., 1970, Eine neue Methode zur Konnektion von Schichten, **Z. f. Geomorphologie**, NF. 14, 219–227.

GAHM, J., 1972, **Handbuch für die visuelle Messung** mit dem quantitativen Fernsehmikroskop Micro-Videomat, Zeiss, Oberkochen.

GAST, P. W., McConnell, R. K., 1972, Evidence for Internal Layering of the Moon, Abstracts, **Third Lunar Science Conferene**, 389 ff.

GAULT, D. E., 1970, Saturation and Equilibrium Conditions for Impact Cratering on the Lunar Surface; Criteria and Implications, **Radio Science**, 5, 273–291.

GILVARRY, J. J., e.a., 1969, The Nature of the Lunar Mascons, **Am. Astr. Soc. Bull.**, 1, 241–242.

GIERLOFF-EMDEN, H. G., Schröder-Lanz, H., 1970–1972, **Luftbildauswertung**, 3 Bd. Mannheim.

GIERLOFF-EMDEN, H. G., Rust, U., 1971, Verwertbarkeit von Satellitenbildern für geomorphologische Kartierungen in Trockenräumen; Bildinformation und Geländetest, **Münchner Geographische Abh.**, H. 5.

GIERLOFF-EMDEN, H. G., 1971a, The Significance of Satellite Photographs for the Study of Oceanography, sowie: Satellite Photographs as an Aid in the Identification of Topographical Structures, in: ZEISS/USIS (eds.), **The Great Project**, Oberkochen, 85–112.

—, 1971b, Auswertung und Äquidensitenumsetzung der Bilder „Galvaston" und „Bahamas" in: **ZEISS-Kalender: Weltraumphotographie**, Zeiss Oberkochen, 1971.

McGILL, M. R., 1971, Attitude of Fractures Bounding Straight and Arcuate Rilles, **Icarus**, 14, 53–58.

GILLIAM, L. B., White, O. R., 1970, Photographic Isophotes of Solar Fine Structure, **Am. Astr. Soc. Photo Bulletin**, No. 2.

GOODMAN, J. W., 1964, **Introduction to Fourier Optics**, New York.

GREBOWSKY, G., e.a., 1970, Elemination of Coherent Noise in a Coherent Light Imaging System, **NASA-X-521-70-76**.

GREELEY, R., Gault, D. E., 1970, Precision Size-Frequency Distribution of Craters for 12 Selected Areas Of the Lunar Surface, **Moon**, 2, 10–77.

GREEN, J., 1962, The Geosciences Applied to Lunar Exploration, in: KOPAL, Z., **The Moon,** London, 169–258.

GREEN, J., 1965, Hooks and Spurrs in Selenology, **New York Acad. Sci. Ann.,** 123, 173–402.

–, 1970, Morphological Features of the Moon, **Geotimes,** Juni 1970, 17.

GREIS, U., 1968, **Untersuchungen zur subjektiven Detailerkennbarkeit** mit Hilfe der Fouriertransformation und Ortsfrequenzfilterung, Dissertation, München.

GREEN, J., Short, N. M., 1971, (eds.), **Volcanic Landforms and Surface Features,** A Photographic Atlas and Glossary, New York.

GREGORY, W. H., 1973 a, Rocks Affirm Lunar Highland Complexity, **AW & ST,** March 5, 45–46.

–, 1973 b, Crew Stresses Complexities, Restraints of Apollo 17 Site, **AW & ST,** March 12, 14–16.

GUEST, J. E., Murray, J. B., 1969, Nature and Origin of Tsiolkowsky Crater, **Planetary and Space Science,** 17, 121–141.

–, 1971, A Large Scale Surface Pattern Associated with the Ejecta Blanket and Rays of Copernicus, **Moon,** 3, 326–336.

GUEST, J. E., 1971 a, Geology of the Moon, in: GUEST, J. E. (ed.), **The Earth and its Satellite,** London, 120–140.

–, 1971 b, Geology of the Far Side Crater Tsiolkowsky, in: FIELDER, G., (ed.), **Geology and Physics of the Moon,** Amsterdam, 93–103.

–, 1971 c, Centres of Igneous Activity in the Maria, in: FIELDER, G., (ed.), **Geology and Physic of the Moon,** Amsterdam, 41–53.

GÜNTHER, R., 1972, Remote Sensing in der Geologie, **BMBW-FB-W 72-28 (ZLDi).**

GUMTAU, M., 1970, Hinweise zur Orbiter-Bildauswertung, **BuL,** 38, 171–175.

–, 1971 a, Äquidensiten als Hilfsmittel zur Analyse von Mondbildern, Unveröff. Vortrag, Summer School an Lunar Studies, Patras, cf. **Moon,** 3, 365.

–, 1971 b, Der Kopierfilm Agfacontour, Mondbild 2056 (Korolev) in Farbkodierung, in: **Der Fotohändler,** 8/71; 344, **Der Fotomarkt,** 5/71, S. 46.

–, 1971 c, **Fotointerpretation extraterrestrischer Mondaufnahmen** zur Erfassung der Morphologie, Unveröff. Zulassungsarbeit zum Staatsexamen, München.

–, 1972, Mondboden in der fotografischen Analyse, **Hobby,** 9, 72–75.

GUPPY, D. J., e. a., 1971, Liverpool and Stranways Craters, Australia, **J. Geophys. Res.,** 76, No. 23, 5387–5394.

GUSTAFSON, G., 1973, Orthofotografie und Faktorenanalyse in der Geographie, Dissertation, **Münchner Geographische Abh.,** Bd. 11

GUTSCHEWSKI, G. L., Kinsler, D. C., 1970, Atlas and Gazetter of the Near Side of the Moon, **NASA-SP-241.**

HEAFNER, H., e. a., 1972, Zur Automatischen Messung und Registrierung von Schwärzungsverteilungen und Texturen, **BuL,** 40, 173–182.

HANSEN, T. P., e. a., 1971, Guide to Lunar Orbiter Photographs, **NASA-SP-242.**

HANSEN, S. M., 1964, Recommended Explosion-Crater Nomenclature, **Geophysics,** 29, 772–773.

HARBOUGH, J. W., Preston, F. W., 1966, Fourier Series Analysis in Geology, in: BERRY, B. J., e. a., (eds.), **Spatial Analyis,** Englewood, 218–238.

HARGRAVES, R. B., Buddington, A. F., 1970, Analogy between Anorthosite Series on the Earth and Moon, **Icarus,** 13, 375–382.

HARTMANN, W. K., Kuiper, G.P., 1962, Concentric Structures Surrounding Lunar Basins, **Comm. LPL,** No. 12.

HARTMANN, W. K., Yale, F. G., 1968, Lunar Crater Counts IV, Mare Orientale, **Comm. LPL,** No. 117.

HARTMANN, W. K., 1963, Radial Structures Surrounding Lunar Basins I, The Imbrium System, **Comm. LPL.,** No. 24.

–, 1964, Lunar Basins II, Orientale and other Systems, **Comm. LPL,** No. 36.

–, 1966 a, Early Lunar Cratering, **Icarus,** 6, 406–418.

–, 1966 b, Secondary Volcanic Impact Craters and Comparisons with the Lunar Surface, **Icarus,** 7, 66–75.

–, 1968 a, Volcanic Eruptions Near Aristarchus, Comm. LPL., Vol. 7, No. 3, **N 69-12808.**

–, 1968 b, Lunar Crater Counts VI, The Young Craters, Comm. LPL., No. 119.

–, 1970, Lunar Cratering Chronology, Icarus, 13, 299–301.

HEACOCK, J., e. a., 1969, Lunar Photography – Techniques and Results, **Space Science Reviews,** 19, 491–616.

HEAD, J. W., Goetz, H. F. H., 1972, Decartes Region-Evidence for Copernican Age Volcanism, **J. Geophys. Res.,** 77, No. 8, 1368–1374.

HEAD, J. W., 1969, Distribution and Interpretation of Crater Related Facies: Aristarchus, **EOS,** 50., 637.

HEIDE, F., 1957, **Kleine Meteoritenkunde,** Berlin.

HILTNER, W. A., (ed.), 1962, **Astronomical Techniques,** Stars and Stellar Systems, Vol. 2, Chicago.

HÖGNER, W., Richter, N., 1966, Photographische Äquidensitometrie, **Jenaer Rundschau,** 315–323.

HÖGNER, W., 1969, Über die Herstellungstechnik photographischer Äquidensiten, **Jenaer Rundschau,** 340–345.

HÖRZ, F., (ed.), 1971, Meteorite Impact and Volcanism, Heft 23, **J. Geophysical Res.,** 73.

HOPPER, E., e. a., 1971, Applications and Limitations of the Fast Fourier Transform, N 71-11685.

HUNTER, G. T., Bird, S. J. G., 1970, Critical Terrain Analysis, **P. E.,** 36, 939 ff.

INSTITUT Francais du Petrole, 1966, **Filtre Optique FO 100,** Paris.

JAGODZINSKI, H., Korekawa, M., 1972, Störungen des Gitterbaus in Mondmineralien, **Umschau,** 72, 663.

JULEZ, B., 1969, Stereopsis as an Aspect of Perseption, in: MEETHAM, A. R., e. a. (eds.), **Encyclopedia of Linguistics, Information and Control,** Oxford, 368–372.

KAMINSKI, H., Helae, A., 1971, Äquidensitenbilder in der Geologie, **Umschau,** 71, 739–741.

KAMMERER, J., 1973, The Moon Camera and its Lenses, **P. E.,** 39, 59–63.

KAULA, W. M., e. a., 1971, Analysis of Lunar Altimeter, Abstracts, **Third Lunar Science Conference,** 445 ff.

KLEIN, Jr., C., 1972, Lunar Materials: Their Mineralogy, Petrology and Chemistry, **Earth Science Reviews,** 8, 169–204.

KONECNY, G., 1968, Some Problems in the Evaluation of Lunar Orbiter Photographs, **The Canadian Surveyor,** 12, 359 ff.

KOPAL, Z., Mikhailov, Z., (eds.), 1962, **The Moon,** London.

KOPAL, Z., Goudas, C., (eds.), 1967, **Measure of the Moon,** Dordrecht.

KOPAL, Z., 1962, **Physics and Astronomy of the Moon,** New york.

–, 1968, **Exploration of the Moon by Spacecraft,** Edinburgh.

–, 1969, The Erosion Processes of the Lunar Surface, **Space Research IX,** Amsterdam, 657–677.

–, 1970, On the Depth of the Lunar Regolith, **Moon,** 1, 451–461.

–, 1972, **An Introduction to the Study of the Moon,** 2. Aufl., Dordrecht.

KOSOFSKY, C., El Baz, F., 1970, The Moon as Viewed by Lunar Orbiter, **NASA-SP-200.**

KOVAL, I. K., (ed.), 1968, Astrometry and Astrophysics I, Physics of the Moond and Planets. Kiev, Übers. in engl., **NASA-TT-F-566.**

KRAUT, F., French, B. M., 1971, The Rochechouart Impact Structure, France, **J. Geophys. Res.,** 76, H. 23, 5407 ff.

KRITIKOS, G., 1971, Einige Verfahren zur digital Bildauswertung, **BuL,** 39, 242–252.

KRÖNER, A., 1972, Mechanismen der Krustendeformation während der frühen Erdgeschichte, **Umschau,** 72, 666–668.

LANCE, R., Onat, E., 1962, A Comparison of Experiments and Theory in the Plastic Bending of Circular Plates, **J. Mech. Phys. Solids,** 10, 301 ff.

LANGBEIN, W. B., 1947, Topographic Characteristics of Drainage Basins, **USGS Water Supply Paper,** 968.

LAU, E., Krug, W., 1968, **Equidensitomety,** New York.

LATHAM, G. V., 1971, Lunar Seismology, **EOS,** 52, 162–165.

LAUER, W., Breuer, T., 1972, Wettersatellitenbild und klimaökologische Zonierung, **Erdkunde,** 26, 81–98.

LEVISON, A. A., (ed.), Lunar Science e Conferences 1–3, Houston, **Geochimia et Cosmochimia,** Supplements, 1–3, 1971–1972.

LEVISON, A. A., Taylor, R., 1971, **Moon Rocks and Minerals,** New York.

LIPSKY, Yu., N., 1965, Zond 3 Photographs of the Moon's Far Side, **Sky and Telescope,** 30, 338 ff.

LEVI, L., 1970, Toward Formulation of Criteria for Image Enhancement, **N 70-38339**

LEVIN, B. J., 1971, Magmatic Differentiation of the Moon, **Chem. Erde,** 30, 251–257.

LISINA, L. R., 1968, A Photometric Method of Lunar Topography, in: KOVAL, I. K., (ed.), **NASA-TT-F-566,** 1–33.

LOWMAN, P. D., 1969, **Lunar Panorama,** A Photographic Guide to the Geology of the Moon, Zürich.

–, 1967, Terrain Photography on the Gemini IV Mission, NASA-TN-D-3982, **N 67-27274.**

–, 1970, The Geologic Evolution of the Moon, **NASA-X-644-70-381.**

–, 1972, Geologic Evolution of the Moon, **J. of Geology,** 80, 125 ff.

LUGT, van der, A., 1968, A Review of Optical Data Processing Techniques, **Optica Acta,** 15, 1–33.

LUNAR NOMENCLATURE, 1970, Working Group of IAU, Comm. 17, Brighton, **14th General Assably, Umdruck.**

LYON, R.J.P., 1972, Exploration Application of Remote Sensing Technology, **Mining Congress Journal**, Reprint.

MARCUS, A., 1966, A Stochastic Model of the Formation and Survival of Lunar Craters II + IV, **Icarus**, 5, 165–200; Teil V, **Icarus**, 5, 590–605.

–, 1967, Ibid, Teil VI, **Icarus**, 6, 56–74.

–, 1967 b, Further Interpretation of Crater Depth Statistic of Lunar History, **Icarus**, 7, 407–409.

–, 1969, Variance of Lunar Slopes, **N 69-200023**.

–, 1970 a, Distribution and Covariance Function of Elevations on a Cratered Planetary Surface, **Moon**, 1, 297–337.

–, 1970 b, Comparison of Equilibrium Size Distribution for Lunar Craters, **J. Geophys. Res.**, 75, 4977–4984.

MARSAL, D., 1967, **Statistische Methoden für Erdwissenschaftler**, Stuttgart.

MASON, B., Melson, W. G., 1970, **The Lunar Rocks**, New York.

MASURSKY, H., 1972, An Apollo 14–15 View of Lunar Geology, **Third Lunar Science Conference**, Abstracts, 523 ff.

MEIENBERG, P., 1966, Die Landnutzungskartierung nach Pan-Infrarot und Farbluftbildern, **Münchner Studien zur Sozial- und Wirtschaftsgeographie**, Heft 1.

MERIFIELD, P. M., e.a., 1969, Interpretation of Extraterretrial Imagery, **P. E.**, 35, 477–492.

MEISSNER, R., 1971, Aufbau und Entwicklung des Mondes, **Umschau**, 71, 879–886.

MIDDLEHURST, B. M., Moore, P. A., 1967, Lunar Transient Phenomena: Topographic Distribution, **Science**, 155, 449–451.

MILTEN, D. J., e.a., 1972, Gosses Bluff Structure, **Science**, 175, 1199–1207.

MITCHEL, R. H., 1969, Application of Optical Data Processing Techniques to Geological Imagery, AD 69–5120, N 70-14158.

MIKHAILOV, A. Yu., 1972, Types of Tectonic Movements, **Intern. Geol. Review**, 14, 789 ff.

MONTANARI, U., Reddy, R., 1971, Computer Processing of Natural Scenes: Some Unsolved Problems, in: **AGARD, CP-94**, 12-1 ff.

MOORE, H. J., 1971, Geologic Interpretation of Lunar Data, **Earth Science Reviews**, 7, 5–33.

MORGAN, J. W., 1973, Meteoritisches Material auf dem Mond, **Umschau**, 73, 277–278.

MÜLLER, W. F., 1970, Stoßwelleneffekte in den Mondmineralien, **Umschau**, 70, 331–335.

MURRAY, J. B., Guest, J. E., 1970, Circularity of Craters and related Structures on Earth and Moon, **Modern Geology**, 1, 149–159.

MURRAY, J. B., 1971 a, Historical Introduction to Lunar Studies, in: GUEST, J. E., (ed.), **The Earth and its Satellite**, London.

–, 1971 b, Sinous Rilles, in: FIELDER, G., (ed.), **Geology and Physics of the Moon**, Amsterdam.

–, 1972, **The Geology and Geomorphology of the Aristarchus Plateau Region of the Moon**, M. Phil. Thesis, University of London, Unveröff.

MUSGROVE, R. G., 1969, Photometry for Interpretation, **P. E.**, 35, 1025–1028.

MUTCH, T. A., Saunders, R. S., 1969, Hommel Quadrangle, **N 69-67942**.

MUTCH, T. A., 1970, **Geology of the Moon**, – A Stratigraphic View, Princeton.

NAGY, G., 1972, Digital Image-Processing Activities in Remote Sensing for Earth Resources, **Proc. IEEE**, 60, 1177–1198.

NANCE, R., 1970. Positions of Lunar Features from Apollo 8, **J. Geophys. Res.**, 75, No. 11, 2029 ff.

NANY, J. P., Cazabat, Ch., 1971, Les Equidensites Colorees Application de la Photo Interpretation, **Soc. Francaise, de Photogrammetrie Bulletin**, No. 43.

NASA, Superindentent of Documents, Washigton D. C., *vergl. auch: Apollo, Bowker, Gutschewski, Kosofsky, Hansen.*

–, **SP-246**, Lunar Photographs from Apollo 8, 10, 11, (1971).

–, **SP-248**, Analysis of Surveyor 3 Materials and Photography by Apollo 12, (1972).

–, (Hrsg.), Bibliography on Remote Sensing Techniques and Geographic Application, **N 68-36402** (1968).

–, (Hrsg.), Remote Sensing of Earth Resources: A Literature Survey, **N 70-41047**, (1970).

NEWELL, H. E., e.a., 1969, **Satelliten erkunden Erde und Mond**, Frankfurt.

NORMAN, P. E., 1969, Out of this World Photogrammetry, **P. E.**, 35, 693 ff.

NYBERG, S., e.a., 1971, Optical Processing for Pattern Properties, **P. E.**, 37, 548 ff.

OBERBECK, V. R., 1971, A Mechanism for the Production of Lunar Crater Rays, **Moon**, 2, 263–278.

OBERBECK, V. R., Quaide, W. L., 1968, Genetic Implications of Lunar Regolith, Thickness, **Icarus**, 9, 446–465.

ÖPIK, E. J., 1969, Cratering and the Moons Surface, NASA-CR-99212, **N 69-17114**.

OROWAN, E., 1969, The Origin of the Oceanic Ridge, **Sci. Am.**, 200, 130–140.

OSTHEIDER, M., 1972, **Das Gesamtsystem von Datenaufnahme und -Verarbeitung in Luftbildern**, Zulass.-Arbeit in Geogr., Staatsexamen München, Unveröff.

OSTER, G., e. a., 1963, Moiree Patterns, **Sci. Am.**, 208, 54–63.

PALGEN, J. O., 1970, Application of Optical Processing for Improving ERTS Data, **Allied Research Paper**, Techn. P. 16.

PAPANASTASSIOU, D. A., e. a., 1970, Rb-Sr Ages of Lunar Rocks, **Earth and Planetary Science Letters**, 8, 1–19 und 169–278.

PEEL, R. F., 1967, Geomorphology, Trends and Problems, **Adv. of Science**, 205–215.

PENCK, W., 1929, **Die geomorphologische Analyse**, Stuttgart.

PIKE, R. J., 1967, Schröter's Rule and the Modification of Lunar Crater Impact Morphology, **J. Geophys. Res.**, 72, 2099–2106.

–, 1968, **Meteorite Origin and Consequent Endogenic Modification of Large Lunar Craters**, A Study in Analytic Geomorphology, Ph D Thesis, Michigan University, **University Microfilms**.

–, 1971, Genetic Implication of the Shapes of Martian and Lunar Craters, **Icarus**, 15, 384 ff.

–, 1972, Hight-Depth Ratios of Lunar and Terrestrial Craters, **Nature**, 234, 56–57.

PINCUS, H. J., 1969, The Analysis of Remote Sensing Displays by Optical Diffraction, **Fourth Intern. Symp. on Remote Sensing of Environment**, Ann Arbor, Abstract, 261 ff.

PLATZER, H., Etschberger, H., 1972, Fouriertransformation zweidimensionaler Signale, **Laser + Elektro-Optik**, 3–16.

PHON, H. D., 1969, The Moon's Photometric Function Near Zero Phase Angle, **Astronomical Journal**, 157, L 193–197.

POHN, H. D., Wildey, R. L., 1970, Photoelectronic-Photographic Study of the Normal Albedo of the Moon, **USGS-Prof. Paper 599-E**.

POHN, H. D., Offield, T. W., 1969, Lunar Crater Morphology and Relative Age Determination, USGS-Astrogeology 13, **N 69-40048**.

PREUSS, E., 1969, Kennzeichen von Meteoritenkratern mit Bezug auf das Ries, **Geol. Bavarica**, 61, 389–400.

QUAIDE, W. L., Oberbeck, V. R., 1968, Thickness Determination of the Lunar Surface Layers, **J. Geophys. Res.**, 73, No. 6, 5247–5270.

–, 1969, Geology of the Apollo Landind Sites, **Earth Science Reviews**, 5, 255–278.

RANSFORD, G. A., e. a., 1970, Lunar Landmark Locations, **N 71-12042**.

RANZ, E., Schneider, S., 1970, Der Äquidensitenfilm Agfacontour als Hilfsmittel bei der Photointerpretation, **BuL**, 38, 123–134.

–, 1971, Progress in the Application of Agfacontour Equidensity Film for Geo-Scientific Photo Interpretation, **Proc. 7th Intern. Symp. on Remote Sensing of Environment**, AnnArbor, Abstract, 779–786.

–, 1972, Rasteräquidensiten in der Luftbild Interpretation, **BuL**, 40, 189 ff.

RATTLIFF, F., 1972, Contour and Contrast, **Sci. Am.**, 206, 91–101.

RICHTER, N., Högner, W., 1963, Zur Anwendung der Äquidensitometrie auf astronomische Probleme, **Astron. Nachrichten**, 261–275.

RIFAAT, A., 1966, Isodensitometric Measurements of Lunar Slopes from Ranger Photographs, in: KOPAL, Z. (ed.), **Measure of the Moon**, London.

RITTMANN, A., 1960, **Vulkane und ihre Tätigkeit**, Stuttgart.

ROBINSON, J. E., e. a., 1969, Structural Analysis Using Spatial Filtering in Interior Plains of South-Central Alberta, **Am. Ass. Petroleum Geologist Bulletin**, 53, 3241 2367.

–, 1972, Enhancement of Patterns in Geology Data by Spatial Filtering, **J. of Geology**, 80, 333–345.

RÖHLER, R., 1967, **Informationstheorie in der Optik**, Stuttgart.

RONCA, L. B., Green, R. R., 1970, Statistical Geomorphology of the Lunar Surface, **Geol. Soc. Am. Bull.**, 81, 337–352.

RONCA, L. B., 1971, Age of Lunar Mare Surfaces, **Geol. Soc. Am. Bull.**, 82, 1743–1748.

ROSENBRUCH, K. J., 1959, Die Kontrastempfindlichkeit des Auges als Beitrag zur Gütebewertung optischer Bilder, **Optik**, 16, 135–145.

ROSENFELD, A., 1969, **Picture Processing by Computer**, New York.

ROSS, D., 1969, Remote Sensing: Bahamas from Space, **Nat. Geogr. Mag.**, 135, 55.

—, 1971, Enhancing Aerospace Imagery for Visual Interpretation, in: Soc. of Photo-Optical Instrumentation Engineers – SPIE –, 15th Annual Symp. Proceedings, Vol. 13, 435–445.

ROWAN, L. C., e. a., 1971, Lunar Terrain Mapping and Relative Roughness Analysis, **USGS Prof. Paper 599-G, N72-15759.**

RÜHL, A., 1968, Comparison of American and Soviet Systems for the Lunar Far Side, **Icarus**, 9, 395–397.

RUNCORN, S. K., 1969, Vorträge auf: „Advanced Study Institute-Summer School on Lunar Studies", Newcastle.

RUNCORN, S. K., Urey, H. G., 1972, (eds.), **The Moon**, Dordrecht. Vorträge der IAU Comm. 17, Newcastle 1971.

SAUNDERS, R. S., 1970, Morphology and Origin of Lunar Craters, **Polarforschung**, 40, 33–53.

SCHEIDEGGER, A. E., 1961, **Physical Geomorphology**, London.

SCHMIDT-THOME, 1972, Lehrbuch der Allgemeinen Geologie, Bd. 2, **Tektonik**, BRINKMANN, R., (Hrsg.), Stuttgart.

SCHREIBER, W. F., 1967, Picture Coding, **Proc. IEEE**, 50, 320–330.

SCHULTE, O. W., 1951, The Use of Panchromatic Infrared and Colour Photographs in the Study of Plant Distribution, P. E., 17, 688–714.

SCHULTZ, P. H., **A preliminary morphologic Study of the Lunar Surface**, Ph. D. Thesis, 1972, Texas Univ., Univ. Microfilms 73-7640.

SEEGER, C. R., 1970, a Geologic Criterion Applied to Lunar Orbiter V Photographs, **Modern Geology**, 1, 203–210.

SHAMIR, J., Winzer, G., 1972, Coherent Optical Processing of Data Recorded by Conventional Ink-Tracing, **Optica-Acta**, 19, 795–805.

SHARP, A., 1970, St. Magnus Bay, Shetland, A Probable British Meteorite Crater of Large Size, **Moon**, 2, 144–156.

SHOEMAKER, E. M., 1962, Interpretation of Lunar Craters, in: KOPAL, Z., (ed.), **Physics and Astronomy of the Moon**, London, 383–395.

—, 1963, Impact Mechanics at Meteor Crater, Arizona, in: MIDDLEHURST, B., KUIPER, G., (eds.), **The Solar System IV**, 4, 301-116.

—, 1964, Geology of the Moon, **Sci. Am.**, 211, 38–47.

—, 1972, Cratering History and Early Evolution of the Moon, **Third Lunar Science Conference**, Houston, Abstract, 696 ff.

SHORT, N. M., 1965, A Comparison of Features Characteristics of Nuclear Explosion Craters and Astroblemes, **Ann. New York Acad. of Sciences**, 123, 573–616.

—, 1966, Shock Processes in Geology, **J. Geol. Education**, 14, 149–166.

—, 1970 a, Thickness of Impact Ejecta on the Lunar Surface, **N 70-41805.**

—, 1970 b, The Nature of the Moon's Surface: Evidence from Schock Metamorphism in Apollo 11 and 12 Samples, **Icarus**, 13, 383–413.

—, 1970 b, Anatomy of a Meteorite Impact Crater, West Hawk Lake, Canada, **Geol. Soc. Am. Bull.**, 81, 609–648.

—, 1973, **Planetary Geoscience**, American Geological Institute, Vorabdruck, bish. Unveröff.

SHORT, N. M., Bunch, T. E., 1968, A Worldwide Inventory of Features Characteristics of Rocks Associated with Presumed Meteorite Impact Craters, in: FRENCH, B. M., SHORT, N. M., (eds.), **Shock Metamorphism of Natural Materials**, 255–266.

SHULMAN, A. R., 1970, **Optical Data Processing**, New York.

SIEGEL, F. R., 1973, Geochemistry, **Geotimes**, 1/73, 20–22.

SILVERMANN, H. F., 1971, On the Use of Transforms for Satellite Image Processing, **7th Intern. Symp. on Remote Sensing of Environment**, Ann. Arbor, Abstract, 119.

SIMMONS, G., 1972 a, On the Moon with Apollo 16, **NASA-EP-95.**

—, 1972 b, On the Moon with Apollo 17, **NASA-EP-101.**

SÖDERBLOM, L. A., 1970 a, A Model for Small-Impact Erosion Applied to the Lunar Surface, **J. Geophys. Res.**, 75, 2655–2661.

—, 1970 b, **The Distribution and Ages of Regional Units in the Lunar Maria**, Ph. D. Thesis, Calif. Inst. of Technology, Pasadena, University Microfilms.

—, 1972, The Process of Crater Removal in the Lunar Maria, in: **NASA-SP-289**, 25–87 ff.

SÖDERBLOM, L. A., Lebofsky, L. A., 1972, Technique for Rapid Determination of Relative Ages of Lunar Areas from Orbital Photography, **J. Geophys. Res.**, 77, No. 2, 279–296.

STOCK, J., Williams, A. D., 1962, Photographic Photometry, in: HILTNER, W. A., (ed.), **Astronomical Techniques**, Stars and Stellar Systems, Bd. 2, Chicago.

STÖFFLER, D., 1972 a, Deformation and Transformation of Rock-Forming Minerals by Natural and Experimental Shock Processes, **Fortschr. Mineralogie,** 49, 50–113.

—, 1972 b, Das Nördlinger Ries – Modell für die Bildung der Mondkrater und der Gesteine der Mondoberfläche, **Zeiss Informationen,** H. 79.

STRICKLAND, Z., 1973, Moon Origin Controversy Continues, **AW & ST,** Jan. 25, 50 ff.

STROKE, G. W., 1972, Optical Computing, **IEEE Spectrum,** Dec. 1972, 24–41.

STROM, R. G., 1964, Analysis of Lunar Lineaments, Tectonic Map of the Moon, **Comm. LPL,** No. 39.

STUART-ALEXANDER, D., Howard, K. A., 1970, Lunar Maria and Circular Basins – A Review, **Icarus,** 12, 440–456.

SUMMER SCHOOL ON LUNAR STUDIES, Advanced Study Institute, Newcastle 1969, Patras 1971, Vorträge, Abstracts.

SVENSSON, N. B., 1971, Lappajärvi Structure, Finnland, **J. Geophys. Res.,** 76, No. 23, 5382–5387.

SVENSSON, N. B., Wickman, F. E., 1965, Coesite from Lake Mien, Southern Sweden, **Nature,** 205, 1202.

SWANN, G. A., Schaber, G. G., 1971, Surface Lineaments at the Apollo 11 and 12 Landing Sites, **Proc. 2nd. Lunar Science Conference,** LEVISON, A. A., (ed.), Bd. 1, 27–38.

TOMLINSON, R. F., (ed.), 1972, **Environment Information Systems,** Geographical Data Handling, Bd. 2, International Geographical Union, Ottawa.

TRASK, N. Y., 1969, Geologische Erforschung des Mondes, **Umschau,** 69, 163 ff.

TROLL, C., Selenologie und Geographie, **Erdkunde,** 23, 326–328.

TYLER, G. L., 1971, Lunar Slope Distribution, Comparison of Bistatic Radar and Photographic Results, **J. Geophys. Research,** 76, No. 11, 2790 ff.

VLODATES, V. I., 1966, Achievements of Modern Geological Volcanology and its Trends, **Earth Science Reviews,** 2, 181–197.

WÄNKE, H., 1971, Chemismus und Entstehungsgeschichte der Mondlandschaften, **Umschau,** 71, 873–878.

WEDEKIND, J. A., e. a., 1970, Model of Isostatic Readjustment of Large Impact Craters, **EOS,** 51, 342–343.

WELLER, R. N., 1970, Photoenhancement by Film Sandwiches, **P. E.,** 36, 468–474.

WETHERHILL, N. N., 1971, Of Time and the Moon, **Science,** 173, 383–392.

WHEELER, L., 1969, Perception of Colour, in: MEETHAM, A. R., e. a., (eds.), **Encyclopedia of Information and Control,** Oxford, 359–364.

WIECZOREK, U., 1972, Äquidensiten in der Luftbildinterpretation und bei der quantitativen Analyse von Texturen, **Münchner Geographische Abhandlungen,** Heft 7.

WIESEL, W., 1971, The Meteorite Flux at the Lunar Surface, **Icarus,** 15, 373–383.

WILDEY, R. L., 1966, Spital Filtering of Astronomical Photographs, USGS Progress Report 1965/66, **N 67-31950.**

—, 1971, Limited Interval Definitions of the Photometric Functions of Lunar Crater Walls by Photography from Orbiting Apollo, **Icarus,** 15, 193–199.

WILDEY, R. L., Pohn, H., 1969, Remote Sensing of the Lunar Photometric Function from Orbiting Apollo, **Proc. 6th Intern. Symp. on Remote Sensing of Environment,** Ann. Arbor, 1291-3101.

WILHELMS, D. E., McCauley, J. F., 1969, Volcanic Materials in the Lunar Terra, **EOS,** 50, 230.

—, 1971, Geologic Map of the Near Side of the Moon, 1:5 Mill., **USGS-Map 1–703.**

WILHELMS, D. E., 1970, Summary of Lunar Stratigraphy, **USGS-Prof. Paper 599 F.**

WILSON, L., 1971, Photometric Studies, in: FIELDER, G., (ed.), **Geology and Physics of the Moon,** Amsterdam, 115–133.

WINZER, G., 1971, Automatische Erkennung von Buchstaben und Fingerabdrücken, **Umschau,** 71, 837–843.

WITMER, R. E., 1967, **Waveform Analysis of Geographic Patterns,** Recorded of Infrared and Visible Imagery, Ph. D Thesis, Univerdity of Florida, **N 69-200041.**

WOOD, C. A., 1971, The System of Lunar Craters: Revised, Summer school on Lunar Studies, Patras 1971, **Vortrag.**

—, 1968, Statistics of Central Peaks in Lunar Craters, **Comm. LPL,** No. 120.

YOUNG, G. A., 1965, The Physics of the Base Surge, **N 65-31631.**

ZOGORODNIKOV, A., 1972, Two Dimensional Statistic Analysis of Radar Imagery of Sea Ice, **Proc. 8th Intern. Symp. on Remote Sensing of Environment,** Abstract.

Übersicht zu grundlegenden und einführenden Arbeiten aus dem Literaturverzeichnis, gegliedert nach den jeweiligen Arbeitsgebieten

Planetary Geoscience und Mondforschung

Adler, Salisbury, 1969/Apollo, 1969–1972/Baldwin, 1949–1971, el Baz, 1970, 1973/Beals, 1972/Bülow, 1969/Mc Call, 1966/Mc Cauley, Pohn, 1972/Mc Cauley, 1967/Chapman, 1970/Dollfus, 1967/Fechtig, 1972/ Fielder, 1961–1972/Fryer, 1971/Gault, 1970/Guest, Murray, 1969, 1971/Hansen, 1971/Hartmann, 1962 bis 1971/Hörz, 1971/Kopal, 1962–1972/Latham, 1971/Levison, 1971–1972/Lowman, 1970, 1972/Marcus, 1966–1970/Meissner, 1971/Moore, 1971/Murray 1971/Mutch, 1970/NASA-SP 200, 201, 206, 214, 235, 242, 246, 248, 272, 289, 315/Oberbeck, 1971/Pike, 1967–1972/Pohn, Offield, 1969/Quaide, Oberbeck, 1968, 1969/Shoemaker, 1962–1972/Short, 1973/Söderblom, 1970–1972/Stuart-Alexander, Howard, 1970/ Trask, 1969/Wänke, 1971/Wilhelms, Davis, 1971/Wilhelms, 1970.

Bildaufbereitung und Bildauswertung

Akca, 1970/Mc Cash, 1973/Cummings, Pohn, 1966/Darling, 1968/Dolke, 1969/Duda, 1971/Efron, 1968/ Flower, 1971/Gierloff-Emden, Rust, 1971/Gierloff-Emden, 1971/Günther, 1972/Kammerer, 1973/Levi 1970/ Montanari, Reddy, 1972/Tomlinson, 1972/Weller, 1970.

Fotometrie und Äquidensitometrie

Breido, Ermoshine, 1969/Haefner, 1972/Hiltner, 1962/Högner, Richter, 1966/Högner, 1969/Kritikos, 1971/ Lau, Krug, 1968/Lauer, Breuer, 1972/Musgrove, 1969/Nany, Cazabat, 1971/Ranz, Schnerider, 1970–1972/ Richter, Högner, 1963/Rifaat, 1966/Ross, 1971/Wiezcorek, 1972/Wildey, 1971.

Fouriertransformation und optische Filterung

AGARD, 1970/Basset, 1971/Bauer, 1967/Blackmann, Tukey, 1959/Bryson, 1967/Mc Cullagh, Davis, 1972/ Cutrona, 1966/Fontanel, Grau, 1968/Goodman, 1964/Harbough, Preston, 1966/v. d. Lugt, 1968/Mitchel, 1969/Nyberg, 1971/Platzer, 1972/Robinson, 1969, 1972/Rosenfeld, 1969/Shulman, 1970/Silvermann, 1971/ Stroke, 1972/Tomlinson, 1972/Wildey, 1966/Winzer, 1971.

Terrestrische Meteoriteneinschläge

Baldwin, 1963/Barringer, 1964/Beals, 1963/Bently, 1970/Cassidy, 1971/Chao, 1966/Currie, 1968, 1970/ David, 1969/Dence, 1965, 1971/Dennis, 1971/Dietz, 1969/Freeberg, 1966/French, Hargraves, 1971/French, 1970/Guppy, 1971/Heide, 1957/Hörz, 1971/Kraut, French, 1971/Lowman, 1967/Milten, 1972/Preuss, 1969/ Sharp, 1970/Short, 1970 b/Stöffler, 1972/Svensson, Wickman, 1965/Svensson, 1971.

Verzeichnis einiger publizierter Bilder, Luftbilder und Lagepläne terrestrischer Einschlagkrater

No. im Verzeichnis:

02) T a l e m z a n e ; Luftbild (LB) senkrecht (Heide, 1957) LB schräg (Baldwin, 1963)
04) R i e s ; LB schräg (geologica Bavarica 61, 1969)
07) R o t e r K a m m ; LB senkrecht (Short, 1973)
09) K a l i j ä r v oder Ösel; LB senkrecht, Lageplan, (Heide, 1957)
13) P r e t o r i a P f a n n e ; LB senkrecht (Baldwin, 1963)
14) W a b a r ; Bild, Übersichtskizze (Heide, 1957)
               LB senkrecht (Short, 1973)
18) W o l f C r e e k ; LB, Profil (Heide, 1957), LB schräg, (Baldwin, 1963), 3 LB
               3 LB schräg, Strukturskizze, (Mc Call, 1965)
19) G o s s e s B l u f f ; LB schräg, (Zeiss Kalender, 1973)
20) H e n b u r y ; Bild, Diagramm, (Heide, 1957)
22) L i v e r p o o l ; LB senkrecht, (Guppy, 1971)
27) B a r r i n g e r oder Meteor; LB senkrecht, schräg, (Zeiss Kalender, 1973)
31) D e e p B a y ; LB senkrecht, (Baldwin, 1963)
41) W e l l s C r e e k ; Photomosaik, (Baldwin, 1963)
51) B r e n t ; LB schräg, (Beals, Halliday, 1967), LB schräg, (Baldwin, 1963)
               Profil und Bohrkern, (Short, 1973)
52) H o l l e f o r d ; LB senkrecht, (Baldwin, 1963)
69) M e c a t i n a ; LB senkrecht, (Beals, Halliday, 1967)
70) T e m i c h t - G a l l a m a n ; LB senkrecht, (Baldwin, 1963)
71) A o u e l l e o e l ; LB senkrecht, (Baldwin, 1963)
75) B o u T e l i s , E r R i c h a t ; Satellitenbild (Lowman, 1967)
77) S t M a g n u s B a y ; LB senkrecht, (Sharp, 1970)

Zusammenfassung

Aufgrund des beschaffbaren Bildmaterials wurde Korolev als ein typisches Beispiel der Ringbecken der Mondrückseite ausgewählt, um mit einer regionalen Untersuchung eventuelle Unterscheidungen oder Übereinstimmungen zur Mondvorderseite zu bestimmen. Innerhalb einer morphographischen Gliederung der Oberflächenformen bilden die Ringbecken als eigene morphologische Klasse die dominante Struktur, nach der eine regionale Gliederung vollzogen werden kann. Die Unterscheidung zwischen hellem Mare-Material auf der Mondrückseite und der Dominanz des dunklen Mare-Materials auf der Vorderseite bildet keinmormorphologisches Unterscheidungskriterium beider Mondhälften. Auch die morphometrischen Verhältnisse einzelner Krater, die beispielhaft untersucht und in Form von Gesetzmäßigkeiten vorgestellt werden, weisen keine markanten Unterschiede auf. Die Theorien zur Entstehung der Ringbecken wurden am Beispiel Korolev überprüft, wobei kein Kriterium gefunden wurde, das der Einschlaghypothese widersprechen würde. Bei den Kratern ist allein aufgrund der Form jedoch, im individuellen Fall ein endogener und exogener Explosionskrater nicht immer mit Sicherheit zu unterscheiden. Die konzentrische Abfolge der sog. „einschlagmorphologischen Serie" um einen Krater ist jedoch ein Indikator für seine exogene Entstehung. Für das Ringbecken Korolev wurde festgestellt, daß es in mehreren Epochen mit hellem Mare-Material aufgefüllt wurde und dem zentralen Bergring einige markante Kegel, u. U. vulkanische Schlackenkegel, angehören. Die letzte Epoche der Auffüllung geschah hauptsächlich vom Rand her, wobei auch Material von außen her einfloß. Es wurde herausgefunden, daß es auch in der komplexen Vielfalt der Formationen im Terra-Material und im hellen Mare-Material einen Strukturzusammenhang der Ausformung der einzelnen Elemente gibt und dieser sich in Form von Lineationen bis in die Ausbildung der Krater mit 1–6 km Durchmesser fortsetzt. Diese werden interpretiert als Klüfte und Verwerfungen die von der Entstehung der Ringbecken und Großkrater herrühren, oder in ihrer überregionalen Form mit der Entwicklung des sog. tektonischen Netzes aus der Erstarrungsphase des Mondes in Zusammenhang stehen. Die gegenwärtigen Kenntnisse über die geologische Entwicklung des Mondes wurden aus der Sicht nach Abschluß des Apollo Programmes zusammenfassend dargestellt.

Im Verlauf der Untersuchungen wurden verschiedene neue Techniken der Bildauswertung benutzt, so Äquidensitometrie und kohärent-optische Ortsfrequenzfilterung. Diese Techniken wurden auf ihre Anwendbarkeit für geowissenschaftliche Fragestellungen untersucht und an Bildbeispielen aus der Region Korolev erprobt.

Die Herstellung fotografischer Äquidensiten mit „Agfacontour" wurde mit den anderen existierenden Methoden zur Fotometrie verglichen, wobei herausgefunden wurde, daß sich für Objekte größer 1 mm auch quantitativ gleichwertig gleichwertig ist und leichter zu handhaben ist. Spezielle Anwendungsbereiche wurden im Hinblick auf die weitere Verwendung beispielhaft erprobt. Im Bereich der optischen Datenverarbeitung konnte gezeigt werden, daß mit Hilfe kohärenten Lichts komplizierte Lineamenstrukturen besser erfaßt werden können. Dabei wurde auf methodische und experimentelle Aspekte eingegangen, da diese Methode für geowissenschaftliche Fragestellungen erst am Anfang ihrer Erprobung stehen. In der Zusammenfassung beider Methoden zur Untersuchung der Tönungsstruktur und der Orientierungs- und Häufigkeitsstruktur in fotografischen Bildern ergaben sich dabei allgemeine Hinweise zu einer besseren quantitativen Erfassung fotografischer Texturen. Die hier erprobten Methoden der Ortsfrequenzuntersuchung und -Filterung werden in Zukunft einen weiten Anwendungsbereich bei geowissenschaftlichen Fragestellungen haben.

Die Literaturdurchsicht zum Studium terrestrischer Einschlagkrater ergab, daß inzwischen die Notwendigkeit besteht, die weit gestreut publizierten Einzelergebnisse, die durch den von der Mondforschung gegebenen Impuls initiiert wurden, in einer Monographie kritisch zusammenzufassen.

Die Ergebnisse der Mondforschung zeigen, daß auch für die Frühzeit der Erde Meteoriteneinschlag-Phänomene zu einem geologisch relevanten Prozeß zu rechnen sind. Wegen der geringen Größe des Mondes und den daraus resultierenden im Vergleich zur Erde geringfügigen Abtragungsprozessen wurde der ursprüngliche Zustand praktisch „eingefroren" und bietet so dem Erdwissenschaftler ein großes Experimentierfeld, insbesondere für alle Fernerkundungsverfahren.

ANHANG

1. Ringbecken Korolev, Orbiter I 38 MR
2. Apollo 8 Stereo-Bildstreifen
3. Bildbedeckung Region Korolev
4. Beispiele von Ringbecken
5. Krater Aristarchus, Original und optische Filterung
6. Zwei Filterbeispiele mit Spektren
7. Spektrum von Original und Filterung
   Terrestrische Beispiele für Kontrollfilterungen
8. Filterungen der terrestrischen Beispiele
9. Vorläufige Liste terretrischer Einschlagkrater
10. Literaturübersicht zur Ortsfrequenzanalyse und Richtungsfilterung mit geowissenschaftlicher Fragestellung
11. Erläuterungen zu einigen wichtigen benutzten Begriffen

Anhang

Das Ringbecken Korolev (Lunar Orbiter I 38 MR)

Lage: 3° nördl. Breite bis 12° südl. Breite
150°–165° westl. Länge

Durchmesser der Ringstrukturen: 1 : 100–120 km, nur angedeutet, 2 : 195–210 km, zentraler Bergring; 3 : 420–450 km, Hauptring; 4 : 1000–1100 km, nur teilweise erhalten.

OSTRAND

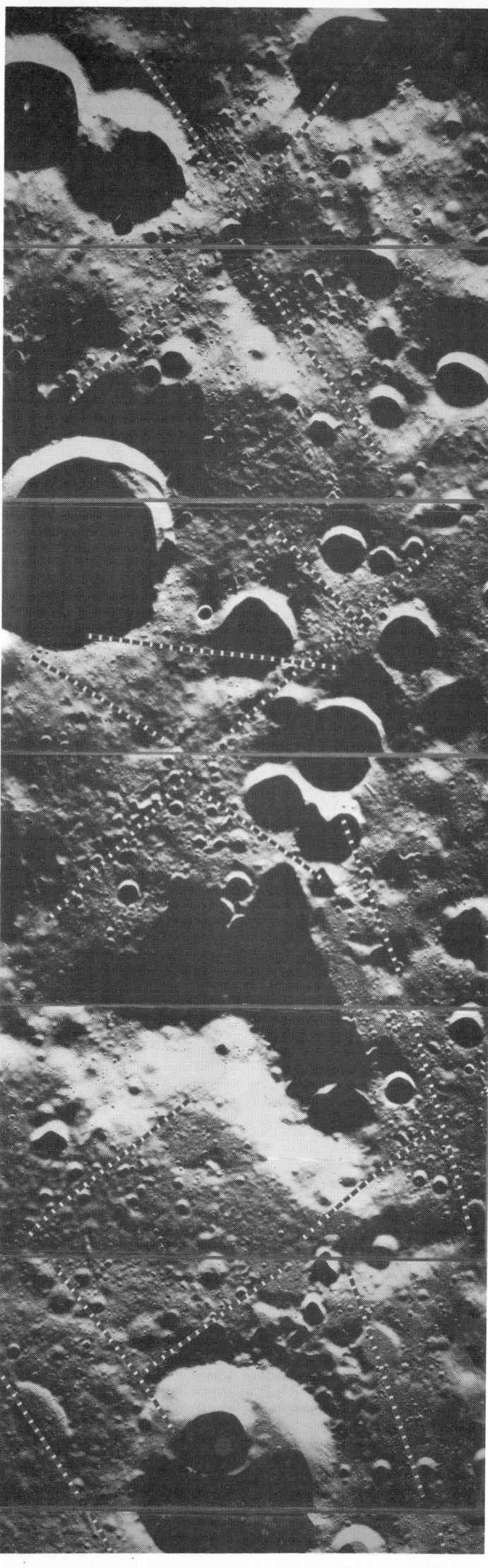

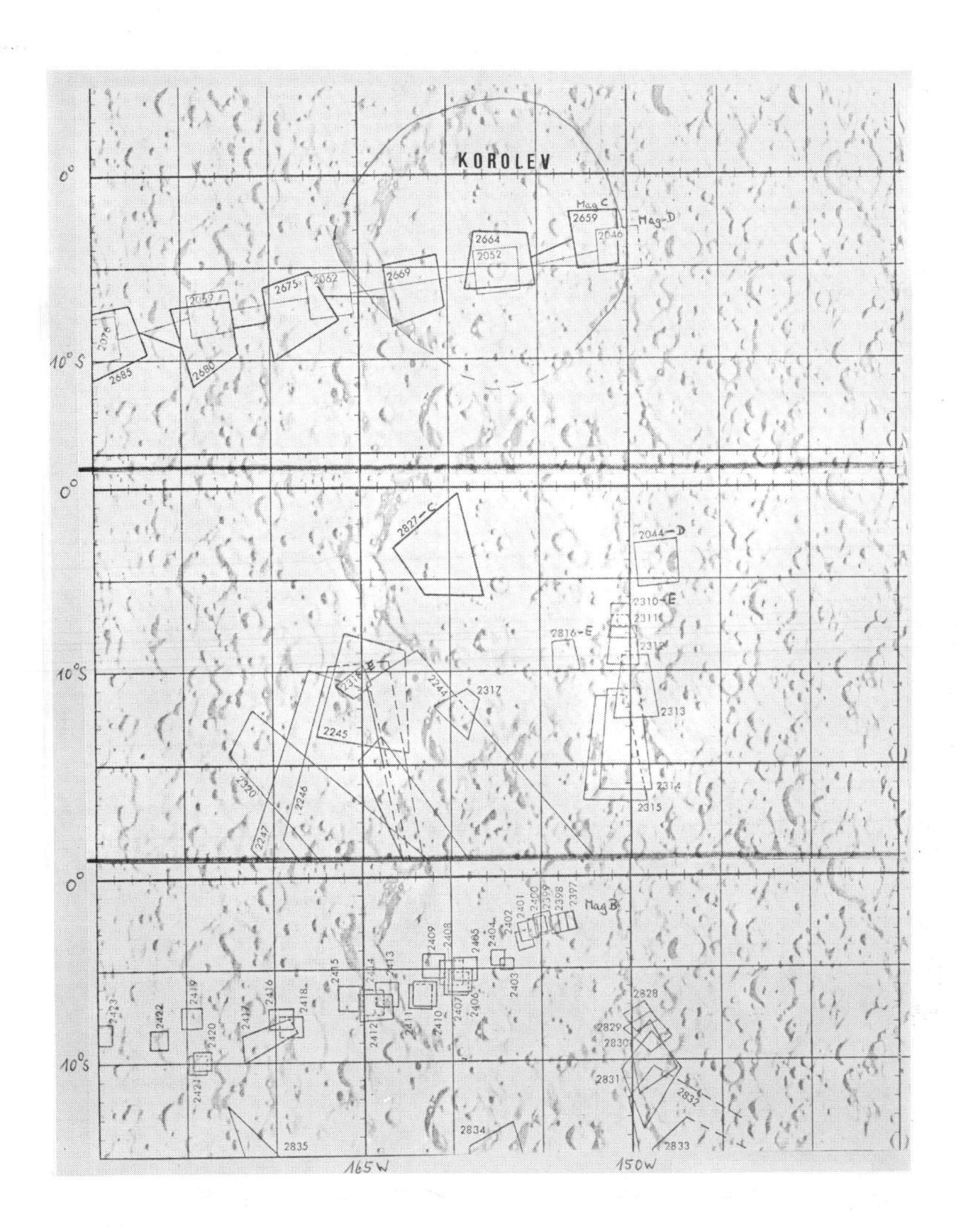

Anhang

Bildbedeckung des Ringbeckens Korolev durch Apollo 8

Reihe 1: Stereobildstreifen der Magazine C und D, 80 mm Objektiv
Reihe 2: Einzelbilder aus Magazin C, D, E.
Reihe 3: Farbbilder aus Magazin B, 250 mm Objektiv.

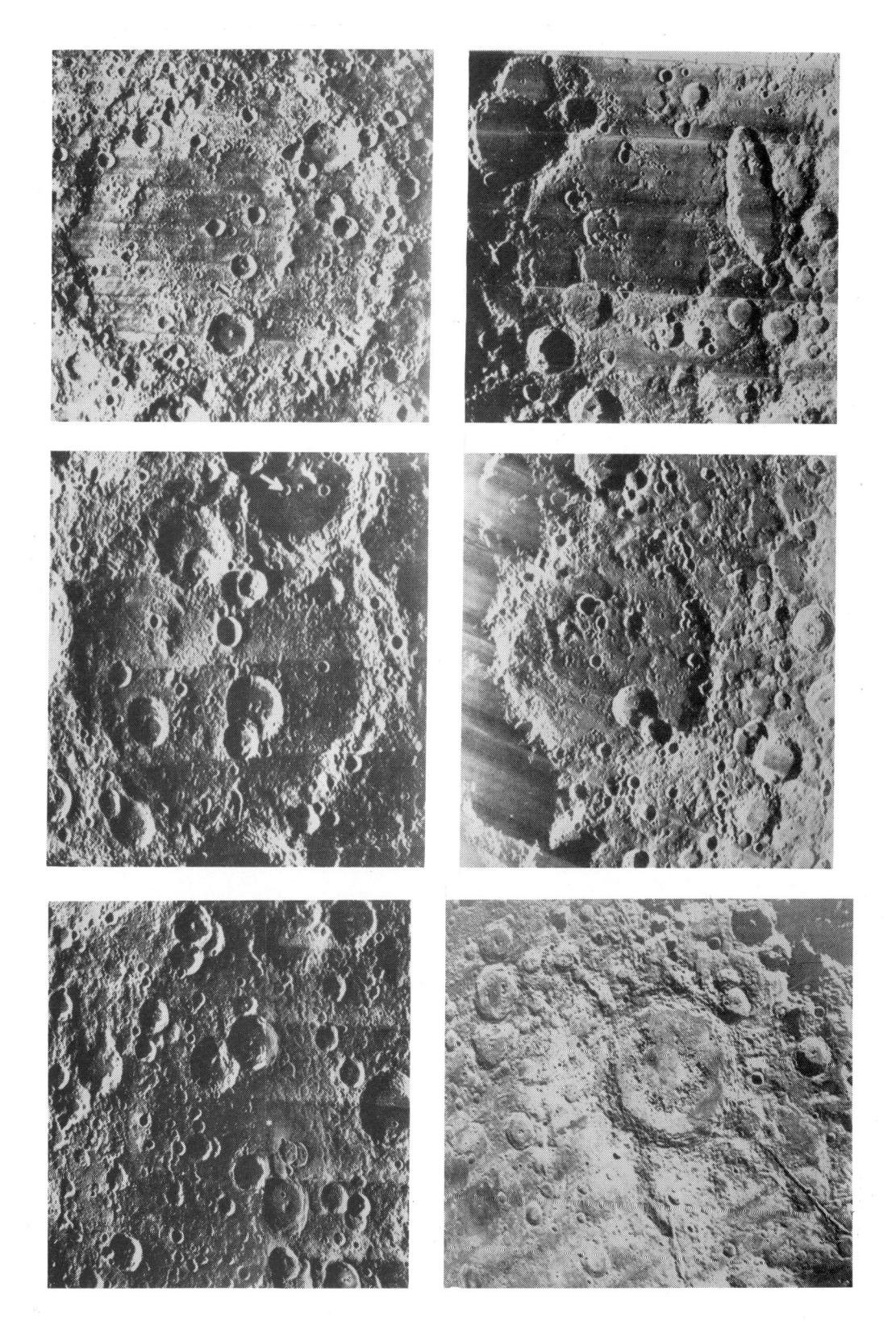

Anhang
Bildbeispiele einiger Ringbecken des Mondes
(von links oben nach rechts unten)

1) KOROLEV (Orbiter 1/40 MR); 2) UM SCHILLER (4/142 MR); 3) BIRKHOFF (5/29 MR); 4) BAILLY (4/166 MR);
5) BALDWIN 1 (5/25 MR); 6) ANTONIADI – links oben –, SCHRÖDINGER – mitte –, BALDWIN 3 (5/8 MR).

Anhang —A 2/2—

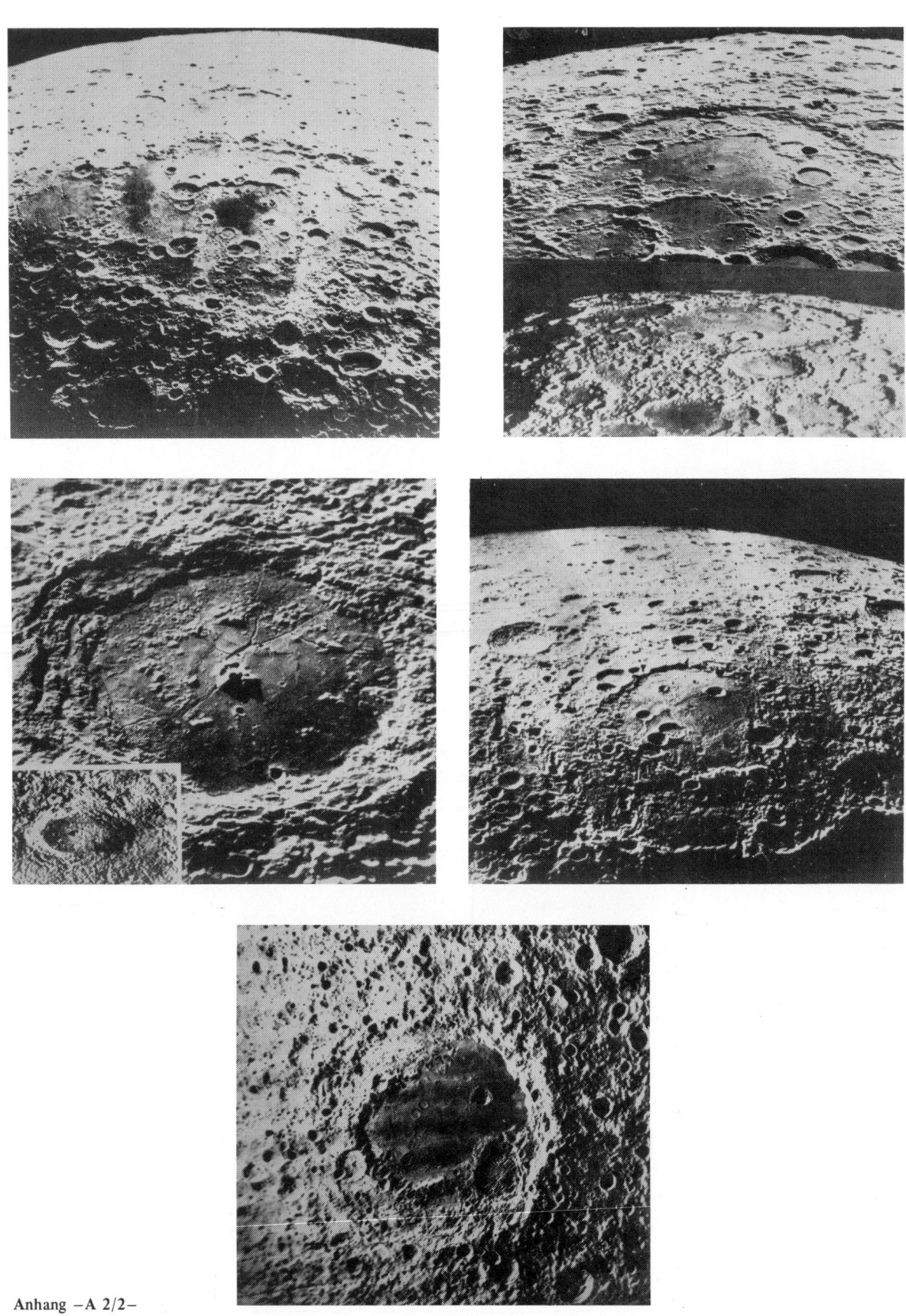

Bildbeispiele einiger Ringbecken der Mondrückseite (von links oben nach rechts unten)
Korolev, 1/40 MR; Um Schiller, 4/142 MR;

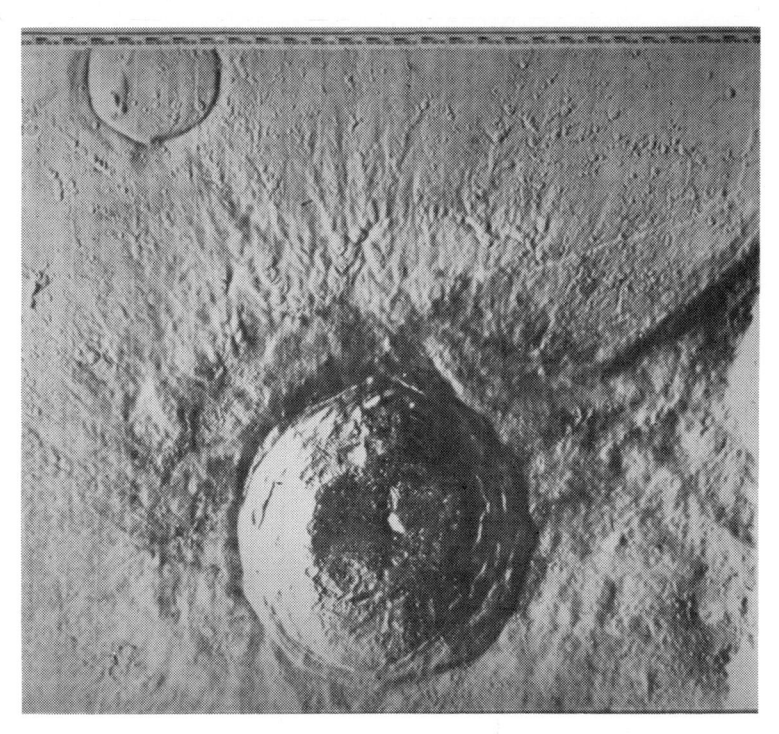

Anhang

Vergrößerung der Rekonstruktion des ungefilterten Bildes Orbiter V 197 MR (Vers. 14/12). (Negativ-Darstellung).
Herstellungsweg:
Original ist Positiv; Repronegativ für Filterung; Rekonstruktion davon positiv; Vergrößerung auf Papier – Negativ.

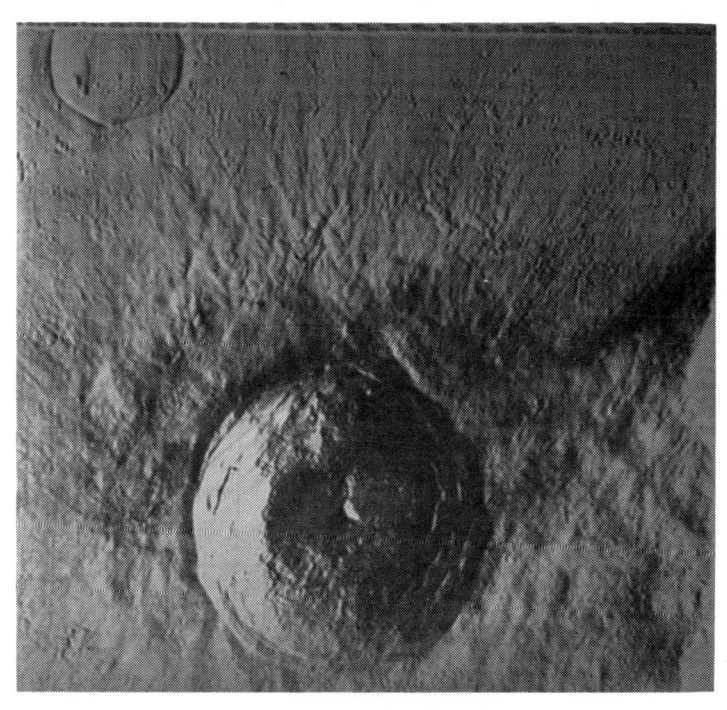

Anhang

Frequenzfilterung und Richtungsfilterung, damit bei Unterdrückung der hohen Frequenzen die größeren Bildelemente deutlicher werden und erhalten gebliebene Richtungen betont werden.
Filterung mit 15° Filter 25° von der waagerechten linkssinnig gedreht.
Vergl. dazu die Spektren des gefilterten und ungefilterten Bildes auf der nächsten Seite. Spektren um 90° gedreht zur Übereinstimmung mit dem Bild.

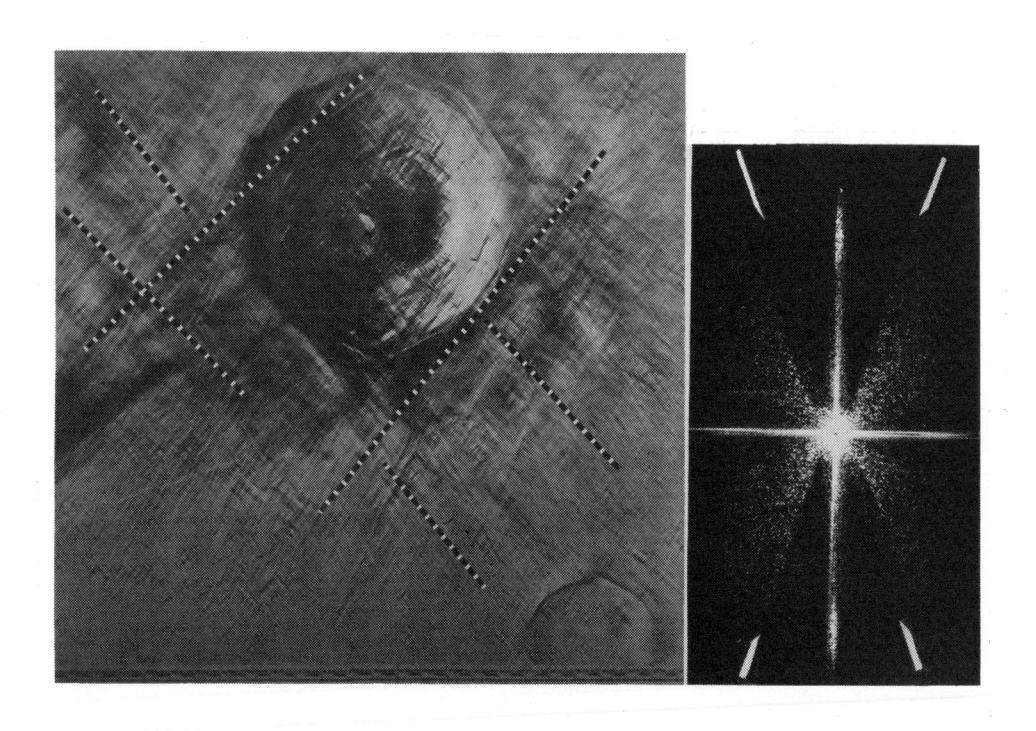

Anhang

Beispielfilterung und hervorgehobene Lineamentrichtungen sowie Spektrum des gefilterten Bildes (40°), (Vers. 13/3).

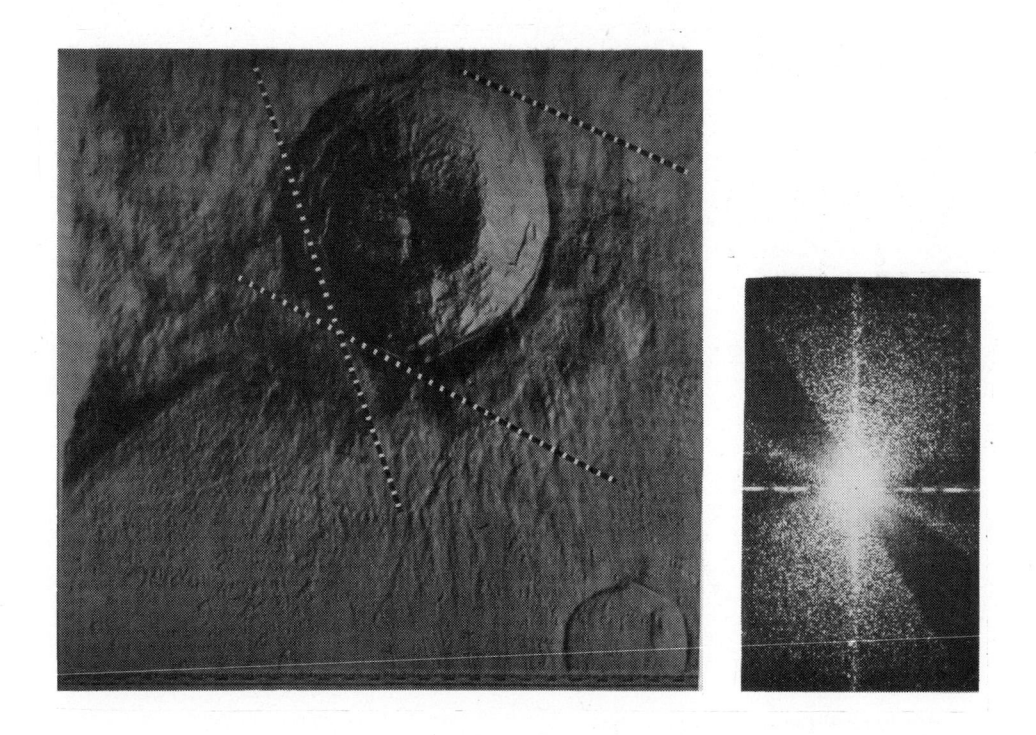

Anhang

Beispielfilterung und Hervorhebung von Lineamenten sowie Spektrum des gefilterten Bildes (30° Filter), (Vers. 14/5)

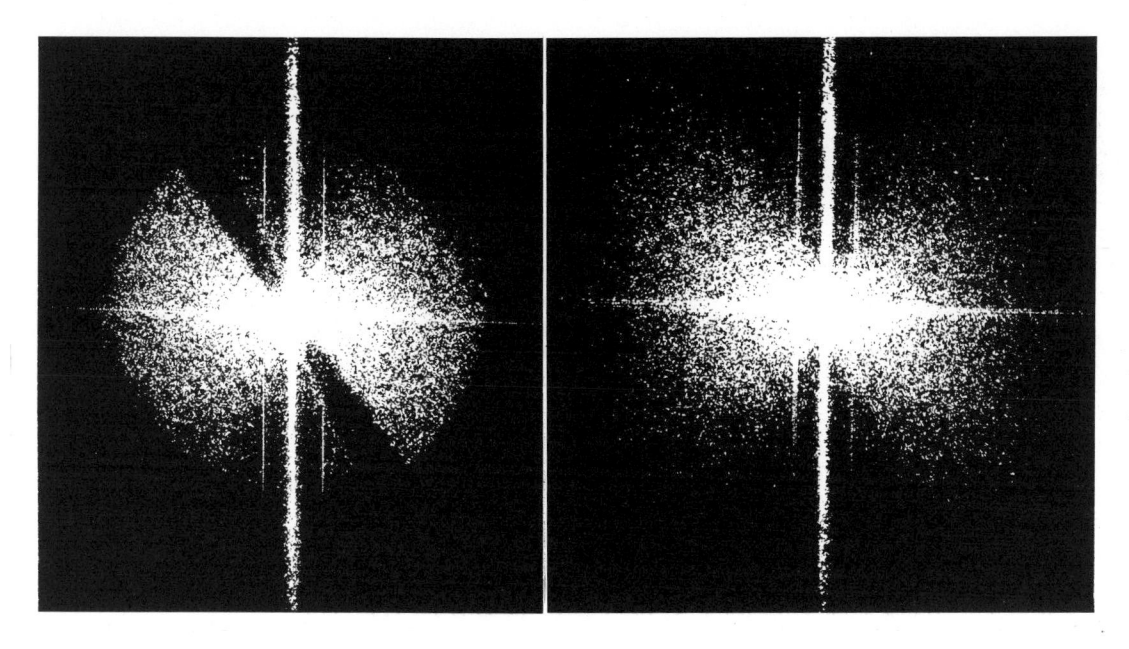

Anhang

Oben: Spektrum des ungefilterten Bildes Orbiter V-197 MR (Aristarchus)
Unten: Spektrum der mittels Ringblende von 1 cm ⌀ frequenzgefilterten und mit 15° Blende richtungsmäßig gefilterten Bildes.
Vergl. dazu Rekonstruktionen auf den zwei vorhergehenden Seiten. (Spektren um 90° gedreht)

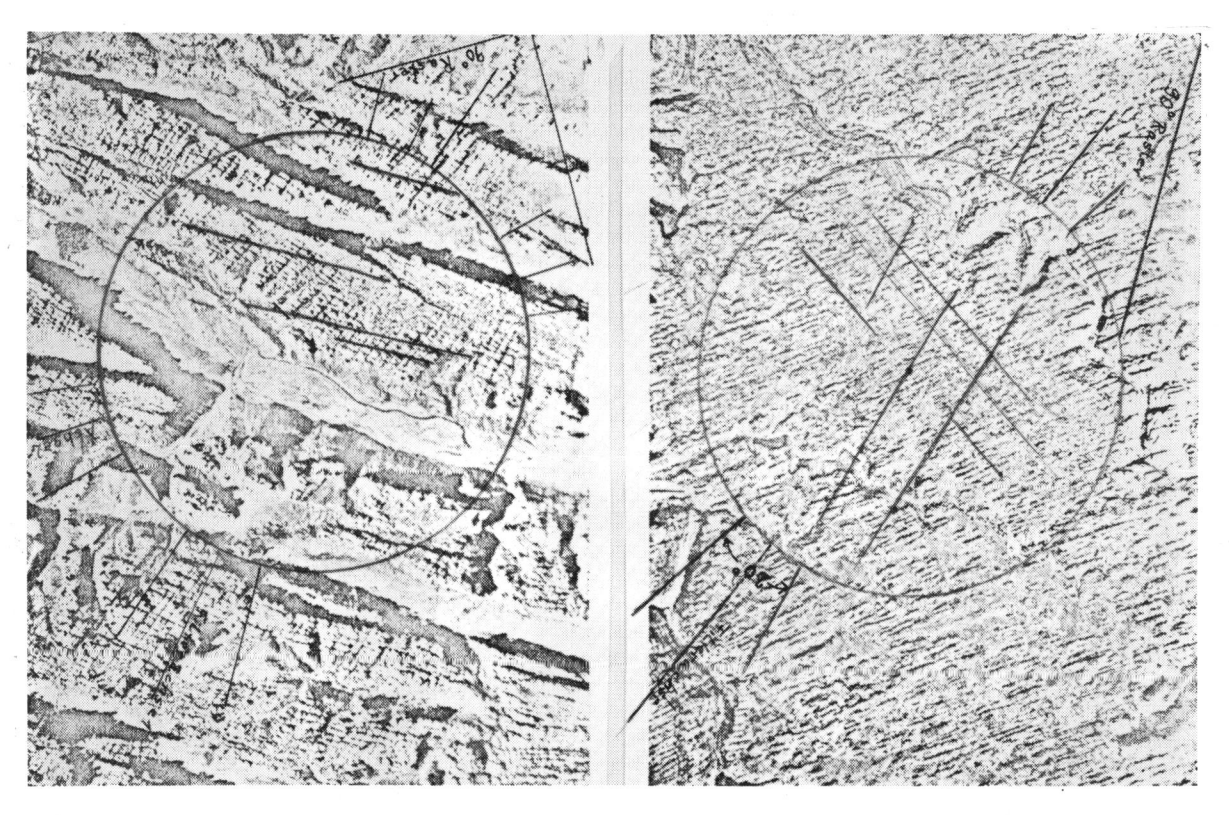

Anhang
Reproduktion der für die Kontrollfilterungen benutzten Lehrbeispiele
(aus: Schmidt-Thomé, 1972, Seite 61 und 69)

Der für die Filterung benutzte Bildausschnitt ist eingezeichnet. Die Filterrichtung, die Richtung des Druckrasters und die identifizierten subdominanten Richtungen sind angegeben. *Vergl. Text S. 92.*

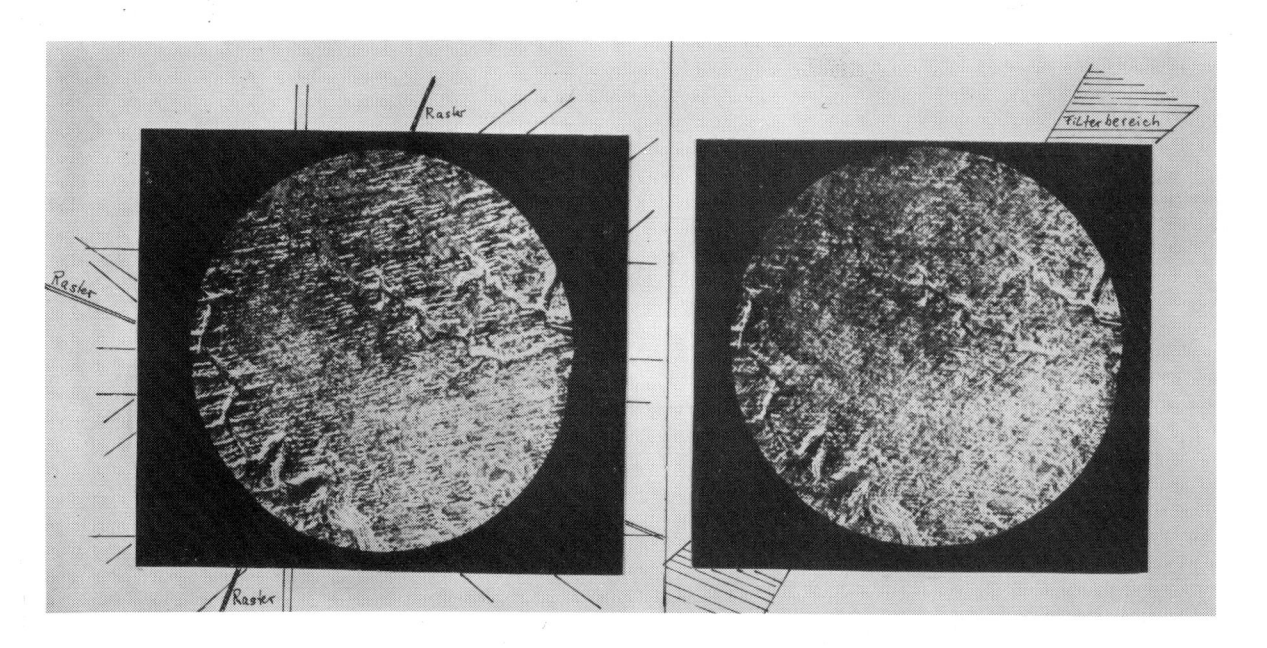

Anhang

Kontrollfilterung am einscharigen Kluftsystem

Links: Ungefilterte Rekonstruktion mit Angabe der Richtung des Druckrasters sowie einiger durch die Filterung betonter Richtungen.

Rechts: Beispiel für die Rekonstruktion eines gefilterten Bildes. Die Filterung mit 20° Filter versucht die dominante Kluftrichtung zu beseitigen, so daß die subdominant vorhandenen Bildelemente deutlicher werden. Vergleich durch optisches Einkopieren unter dem Stereoskop.

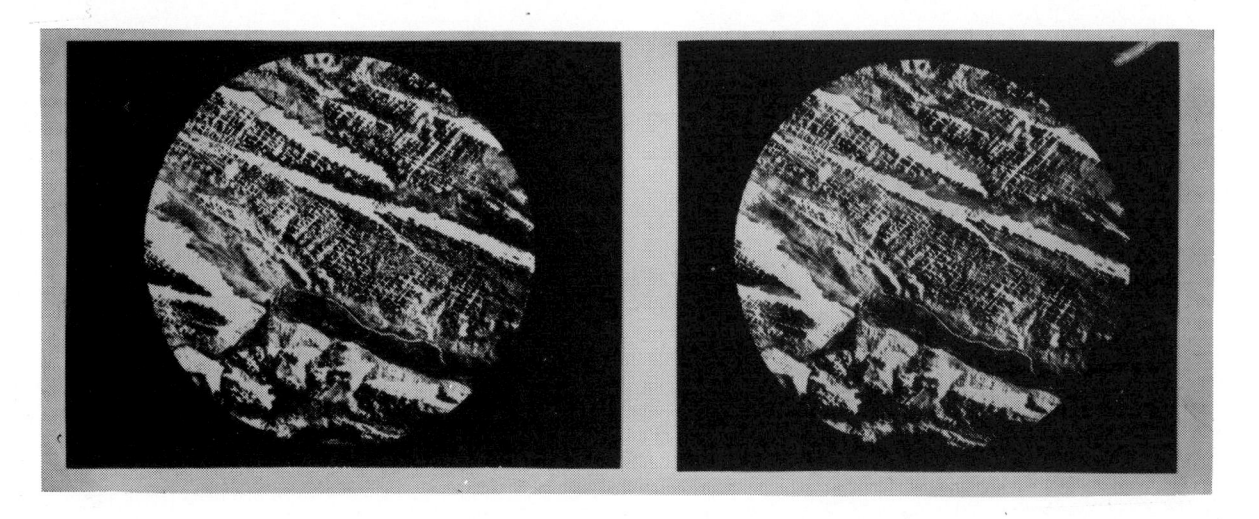

Anhang

Kontrollfilterung am zweischarigen Kluftsystem

Links: Ungefilterte Rekonstruktion.

Rechts: Gefilterte Rekonstruktion. Filterung mit 20° Filter in Richtung der einen Komponente des Druckrasters. Verdeutlichung der Lineamente in der rechten Bildhälfte ohne Beeinflussung des verbleibenden Bildbereiches und des Rasters.

Vorläufige Liste terrestrischer Einschlagkrater

Die folgende Liste terrestrischer Krater, für die ein Meteoriteneinschlag nachgewiesen, mit hoher Wahrscheinlichkeit angenommen oder vermutet werden kann, basiert hauptsächlich auf der grundlegenden Arbeit von Baldwin (1963), Freeberg (1966), der Übersicht von Beals und Halliday (1967) sowie von Elnzelstudien der letzten Jahre. Für anregende Diskussion danke ich Prof. Preuss, Regensburg.*)

Die Reihenfolge der Krater entspricht ihrer meridionalen Lage von Ost nach West. Die Größenangaben (D_A) und Tiefenangaben (T_A) sind, soweit vorhanden, angeführt. In zahlreichen Fällen finden sich bei verschiedenen Autoren unterschiedliche Angaben, die dann in Klammern mit angeführt sind. Die Angaben in Meilen (m) und Feet (ft) wurden nicht umgerechnet, um nicht falsche Genauigkeit vorzutäuschen. Die Meßgenauigkeit bei den verschiedenen Größenangaben schwankt sehr stark und bedarf einer weitgehenderer genauen Überprüfung.

Zu jedem Krater sind einige Kriterien angegeben, aufgrund derer bei ihm von einem Meteoriteneinschlag gesprochen werden kann, z. B.: Meteoriten gefunden, Graviation – d. h. Schwereanomalien wurden ausgemessen; Brekzien – d. h. Brekzienbildung aufgrund der progressiven Stoßwellenmetamorphose; Schock – d. h. typischer Schockeinfluß bei Mineralien, Strahlenkalk – d. h. typische, auf das Einschlagzentrum orientierte kegelförmige Kalkstrukturen (shatter cones); Coesit – d. h. die verschiedenen Kiselesäuremodifikationen aufgrund der progressiven Stoßwellenmetamorphose.

Entsprechend dem Vorkommen der verschiedenen Identifizierungskriterien wurden die Krater in fünf Klassen eingeteilt, *(vergl. S. 153).*

    Gruppe 1 umfaßt 30 Objekte,   Gruppe 2–4 Objekte
    Gruppe 3 umfaßt 13 Objekte,   Gruppe 4 umfaßt 21 Objekte und Gruppe 5 11 Objekte.

Die Größenverteilung der erfaßten Krater ist in Tabelle 8 zusammengestellt.

Tabelle 8:
Übersicht zur Größenverteilung der terrestrischen Einschlagkrater (Angaben in Meter)

10 m–50 m		50–100		100–500		500–1000		1000–5000		5000–10000		10000–50000		50000–100000		100000	
09-1	12	09-7	97	20	220**	18	825	02	1750	31	9000	04	23 000	61	65 000	62	243 000
09-2	20	14	100	24	175	53	1000	03	3000	39	6000	06	35 200			67	280 000
09-3	25	14-2	54	34	158***			13	1200	46	6400	12	40 000				
09-4	32	15	80	44	140			16	2000	48	8500	19	22 000				
09-5	35	11-2	80	68-1	105			27	1207	64	5600	25	24 000				
09-6	44			68-2	115			28	5000			26	13 600				
17	21			59	455			32	4900			29	30 000				
23	26*			70	100			37	2700			30	12 000				
35	17			71	210			40	4800			33	12 500				
68-1	20			72	250			41	4800			36	45 000				
68-2	28							42	1100			47	48 000				
68-3	35							43	2400			54	16 000				
11-1	50							45	3520			55-1	20 000				
16	16							50	2250			55-2	32 000				
								51	4000			57	35 000				
								52	2400			58	11 200				
								56	3440			66	20 000				
								60-1	4320			75	40 000				
								60-2	3200			77	11 000				
								60-3	3200			79	10 400				
								60-4	2400								
								63-1	4800								
								63-2	4000								
								65	2400								
								69	3200								

Die Platznummern beziehen sich auf die Nummern im Verzeichnis.   * 3 insges. 128 kleinere Krater,   ** = ings. 13 kleinere Krater.   *** insgesamt 4 kleinere Krater.

---

*) Erst nach Beginn der Drucklegung wurde durch einen Hinweis von Dr. Pohl die Arbeit von D e n c e (1972), *The Nature and Significance of Terrestrial Impact Structures,* 24th IGC-Section 15, p. 77, Ottawa, bekannt, die als die bisher beste Übersicht anzusehen ist. Seine Tabellen 1–4 sind im Anschluß beigefügt.

Vorläufige Liste terrestrischer Einschlagkrater

Klasse	Nummer	Lage	Name
III	01	0 50 E, 45 49 N	**Rochechouart**, Frankreich, 15 km D_A, stark erodiert, Brekzien, Schock, (Kraut, 1971).
III	02	4 06 E, 33 18 N	**TELEMZANE**, Algerien, 1750 m D_A, 67 m T_A, Coesit, Strahlenkalk, (Baldwin, 1963).
IV	03	10 04 E, 48 02 N	**STEINHEIM**, BRD, 300 m D_A, 100 m T_A, Kryptoexplosion, Brekzien, (Baldwin, 1963).
I	04	10 37 E, 48 53 N	**RIES**, BRD, 2300 m D_A, 50 m T_A, Coesit, Strahlenkalk, Stishovit, (Geologica Bavarica Bd. 61, 1971).
III	05	14 55 E, 56 25 N	**MIEN SEE**, Schweden, 5 km D_A, Form, Schock, (Svensson, 1971).
V	06	15 00 E, 61 05 N	**SILJAN RING**, Schweden, 35 km D_A, Form, ähnlich No. 12 und 61.
II	07	16 17 E, 27 45 S	**ROTER KAMM**, SW Afrika, 2300 m D_A, 30 m T_A, H_1 3120 m; Form, aufgew. Rand, Brekzien.
III	08	16 45 E, 61 50 N	**DELLEN SEE**, Schweden, 12 km D_A, Form, Schock, (Svensson, 1971).
I	09	22 40 E, 58 24 N	**KAALIJÄRV** (Ösel), UdSSR, 7 Krater; Meteoritenmaterial gefunden, 4 Krater ausgegraben; D_A zu T_A: 97 m:16 m/35 m:5,5 m/32,5 m:6 m/20 m:3,5 m/12 m:15 m/25x26 m:0,7 m.
III	10	23 40 E, 63 10 N	**LAPPAJÄRVI**, Finnland, 5 km D_A, Form, Schock, (Svensson, 1971).
III	11	25 25 E, 57 58 N	**ILUMETSA**, UdSSR, 2 Krater, 80 m:12 m/50 m:5,4 m (Baldwin, 1963; Pike, 1968).
V	12	27 30 E, 27 00 S	**VREDEFORT**, S. Afrika, (25 Mi.), 40 km, stark umstritten, Strahlenkalk, Brekzien, Zentralberg, Granitintrusionen, (Baldwin, 1963).
V	13	28 00 E, 25 30 S	**BUSHVELD** (Pretoria Pfanne), S. Afrika, (1200 m) 1035 m D_A, 100 m T_A, umstritten, bisher kein Coesit gefunden (French, Hargraves, 1971, Pike 1968).
I	14	50 28 E, 21 30 N	**WABAR**, Arabien, 2 Krater, 100 m:10 m/54x40 m:9 m, Meteoriten gef., Coesit, Glas, stark abgetragen und aufgefüllt (Baldwin, 1963). (50 40 E)
IV	15	74 20 E, 36 06 N	**MURGAB** (Chaglan), UdSSR, 2 Krater, 80 m:15,2 m/16 m:1,4 m, Form, sehr wenig bekannt, (Baldwin, 1963, Pike, 1968).
III	16	76 31 E, 19 59 N	**LONAR SEE**, Indien, (1600 m) 2000 m, D_A, 570 ft T_A, H_1 = 30 m, Form aufgeworf. Rand. (76 51 E)
I	17	117 05 E, 27 45 S	**DALGARANGA**, Australien, 21 m:3,2 m, Meteoriten gefunden, (Baldwin, 1963).
I	18	127 47 E, 19 18 S	**WOLF CREEK**, Australien, (853) 825 m D_A:52 m T_A, ursprüngl. 130 m T_A. Meteoriten gefunden, Form, aufgeworfener Rand.
III	19	132 18 E, 23 48 S	**GOSSES BLUFF**, Australien, 22 km geschätzter D_A, Bergring 3–4 km, 180 m hoch.
II	20	133 10 E, 24 34 S	**HENBURY**, Australien, 14 Krater, ein Krater ausgegraben, unterschiedlicher Abtragungsgrad; Meteoriten gefunden. Größter Krater: 220x110 m D_A, 19 m T_A.
II	21	133 35 E, 15 12 S	**STRANGWAY**, Australien, 1,6 km D_A, Form, Schock, (Guppy, 1971).
II	22	134 03 E, 12 24 S	**LIVERPOOL**, Australien, 1,6 km D_A, Form, Schock, 16 km D_A (Guppy, 1971).
I	23	134 40 E, 46 07 N	**SIKHOTE ALIN**, UdSSR, beobachteter Fall, insgesamt 128 kleine Krater, Größter: 26 m D_A:6 m T_A. (Pike, 1968). (100 57 E, 60 55 N)
I	24	135 12 E, 22 37 S	**BOXHOLE**, Australien, 175 m D_A:15 m T_A. Meteoriten gefunden, typische Struktur, (Baldwin, 1963). (22 54 S)
IV	25	172 04 E, 67 29 N	**EL GYTHKYN SEE**, UdSSR, 15 mi D_A:2000 ft T_A, Kryptoexplosion, weitgehend unerforscht (Beals, Halliday, 1967).
I	26	117 36 W, 59 32 N	**STEEN RIVER**, Kanada, 13,6 km D_A, Bohrungen, Zentralberg, Graviation, 1966 akzeptiert.
I	27	111 01 W, 35 02 N	**BARRINGER** (Meteor) **CRATER**, USA, 1207 m D_A, 207 m T_A, H_1 = 160 m. Der am besten erforschte Einschlagkrater, Meteoriten gefunden, Coesit, Stishovit, Brekzien, aufgeworfener Rand.
I	28	111 01 W, 60 17 N	**PILOT SEE**, Kanada, 5 km D_A, Form, Brekzien, 1966 akzeptiert.
I	29	109 30 W, 58 27 N	**CARSWELL SEE**, Kanada, 30 km (32 km, 18 mi); Strahlenkalk, Schock, überkippte Schichten.
IV	30	108 08 W, 54 54 N	**KEELEY**, Kanada, 12 km D_A, Kryptoexplosion, (Baldwin, 1963).
IV	31	103 00 W, 56 24 N	**DEEP BAY**, Kanada, 13,7 km D_A, 213 m T_A, Umgebung seit Kraterentstehung 300 m abgetragen, Rand um 1,5 km verlegt, (Dent, 1972). Bohrungen, Schock, Zentralberg, Graviation, aufgeworfener Rand.
III	32	102 55 W, 30 36 N	**SIERRA MADERA**, USA, (3 mi), 1,3x4,9 km D_A; Kryptoexplosion, Zentralberg, (Mutch, 1971, 91).
I	33	102 41 W, 62 40 N	**NICOLSON SEE**, Kanada, 12,5 km D_A; Zentralberg, Brekzien, Strahlenkalk 1966 akzeptiert.
I	34	102 30 W, 31 48 N	**ODESSA**, USA, 4 Krater, einer ausgegraben, Meteoriten gefunden, Brekzien, aufgeworf. Rand, 168 m:33 m/D_A:T_A/H_1 = 7,7 m. (550 ft:13 ft).
I	35	99 05 W, 37 37 N	**HAVILAND**, USA, 11 mx17 m D_A, 3,1 m T_A; Meteoriten gefunden, (Baldwin, 1963).
I	36	98 30 W, 51 50 N	**ST. MARTIN SEE**, Kanada, 45 km D_A; Bohrungen, Brekzien, Zentralberg, 1969 akzeptiert.
I	37	95 11 W, 49 46 N	**WEST HAWK SEE**, Kanada, (3600) 2700 m D_A; 275 m T_A, urspr. ca. 400 m. Bohrungen, Brekzien, Schock, Graviation.
IV	38	94 31 W, 45 35 N	**MASON**, USA, 30 km D_A; Kryptoexplosion, Form.
IV	39	92 43 W, 37 54 N	**DECARTUVILLE**, USA, 3,7 mi, Kryptoexplosion, leicht aufgew. Rand, (Baldwin, 1963).
IV	40	89 48 W, 40 22 N	**GLASFORD**, USA, 3 mi; Kryptoexplosion, (Beals, Halliday, 1967).
IV	41	87 40 W, 36 23 N	**WELLS CREEK**, USA, 3 mi D_A, 260 ft T_A; Kryptoexplosion, Form.
IV	42	87 24 W, 40 45 N	**KENTLAND**, USA, 3300 ft D_A; Kryptoexplosion, (Beals, Halliday, 1967).
IV	43	86 35 W, 35 15 N	**HOWELL**, USA, 1,5 mi D_A; Kryptoexplosion, (Beals, Halliday, 1967).
IV	44	85 45 W, 36 22 N	**DYCUS**, USA, 140 m; Kryptoexplosion, (Beals, Halliday, 1967).

	№	Coordinates	Description
IV	45	85 37 W, 36 16 N	FLYNN CREEK, USA, (1,9 km) (3,5 km), 2,2 mi D_A, 300 ft T_A; Zentralberg, Kryptoexplosion.
IV	46	83 25 W, 39 02 N	SERPENT MOUND, USA, 4 mi D_A; 250 ft T_A. Kryptoexplosion, (Baldwin, 1963).
V	47	81 10 W, 46 20 N	SUDBURY, Kanada, 30 mi, länglich, stark umstritten, aber in Kanada anerkannt, größte terr. Nickel Lagerstätte, Strahlenkalk, Brekzien.
I	48	80 44 W, 46 44 N	WANAPITEI SEE, Kanada, 8,5 km D_A; Coesit, 1970 akzeptiert, am Rand von (48).
V	49	80 W, 56 N	NASTAPOKA INSELBOGEN, Kanada, ca. 454 km, Form, noch keine weiteren Beweise, (Beals, Halliday, 1967).
IV	50	79 56 W, 45 22 N	PARRY SOUND, Kanada, 1,4 mi D_A; Form, Kryptoexplosion.
I	51	78 29 W, 46 04 N	BRENT, Kanada, (3700 m), 4000 m D_A; (300 ft) 330 m T_A, 10 Bohrungen, Brekzien, Schock, Graviation, stark abgetragen und aufgefüllt, (Pike, 1969).
I	52	76 30 W, 44 47 N	HOLLEFORD, Kanada, (2000 m) 2400 m D_A, 30 m T_A, T_2 = 275 m durch Bohrung; (Pike, 1968).
IV	53	76 03 W, 45 04 N	FRANKTOWN, Kanada, 1 km D_A; Form, Kryptoexplosion.
I	54	75 20 W, 60 08 N	LAC COUTURE, Kanada, 10 km D_A; Brekzien, Schockeinfluß, Form, Rand abgetragen.
I	55-1	74 07 W, 56 03 N	CLEARWATER SEEN, Kanada, (17 km, 32 km) 20 km D_A; 355 m T_A;
I	55-2	74 33 W, 56 12 N	(15 km, 30 km) 32 km D_A, 200 m T_A;
I	56	73 40 W, 61 17 N	NEW QUEBEC, Kanada, (3200 m, 3341 m), 3440 m D_A. (163, 360 m) 409 m T_A. Form, aufgew. Rand, Schock, Graviation, der relativ am besten erhaltene Krater Kanadas.
I	57	70 18 W, 47 32 N	CHARLEVOIS, Kanada, 35 km D_A; Strahlenkalk, Tachylit, 1967 akzeptiert.
IV	58	70 05 W, 49 17 N	SALT OU COUCHONS, Kanada, 7 mi D_A; Kryptoexplosion, Form.
III	59	68 17 W, 23 56 S	MONTURAQUI, Chile, 455 m D_A, 31 m T_A; Form, Brekzien, aufgew. Rand, 1970 entdeckt.
IV	60-1	69 28 W, 66 51 N	LABRADOR KRATER, Kanada, Kryptoexplosion; 2,7 mi D_A
	60-2	69 05 W, 66 51 N	2,0 mi
	60-3	68 43 W, 65 58 N	2,0 mi
	60-4	68 31 W, 65 55 N	1,5 mi.
I	61	68 37 W, 51 28 N	MANICOUGAGAN, Kanada, 65 km D_A, 300 m T_A, (Pike, 1968).
V	62	67 20 W, 60 00 N	UNGAVA BUCHT, Kanada, ca. 243 km, Form, keine weiteren Beweisė, (Baldwin, 1963, Beals, Halliday, 1967).
IV	63-1	66 40 W, 53 42 N	MENIHEK SEEN, Kanada, Form, 3 mi.
	63-2	67 10 W, 53 19 N	2,5 mi.
IV	64	64 27 W, 54 34 N	MICHIKAMAU, Kanada, 3,5 mi, Form.
IV	65	64 03 W, 58 03 N	LABRADOR KRATER, Kanada, 1,5 km, Form, (Baldwin, 1963).
I	66	63 20 W, 55 53 N	MISTASTIN SEE, Kanada, 20 km D_A. Form, Zentralbérg, Glas, Graviation, 1968 akzeptiert, (Currie, 1968).
V	67	63 03 W, 47 06 N	ST. LAWRENCE INSELBOGEN, Kanada, 280 km, Form, keine weiteren Beweise, (Baldwin, 1963).
I	68	61 30 W, 27 28 N	CAMPO DEL CIELO, Argentinien, 8 Krater, einer ausgegraben, (1972), Meteoriten gefunden; 115x91 m/105x65 m/96x74 m/88,5m/70 m/35 m/28x46 m/20 m D_A. (Baldwin, 1963, Cassiy, 1971).
IV	69	59 22 W, 50 50 N	MECATINA, Kanada, 2,0 mi, Kryptoexplosion.
III	70	24 15 W, 09 39 N	TEMICHAT-GHALLAMAN, Mauretanien, 100 m D_A, Brekzien, Coesit, (Baldwin, 1963).
II	71	22 55 W, 10 25 N	TENNOUMER, Mauretanien, 210 m D_A, Form, Coesit, Brekzien, (Baldwin, 1963).
I	72	12 14 W, 20 15 N	AOUELLEOUL, Mauretanien, 250 m D_A, 6,5 m T_A, Meteoriten gefunden, Strahlenkalk, stark abgetragen, (Baldwin, 1963).
V	73	12 00 W, 22 45 N	Unbenannt A – Kanada, 1 km, (Baldwin, 1963).
V	74	11 40 W, 19 00 N	Unbenannt B – Kanada, (Baldwin, 1963).
IV	75	11 30 W, 21 00 N	BOU TELIS (ELL RICHAT), Mauretanien, 40 km D_A. Einschlag möglich, frühere Coesit-Funde waren jedoch Fehlinterpretationen, (Dietz, 1969).
V	76	09 50 W, 25 40 N	Unbenannt C – Kanada, Form, (Baldwin, 1963).
III	77	01 43 W, 60 25 N	ST. MAGNUS BAY, 11 km D_A, Brekzien, Graviation, Schock, (Sharp, 1970).
V	78	01 30 W, 78 15 N	Unbenannt D – Kanada, Form, (Baldwin, 1963).
I	79	01 23 W, 06 32 N	BOSUMTWI (ASHANTI), Ghana, (15 km) 14,4 km D_A, 400 m T_A, H_1 = 135 m; Strahlenkalk, Coesit, aufgew. Rand, (Pike, 1968).

TABLE 1 — Criteria for Identification of Impact Craters — Status and Type
(Dence, 1972)

Criterion	Nature & Status	Type Examples
1. Presence of meteorites	Rare except in ejecta of young craters	Barringer, Henbury
2. Circular plan	Distinctly circular near center. Modified at margins by: a) pre-existing structures b) erosion, slight to moderate	Brent; Barringer, Manicouagan; New Quebec, Deep Bay, West Hawk L.
	Obscured by: a) deep erosion b) later cover c) later tectonic events	Nicholson L., Dellen L.; Holleford, L. St. Martin; Charlevoix, Sudbury
3. Rim structure	Raised, overturned rim only apparent in young simple craters. In complex craters rim has dropped to form: i) subdued uplift, or ii) disturbed zone, or iii) peripheral trough	Deep Bay; Ries; Manicouagan
4. Central structure	Bowl of breccia in simple craters. Central uplift in complex craters either: (i) single peak, or (ii) ring structure	Barringer, Brent; Steinheim; Gosses Bluff, Clearwater West
5. Gravity anomaly	Generally negative. May be enhanced by sedimentary fill. Most clearly developed in craters of moderate size. In complex large craters may be obscured by: a) central uplift of heavy rocks b) erosion c) regional gravity variations	Deep Bay, L. Wanapitei; Clearwater W.; Nicholson Lake; Carswell, Manicouagan
6. Magnetic field	Variable, commonly subdued, merge with regional field. Distinct anomalies may be present over suevite and melt rock concentrations	Clearwater L. craters, Deep Bay, Brent; Ries
7. Seismic velocities	Crater rocks show lower seismic velocities than country rocks. Craters in stratified rocks have central region of chaotic structure.	Deep Bay, Brent; Gosses Bluff, Sierra Madera
8. Brecciation	Observed in surface samples and drill cores. Rim rocks show mainly monomict breccias overlain by mixed ejecta, if preserved. Mixed breccias within crater interlayered with melt rock concentrations.	Brent, Ries; Clearwater L. West; Brent, West Hawk L.
	Country rocks in central uplift cut by pseudotachylites and by veins of mixed breccia and melt rocks.	Vredefort, Manicouagan
9. Shock metamorphism	Main criterion for hypervelocity impact. Includes shatter coning, planar elements in minerals, glassy solid states, high-pressure phases, complete melting to form mixed breccias, glasses and pools or sheets of melt rocks. Present in ejecta breccias or in mixed breccias within crater, also in country rocks underlying central region of crater. Not in rim rocks. May be obscured by annealing, hydrothermal alteration (zeolites etc.), later regional metamorphism.	Barringer, Ries; Brent, Clearwater L.; Charlevoix; Manicouagan, Sudbury

TABLE 2 — Certain (authenticated) Meteorite Impact Craters (Dence, 1972)

Name	Latitude	Longitude	Number	Diameter (largest)	First Reference (i)	(ii)
Aouelloul, Mauritania	20°15′N	012°41′W	1	250m	1921	
Barringer, Arizona	35°02′N	111°01′W	1	1,200m	1891	1905
Boxhole, N.T., Australia	22°37′S	135°12′E	1	175m	1937	
Campo del Cielo, Argentina	27°28′S	061°30′W	9	70m	1926	
Dalgaranga, Western Australia	27°45′S	117°05′E	1	21m	1938	
Haviland, Kansas	37°37′N	099°05′W	1	11m	1933	
Henbury, N.T., Australia	24°34′S	133°10′E	14	150m	1932	
Kaälijarvi, Estonian SSR	58°24′N	022°40′E	7	110m	1849	1928
Odessa, Texas	31°48′N	102°30′W	3	168m	1926	
Sikhote Alin, Primorye, Terr. Siberia, U.S.S.R.	46°07′N	134°40′W	22 (+ 100 pits)	26.5m	1947	
Wabar, Saudi Arabia	21°30′N	050°28′E	2	90m	1932	
Wolf Creek, Western Australia	19°18′S	127°47′E	1	850m	1948	
TOTAL			63			

Hypervelocity craters: 5 definite, 3 possible.

TABLE 4 — Possible Impact Craters

Name	Latitude	Longitude	Diameter
Al Umchaimin, Iraq	32°41′N	039°35′E	3.2 km
Amguid, Algeria	26°31′N	005°21′E	0.4 km
Des Plaines, Illinois	42°02′N	087°56′W	10 km
Dycus, Tennessee	36°22′N	085°45′W	—
Eagle Butte, Alberta	49°42′N	110°30′W	10 km
Elbow, Saskatchewan	50°58′N	106°45′W	8 km
El'gytkhyn, Chukotsk, U.S.S.R.	67°30′N	172°00′E	12 km
Gebel Dalma, Libya	25°20′N	024°20′E	2.7 km
Glasford, Illinois	40°22′N	089°48′W	5 km
Glover Bluff, Wisconsin	43°55′N	089°35′W	0.43 km
Hartney, Manitoba	49°24′N	100°40′W	6 km
Haughton Dome, N.W.T., Canada	75°22′N	089°40′W	17 km
Howell, Tennessee	35°15′N	086°35′W	2.4 km
Humeln, Sweden	57°22′N	016°15′W	1.2 km
Ilumetsa, Estonian SSR (3)	57°58′N	025°25′E	0.08 km
Janisjärvi, USSR	61°58′N	030°55′E	10 km
Jeptha Knob, Kentucky	38°06′N	085°06′W	3.2 km
Kalkkop, South Africa	32°43′S	024°34′E	0.64 km
Kilmichael, Mississippi	33°03′N	089°33′W	13 km
Konder, Khabarovsk Terr., U.S.S.R.	57°30′N	134°50′E	9 km
Labynkyr, Yakut S.S.R.	62°30′N	143°00′E	60 km
Lonar L., India	19°59′N	076°51′E	1.8 km
Merewether, Labrador	58°02′N	064°02′W	0.2 km
Michlifen, Morocco (2)	32° N	003° W	(2) 1.9 km
Murgab, Tadzhik S.S.R. (2)	38°06′N	074°20′E	(2) 0.08 km
Patomskii, Irkutsk Prov., U.S.S.R.	59°00′N	116°25′E	0.09 km
Popigay, Taymirskiy-Yakut, U.S.S.R.	71°30′N	111°00′E	65 km
Pretoria Salt Pan, South Africa	25°30′S	028°00′E	1 km
Puchezh-Katun, Gorkii Prov., U.S.S.R.	57°06′N	043°35′E	70 km
Roterkamm, South West Africa	27°45′S	016°17′E	2.3 km
Skeleton L., Ontario	45°16′N	079°27′W	3.5 km
St. Magnus Bay, Shetland Is.	60°25′N	001°34′W	11 km
Talemzane, Algeria	33°18′N	004°06′E	1.75 km
Temimichat, Mauritania	24°15′N	009°39′W	0.5 km
Tvaren Bay, Sweden	58°46′N	017°25′E	2 km
Upheaval Dome, Utah	38°26′N	109°54′W	5 km
Versailles, Kentucky	38°02′N	084°45′W	1.5 km
Zhamanshin, Aktyubinsk, U.S.S.R.	49° N	059° E	15 km
unnamed L., N.W.T., Canada	64°58′N	087°41′W	4 km

(Dence, 1972)

Dence (1972) hat die bisher beste Übersicht zu terrestrischen Einschlagkratern.
Tabelle 1: Kriterien zur Krater-Bestimmung
Tabelle 2: Nachgewiesene Einschlagkrater
Tabelle 3: Einschlagkrater hoher Wahrscheinlichkeit
Tabelle 4: Vermutete Einschlagkrater

(Dence, 1972)

TABLE 3(a) — Probable Impact Craters — Structures with Shock Metamorphism (Dence, 1972)

	Latitude	Longitude	Diameter km	Age m.y.	Country Rocks (1)	Degree of Erosion (2)	Sedimentary Fill (3)	Structural Type (4)	First Reference (5) (i) (ii)
Bosumtwi, Ghana	06°32'N	001°23'W	10.5	1.3 ± .2	C	2	Pleist. (L)	U	1931
Brent, Ontario	46°05'N	078°29'W	4	450 ± 40	C	4	Ord. (L + M)	S	1956
Carswell, Saskatchewan	58°27'N	109°30'W	30	485 ± 50	S+C	7	—	C	1960
Charlevoix, Quebec	47°32'N	070°18'W	35	350 ± 25	(S)C	7	—	Cr	1968
Clearwater L. East, Quebec	56°05'N	074°07'W	15	285 ± 30	(S)C	4	Perm. ? (L)	C	1889, 1956
Clearwater L. West, Quebec	56°13'N	074°30'W	30	285 ± 30	(S)C	5	—	Cr	1889, 1956
Crooked Creek, Missouri	37°50'N	091°23'W	5	320 ± 80	S	7	—	C	1911, 1954
Decaturville, Missouri	37°54'N	092°43'W	6	500 ± 50	(S)C	6	—	C	1894, 1938
Deep Bay, Saskatchewan	56°24'N	102°59'W	9	100 ± 50	C	3	Cret (M)	C	1957
Dellen, Sweden	61°50'N	016°45'E	12	P - M	C	6	—	C	1963
Flynn Creek, Tennessee	36°16'N	085°37'W	3.6	P	S	3	Dev. (M)	C	1869, 1937
Gosses Bluff, N.T., Australia	23°48'S	132°18'E	22	130 ± 6	S	6	—	C	1964, 1966
Holleford, Ontario	44°28'N	076°38'W	2	550 ± 50	C	4	Ord. (L + M)	S	1955, 1956
Kentland, Indiana	40°45'N	087°24'W	6	P - M	S	5	—	C	1883, 1938
Köfels, Austria	47°13'N	010°58'E	5	Q	S	2	—	U	1928, 1937
Lac Couture, Quebec	60°08'N	075°18'W	10	P - M	C	6	—	U	1960
Lappajärvi, Finland	63°10'N	023°40'E	10	P - M	C	6	—	U	1858, 1968
Liverpool, N. T., Australia	12°24'S	134°03'E	1.6	M	S	2	Cret (L)	S	1965, 1971
Manicouagan, Quebec	51°23'N	068°42'W	65	210 ± 4	(S)C	5	—	Cr	1955, 1960
Manson, Iowa	45°35'N	094°31'W	30	M	S+C	3	Pleist. (L)	C	1958, 1961
Mien L., Sweden	56°25'N	014°55'E	5	P - M	C	6	—	U	1890, 1963
Middlesboro, Kentucky	36°37'N	083°44'W	7	P - M	S	7	—	C	1963
Mistastin, Labrador	55°53'N	063°18'W	20	202 ± 25	C	6	—	C	1968, 1969
Monturaqui, Chile	23°56'S	068°17'W	0.48	Q	C	1	—	S	1966
New Quebec, Quebec	61°17'N	073°40'W	3.2	Q	C	3	?(L)	S	1951
Nicholson, N. W. T.	62°40'N	102°41'W	12.5	P - M	(S)C	6	—	C	1892, 1968
Pilot L., N.W.T	60°17'N	111°01'W	5	P - M	C	6	—	U	1968
Ries, Germany	48°53'N	010°37'E	24	14.8 ± .7	S+C	2	Mioc (L)	Cr	1934, 1904
Rochechouart, France	45°50'N	000°56'E	15	165 ± 10	C	6	—	C	ca 1860, 1967
St. Martin, Manitoba	51°47'N	098°33'E	24	225 ± 25	S+C	4	Perm./Trias (L)	Cr	1859, 1968
Serpent Mound, Ohio	39°02'N	083°25'W	6.4	P - M	S	7	—	C	1925, 1936
Sierra Madera, Texas	30°36'N	102°55'W	13	M	S	6	—	C	1927, 1937
Siljan, Sweden	61°05'N	015°00'E	45	P - M	S+C	7	—	C	1933, 1963
Steen River, Alberta	59°31'N	117°38'W	25	95 ± 7	S+C	3	Cret (M)	C	1968
Steinheim, Germany	48°02'N	010°04'E	3	14.8 ± .7	S	3	Mioc (L)	C	1866, 1946
Strangways, N.T., Australia	15°12'S	133°35'E	16	P - M	S+C	5	Cret (L)	Cr	1963, 1971
Sudbury, Ontario	46°36'N	081°11'W	100	1700 ± 200	S+C	6	Proter. (M)	Cd	1887, 1962
Tenoumer, Mauritania	22°55'N	010°24'W	1.8	2.5 ± .5	C	2	—	S	1948, 1951
Vredefort, S. Africa	27°00'S	027°30'E	100	1970 ± 100	S+C	7	—	C	1904, 1947
Wanapitei, Ontario	46°44'N	080°44'W	8.5	P - M	C	5	? (L)	V	1921, 1971
Wells Ck., Tennessee	36°23'N	087°40'W	14	200 ± 100	S	7	U. Cret	Cr	1869, 1936
West Hawk L., Manitoba	49°46'N	095°11'W	2.7	150 ± 50	C	4	Jur ?(L)	S	1954, 1960

NOTES: Age — P = Paleozoic, M = Mesozoic, Q = Quaternary

(1) Country Rocks
- C = crystalline rocks including metasediments, S = sedimentary rocks
- S + C = sedimentary cover 0.5 km thick or more over crystalline rocks,
- (S) (C) = minor sedimentary, crystalline rocks resp.

(2) Degree of Erosion
1 = ejecta blanket largely preserved
2 = ejecta blanket partly preserved
3 = ejecta blanket removed, rim partly preserved
4 = rim largely eroded, breccias within crater preserved
5 = crater breccias and melt rocks partly preserved
6 = remnants only of breccias and melt rocks in crater floor
7 = crater floor removed, substructure exposed.

(3) Age of Sedimentary Rocks in Crater
L = fresh water, red bed or lake deposits.
M = marine deposits

(4) Structural Type
S = simple crater
C = complex crater with central uplift
Cr = complex crater with central uplift and ring structure
Cd = complex crater with central depression
U = structure undetermined.

(5) Reference:
(i) first description
(ii) first recognition of impact origin

Literaturübersicht zur Ortsfrequenzanalyse und Richtungsfilterung mit geowissenschaftlicher Fragestellung

In der Literatur erschienen die ersten Arbeiten zur räumlichen Analyse von Datenmassen mit Hilfe kohärent-optischer Methoden seit etwa 1966, wobei zuerst die eindimensionalen Fourier Transformation im Vordergrund stand und die Arbeiten mehr als ein Randgebiet der Digitalen Filterung und der Datenaufbereitung aus dem ökonomischen und wirtschaftsgeographischen Bereich erschienen.

In den Geowissenschaften ging ein wesentlicher Anstoß zur Weiterentwicklung der Methode von der marinen Seismik aus, für die zum ersten Mal intensiv optische und digitale Methoden zur Beseitigung von Störfrequenzen angewandt wurden (Institut Francais du Petrole, 1966). BRODY* (1966) versuchte dann auf optischem Wege anthropogene und natürliche Bildmuster zu differenzieren. BRYSON, (1967) bezog Dendrochronologie, Warvenanalyse sowie Auswertung meteorologischer Daten in den Arbeitsbereich mit ein. BASSET, (1969) und ROBINSON, (1972) konzentrierten sich auf die Herstellung und Auswertung von Karten im Hinblick auf statistische Fragestellungen, wobei jedoch die digitale Informationsverarbeitung noch im Vordergrund stand.

McCULLAGH (1972) führte als weitere Bereiche der optischen Bildverarbeitung die Untersuchung von Flußsystemen an, die er jedoch noch aus den Bildern hochzeichnete. Er bringt auch ein Beispiel für die Korngrößenanalyse von Geröllen, bei der er z. B. Aufnahmen eines Strandgebietes sehr hart kopiert und bei der Analyse des Negativs dann nur den Bereich der Nullfrequenz um das Symmetriezentrum des Spektrums ausfotometriert.

Größe und Form des Nullfrequenzbereichs sind proportional der Größe und Form der völlig transparenten Bildelemente. BOISSARD (IFP, unveröff.) benutzt die gleiche Methode zur Untersuchung von Weinstöcken in großen Feldern.

Weitere Spezialanwendungen wurden beispielhaft untersucht von MITCHEL, (1968) für Wasseroberflächen, Fließgeschwindigkeiten und die Bestimmung von Bruchsystemen.

Die Analyse der Unterwassermorphologie im strandnahen Bereich wurde von FONTANEL** (1968) und POLCYN** (1969) mit Hilfe der Messung der Änderung der Frequenz der Wasserwellen näher beschrieben. Untersuchungen von Eisdecken und Eistexturen sind weiterer Schwerpunkt in der Anwendung, da es sich dabei um relativ einfache Strukturen handelt, die im Anfang eher einer automatischen Bildauswertung unterzogen werden können (PALGEN, 1970; ALLIED RESEARCH, 1970) Richtungsanalyse linearer Bildelemente wurde beispielhaft eingesetzt für die Untersuchung von Fließstrukturen an Gletschern (BAUER, u. a., 1970), zur Texturdifferenzierung von Moränenmaterial (NYBERG, 1971), sowie zur Untersuchung von antiken Flureinteilungen (CHEVALLIER, u. a., 1970).

In der BRD sind Anwendungsbeispiele kohärent-optischer Bildanalyse für geowissenschaftliche Fragen außer in der marinen Seismik bisher noch nicht publiziert worden.

Die Literatur zu den Grundlagen dieser Methode, ihren Problemen und Anwendungsbereichen wurde von DALKE (1969) und DUDA (1970) kritisch referierend zusammengestellt. Vergleichbare deutsche Arbeiten liegen nicht vor. GÜNTHER (1972) geht in seiner Übersicht zu den Bildauswerteverfahren gar nicht auf diesen Bereich und damit zusammenhängende Fragestellungen ein.

Zur Einführung in den Arbeitsbereich können herangezogen werden: SHULMAN (1966), ROSENFELD (1969), VAN DEE LUGT (1968), GOODMAN (1964).

---

* BRODY, R. H., ERMLICH, J. R., 1966, Fourier Analysis of Areal Photographs, *Fourth Intern. Symposium on Remote Sensing of Environment,* Ann. Arbor, Abstract, 375 ff.
** FONTANEL, (1968), *Revue Photointerpretation,* Vol. 2, 4-1968.
*** POLCYN, F. C., (1969) Fourier Analysis, in: *Fourth Intern. Symposium on Remote Sensing of Envirnment,* Ann. Arbor, Abstract, 465.

Erläuterungen zu einigen wichtigen benutzten Begriffen

Albedo — Das Verhältnis der Lichtmenge, die von einer reflektierenden Oberfläche zurückgeworfen wird, zur Menge des gesamten einfallenden Lichtes. Ausgedrückt auch als Prozent der einfallenden Strahlung. Für die Mondoberfläche als ‚normale Albedo' gemessen in der Einfallsrichtung, da die maximale Reflexion in der Einfallsrichtung erfolgt (Charakteristik der fotometrischen Funktion der Mondoberfläche).

Augenscheinlicher Krater — Hohlform, wie sie nach Einwirkung von Veränderungsprozessen, wie Auffüllung und Rutschung sich zur Zeit der Beobachtung darstellt. Sie wird durch die ‚augenscheinliche Tiefe (T_A)' und den ‚augenscheinlichen Durchmesser (D_A)', die in senkrechten Luftbildern gemessen werden können, bestimmt. (Vergl. **Krater**)

Astrobleme — Bez. für eine weitgehend abgetragene Hohlform, für die eine Entstehung durch Meteoriteneinschlag möglich aber nicht mehr mit Sicherheit nachweisbar ist. Wird hauptsächlich auf Krater der Gruppe V (Anhang) angewandt. In der engl. Lit. z. T. auch allgemein für Meteoritenkrater benutzt.

Äquidensite — Fläche oder Linie gleicher fotografischer Dichte in einer fotochemischen Emulsion. (Vergl. **Schwärzungsgebirge**)

Becken — Vergl. **Ringbecken**

Bildaufbereitung — Verfahren zur Umsetzung und Beeinflussung von Bildinformation mit dem Ziel, eine für die Auswertung leichter zu handhabende Bildgrundlage zu schaffen.

Bildverbesserung — Gezielter Eingriff in die Intensitäts- und Frequenzstruktur eines fotografischen Bildes, mit dem Ziel, die für den Interpreten unwichtigen Informationen zu unterdrücken.

Brekzien — (auf dem Mond:) Gestein verschiedener petrographischer Zusammensetzung, das durch Druck und Temperatureinfluß bei der progressiven Stoßwellenmetamorphose nach einem Einschlag durch Zusammenfügung von vorher isolierten Bestandteilen gebildet wurde.

Bruchschollentektonik, Exogene — Änderung der Lagerungsverhältnisse infolge Meteoriteneinschlags; Kluft- und Bruchbildung (bisher noch nicht benutzt).

Coesit — Hochdruckmodifikation von SiO_2 bei einem Meteoriteneinschlag, bei Kratern mit Meteoritenmaterial gefunden, und dann auch bei älteren Kratern (z. B. Ries); als Nachweis für den Einschlag betrachtet.

Defizit, natürliches und **künstliches**, in der Bildaufbereitung — Mangel an Bildelementen bestimmter Richtung und Frequenz, z. B. infolge Schlagschattenwurfs (natürlich) oder durch Filterung (künstlich).

Ebenen, helle und **dunkle** — rein beschreibend für Ebenen bildendes helles und dunkles Mare-Material, auf der Mond-Vorderseite meist als Cayley-Formation (hell) kartiert. Auf der Rückseite bilden helle Ebenen in der Mehrzahl der Fälle den Boden der Ringbecken, sowie unregelmäßiger Hohlformen im Terra-Material. Dunkle Ebenen auf der Vorderseite Beckenauffüllungen mit dunklem Mare-Material.

Einbruchskrater — meist unregelmäßige, z. T. aber auch kreisförmige Hohlform ohne aufgeworfenen Rand und einen Kreisring von Sekundärkratern. Interpretation als Einbruchsform in einer Lavaoberfläche.

Ejekta — zusammenhängendes Auswurfmaterial, das sich nach einer kratererzeugenden Explosion konzentrisch bis zu einer Entfernung von 1–2 Kraterdurchmessern ablagert.

Enhancement (engl.) — als **image enhancement** sowohl für **Bildaufbereitung** als auch für **Bildverbesserung** gebraucht. Nach der Def. der **International Geographical Union**, Ottawa 1972, (Tomlinson, 1972, Register): *„Changing an image by strengthening its spatial or tonal content."*

Fillet (engl.) — Sammlung von Feinmaterial infolge Einschlags von Mikro- und Nanometeoriten am Fuß von Felsbrocken auf der Mondoberfläche.

Filterung, kohärent-optische, — Unterdrückung von Richtungen oder Frequenzen mittels Blenden im kohärent-optischen Bildaufbereitungsverfahren.

Fourier Analyse — Verfahren zur Zerlegung periodischer Schwingungen in die sinusförmige Grundschwingung und die ebenfalls sinusförmigen Oberschwingungen. Zugrundegelegt ist der Satz, daß jede periodische Funktion durch eine Reihe aus Sinusfunktionen dargestellt werden kann. Zweidimensionale Darstellung der sinusförmigen Bestandteile bei optischen Verfahren in der Frequenzauswahlebene bei der Fourier-Transformation wird als **Spektrum** bezeichnet.

Ghost Ring (engl.) — Ringform auf der Mondoberfläche, die sich als ehemaliger Kraterwall durch überlagerndes Material durchpaust oder dieses teilweise noch überragt.

Großkrater — vergl. **Krater**

Hochländer — von engl. **Highlands**, Vergl.: **Terra-Material.**

Impulse Response (engl.) — Überschwingeffekt bei sehr scharfer Frequenzfilterung, im kohärent-optischen Verfahren z. B. sehr leicht bei Benutzung von Metallfiltern.

Korolev — a) **Sergei, P.,** (1906–1966), UdSSR Raketenforscher, Gründer und Leiter der Gruppe, die 1933 die erste sowjetische Flüssigkeitsrakete entwickelte, Initiator des Sputnik Programms. (Vergl.: *Spiegel,* No. 36, Juli 1973. S. 72–79).

b) **Korolev,** Ringbecken auf der Mondrückseite (160 W, 5 S).

Krater — kreisförmige Hohlform mit aufgeworfenem Rand und Eintiefung unter das Bezugsniveau. Rein beschreibend ohne genetischen Konnotation gebraucht. Vergl.: **Einbruchskrater.** Bei Häufung morphographischer Charakteristika, wie: aufgeworfener Rand, Auswurfmaterial, Kreisring von Sekundärkratern, V-Formen, in der Regel als Einschlagskrater interpretiert. **Kratergrößenbezeichnungen:** nach Hörz, 1971.

2 u – 200 u **Nanokrater**
200 u – 2 cm **Mikrokrater**
2 cm – 2 m **Kraterlet**
2 m – 200 m **Kleinkrater**
200 m – 20 km **Mittlerer Krater**
20 km – 200 km **Großkrater**
größer 200 km **Ringbecken**
(Übergangsformen zwischen Großkratern und Ringbecken ab 140 km).

Krater — komplexer – und einfacher; Die ideale Form eines einfachen Einschlagkraters entspricht einem gekappten Kegel, bei dem die Seitenwände mit zunehmendem Alter konkaver werden und mehr und mehr der „Tassenform" ähneln. Beim Auftreten eines **Zentralberges** oder ebenen Kraterbodens wird von einem komplexen Krater gesprochen.

Kuppe (Dome, engl.) — beschreibende Bez. für meist kreisförmige bis ovale Aufwölbungen oder Erhebungen mit nur geringen Böschungswinkeln von 1–3 Grad. Interpretiert als Staukuppe oder Lakkolith, z. T. in Verbindung mit Ringbrüchen oder mit Zentralkrater (gehäuftes Auftreten: z. B. Marius Hügel).

Lunar Grid — Vergl. **Tektonisches Netz.**

Mare — Gebraucht als Regionalbezeichnung für ausgedehnte Ebenheiten mit geringer Albedo insbesondere auf der Mondvorderseite, alternativ zu „dunkle Ebene" gebraucht. Vorkommen bis auf wenige Ausnahmen in den Vertiefungen der kreisförmigen **Ringbecken.** Durchschnittliche Lage ca. 1–3 km unter dem theoretischen Mondradius von 1738 km gelegen (Laser-Höhenmesser). Interpretation als sekundäre Beckenauffüllung mit basischer Lava.

Mare-Material — Materialbezeichnung für das die dunklen und hellen Ebenen bildende Material. Im Gegensatz zu anderen Arbeiten keine Begrenzung allein auf das dunkle Material (z. B. wie bei Wilhelms, 1970). Interpretiert als Laven verschiedener Zusammensetzung und je nach Kraterdichte auch unterschiedlichen Alters.

Mare-Höhenrücken — (wrinkle-ridge engl.) – nur im dunklen Mare-Material vorkommender Höhenrücken, der sich in der Regel in seinem Verlauf der Kreisstruktur der Ringbecken anpaßt. Interpretation als letzte Förderprodukte der das Mare-Material bildenden Beckenauffüllung entlang von den inneren Ringbrüchen der Ringbecjen.

Maskelynit — Umsetzungsprodukt des Plagioglas bei Stoßwellenmetamorphose infolge Meteoriteneinschlags, Vorkommen auch in Meteoritenmaterial.

Materialwoge, bodennahe — (base surge engl.) – ringförmig sich ausbreitende Materialwoge mit hoher Geschwindigkeit, die sich am Fuß von senkrecht aufsteigenden Explosionssäulen bei Atomexplosionen, vulkanischen Explosionen und aller Wahrscheinlichkeit nach auch bei größeren Meteoriteneinschlägen bildet. Die Ablagerungsprodukte bilden charakteristische radiale, dünenähnliche Vollformen, die am besten um relativ frische Großkrater zu beobachten sind. In ihrer Auswirkung bei Ringbecken noch nicht geklärt. (Fisher, Waters, 1969; Young, 1965).

Merkmalgewinnung — bei der Bildanalyse: Bestimmung von im Bild meßbaren Objekt-Parametern.

Meteoriteneinschlag — kurzfristiger hoher Energieumsatz beim Aufprall eines Meteoriten auf eine Planetenoberfläche mit der Bildung einer in der Regel kreisförmigen Hohlform. Infolge der beim Energieumsatz ablaufenden Stoßwellenmetamorphose müssen Meteoriteneinschläge gesamtplanerisch gesehen als katastrophale geologische Prozesse verstanden werden. Für die Bildung von **Nanokratern** lassen sie sich im Experiment nachvollziehen.

Ortsfrequenz — in Analogie zur Zeitfrequenz für die Bildanalyse definiert als Abstandsmaß repetitiver Bildelemente.
$F = \frac{1}{d}$

Planetary Geoscience (engl.), **Planetarische Erdwissenschaft,** Alternativ gebraucht zu anderen gebräuchlichen Ausdrücken wie: **Lunar Geology, Astrogeology** für das Studium der festen Körper des Sonnensystems mit den Methoden der Erdwissenschaften, insbesondere denen der Fernerkundung (remote sensing).

Pseudotachylit — Bez. für Brekzien in engen Intrusionsgängen, wie sie bei den **Vredefort** und **Sudbury** Kryptoexplosionen, die als Meteoriteneinschlagkrater gedeutet werden können, gefunden wurden. (Vergl. French, Lowman, 1970, S. 11).

Regolith — Die gesamte, den Boden mit einschließende, dem Anstehenden aufliegende planetarische Schutt- und Lockermaterialdecke (nach: Fairbridge (ed.), 1968, **Encyclopedia of Geomorphology),** nach Schieferdecker (ed.), **Geological Nomenclature,** 1959, *The mantle of loose material consisting of soil, sediments, and broken rocks overlying the solid rock."*

Randhöhe — Höhe des aufgeworfenen Randes eines Einschlagkraters, bezogen auf das Bezugsniveau der Umgebung.

Remote Sensing (engl.), **Fernerkundung,** — Messungen vom Flugzeug oder Satelliten aus zur Datenerfassung der Charakeristika einer planetarischen Oberfläche über den Gesamtbereich des elektromagnetischen Spektrums. Einen wesentlichen Teilbereich der Fernerkundungsverfahren stellen fotografische Aufnahmen dar.

Rille — talähnliche Vertiefung in der Mondoberfläche mit einer Länge von wenigen km bis zu 200 km und einer Breite von wenigen Metern bis zu 4 km. Die Tiefe schwankt bei meist nicht kontinuierlichem Gefälle von 10 bis 500m. Interpretation für gerade Rillen meist als Grabenbrüche in Verbindung mit vulkanischen Aktivitäten. Gewundene Rillen passen sich oft der örtlichen Topographie an, schwingen jedoch zum Teil nicht frei sondern scheinen einem vorgegebenen Bruchsystem zu folgen. Über die Interpretation besteht noch keine einheitliche Meinung. Analogien aus terrestr aus terrestrischen Vulkangebieten legen nahe, sie als subkutane Lavaströme mit nachfolgendem Deckeneinbruch aufzufassen.

Ringbecken — Bez. für die Gruppe der größten kreisförmigen Hohlformen auf der Mondoberfläche, die eine konzentrische Abfolge mehrerer Ringstrukturen sowie tangentiale und radiale Elemente über weite Entfernungen aufweisen. Alle bisher untersuchten Ringbecken sind in einem in der Gesamtentwicklung des Mondes gesehen relativ kurzen Zeitraum sekundär mit hellem und dunklem Mare-Material mehr oder weniger aufgefüllt worden.

Schwärzungsgebirge — dreidimensionale Konzentration von Silberverbindungen in einer fotografischen Emulsion, die bei Durchleuchtung Abschwächung hervorruft und als fotografische Dichte gemessen wird.

Sedimentation, ballistische — Ablagerung des bei einem Meteoriteneinschlag herausgeschleuderten Materials (**Ejekta**), sowie allgemein Ablagerung nach freiem Flug.

Sekundärkrater — Durch Auswurfmaterial von einem Primärkrater erzeugter kleiner Krater. Sekundärkrater kleineren Durchmessers gruppieren sich in charakteristischer Weise in einem Ring und als Kraterkette um einen Primärkrater.

Schockmetamorphose, Stoßwellenmetamorphose — Mineralumsetzung und Gesteinsveränderung durch die bei einem Meteoriteneinschlag entstehenden extrem hohen Drücke und Temperaturen.

Stufe, Stufenoberfläche – **Stufenrand** – **Stufenfuß** – **Stufenabfall** — Bez. für topographische Steilstufen, die in der engl. Lit. bezüglich des Mondes als **terraces** bezeichnet werden. Vorkommen insbesondere als Steilstufen am Kraterinnenhang, als meist gradlinig oder nur schwach gebogen verlaufende abrupte Höhendifferenz, die in ihrem Verlauf in Strukturzusammenhang mit den tangentialen Elemente Lineamenten des Kraterfeldes stehen.

Strahlenkrater, (ray crater, engl.), — in der US Lit. auch synonym gebraucht für die Gruppe der jüngsten (kopernikanischen) Einschlagkrater, die bei hohem Sonnenstand einen charakteristisch aufgehellten Hof zeigen, von dem ausgehend sich radiale Elemente bis zu einem Vielfachen des Kraterdurchmessers erstrecken. (Kopernikus, Aristarchus, Tycho, Crooeks, u. v. a.)

Tektonisches Netz, (lunar grid, engl.) — nach Strom (1964) und Fielder (1965) Bez. für ein überregionales Kluft- und Bruchsystem, das sich hauptsächlich NW-SE und NE-SW erstreckt.

Tektonik — auf dem Mond nur als Bruchtektonik, anders nicht nachgewiesen. Gebraucht als Übergriff für das Studium der Lagerungsverhältnisse der Gesteine und ihrer Veränderung im Laufe der Geschichte und der Ursachen, die die Veränderung bewirken.
Als exogene Bruchtektonik wird die Kluft- und Bruchbildung infolge Meteoriteneinschlags definiert.

Terra Region — übergreifende Regionalbezeichnung für die aus hellem Si-Al-reichen Terra-Material bestehenden Hochländer, die bis über 3 km über dem theoretischen Mondradius von 1738 km aufragen. Schließt als Regionalbezeichnung das Vorkommen kleinerer dunkler und heller Ebenheiten aus Mare-Material mit ein.

Terrace (engl.) — Vergl. **Stufe**.

Terra-Material — Materialbezeichnung für das die Terra Region bildende Material. Interpretiert als die Reste der frühen Kristallprodukte einer Plagioglasschmelze. Hoher Anteil von Anorhit und Anorthosit.
Nach Wilhelms (1970) wurde Terra-Material auch für die hellen Ebenheiten in der Terra-Region sowie für zerklüftete dunkle Gebiete benutzt. Hier nur für helles, reliefreiches Oberflächenmaterial benutzt.

Thalassoid — Von Lipsky (1965) eingeführt, zur Bezeichnung der Ringbecken der Mondrückseite, heute nicht mehr gebräuchlich.

Transient Event (engl.) — Kurzfristige Leuchtweicheinung oder Erhöhung der Gaskonzentration in der „Mondatmosphäre", die als Ausdruck endogener Vorgänge interpretiert werden kann.

Zentralberg — Vollform auf dem Boden eines Kraters, wobei die Höhe nicht über das Bezugsniveau des Umlandes hinausgeht. Rein beschreibend gebraucht auch für Berge, die nicht genau im Zentrum stehen.
Zentralberge treten auf dem Mond in zunehmendem Maße in Kratern ab 20 km ϕ auf, sind überall in Kratern zwischen 70 und 100 km ϕ zu finden und haben für Ringbecken bei Durchmessern von mehr als 140 km die Tendenz zur Auflösung in einen Bergring. Übergangsformen sind z. B. Antonialdi und King.

Zentraler Bergring — Ring aus isolierten oder miteinander verbundenen Kuppen oder hügelartigen Vollformen auf dem Boden von Ringbecken, die mit hellem Mare-Material gefüllt sind. Vorwiegend in der Hauptgruppe der Becken der Mondrückseite.